中国に継承された
「満洲国」の産業

——化学工業を中心にみた継承の実態——

峰　毅　著

御茶の水書房

まえがき

最愛の妻 道子へ

　この本は私の初めての単著です。研究成果を出版物にして対外発表する機会はこれまで3度ありました。しかしいずれも共著でした。4冊目で単著となったこの本の出版は私にとって格別の意味があります。この本の出版は、「あとがき」に書いたとおり、多くの人々の支援で生まれました。しかし、私はこの本を貴女にささげたいと思います。結婚生活を振り返ってみると、典型的な会社人間であった私は、毎日帰りが遅く、休日はゴルフに出かけ、また、海外出張が多く、家族と生活を共にする時間はごくわずかでした。転機は勤務中に突然倒れて虎ノ門病院に担ぎ込まれた日に始まりました。その後の1年間の療養生活は今思い出しても苦しい毎日でした。しかし、その苦しい日々の中で、学問の道を志すことを決意できたのは、貴女の支えと長女真理の協力のおかげです。

　それまで我が家には私の部屋も机もありませんでした。それは必要がなかったからです。1年間の自宅療養中、小学校3年生の時に交通事故死した長男清竹の部屋を整理し、長年そのままにしていた部屋を私の書斎に改造しましたね。書斎に生まれ変わった部屋で、貴女が選んでくれた大きな机に向かい、居心地のいい椅子に座って本を読んでいると、何ともいえない満ち足りた気持ちになりました。そして、すっかり忘れていた学問への関心が湧きあがり、心の奥から力が漲ってきました。この間の温かい貴女の励ましの言葉がなかったら、私の再起はなかったに違いありません。心からの感謝の気持をこめて、この最初の単著を貴女にささげます。

2009年6月

峰　毅

中国に継承された「満洲国」の産業

目　　次

目　次

まえがき　i

序　論

序　章　分析の視角……………………………………………5

　第1節　「満洲」について　5
　　1．日中歴史問題を考える　5
　　2．満洲の経済建設　8
　　3．人民共和国成立後の東北経済　10
　　4．産業界からのアプローチ　11
　第2節　満洲で発達した重化学工業　13
　　1．満洲産業の分野構成　13
　　2．満洲産業開発を高く評価したアメリカ　14
　第3節　産業開発と個別産業の動向　16
　　1．産業開発　16
　　2．個別産業の動向　21
　第4節　本書がめざす方向　33
　　1．本書の目的　33
　　2．化学工業の特徴　34
　　3．既往の研究業績　37
　　4．新しい研究の方向　39
　　5．本書がめざす研究　40
　第5節　本書の構成　42

第Ⅰ部　満洲化学工業の開発

第1章　満洲化学工業の特徴……………………………………45

　第1節　本章の目的　45
　第2節　民国の化学工業　45
　　1．中国化学工業の始まり　45
　　2．資源委員会の化学工業政策　47

3. アンモニア・硫安の生産開始　49
　　　4. その他の化学工業　50
　　　5. 日中戦争時の状況　52
　　第3節　満洲で生産された化学製品の概況　52
　　　1. 硫酸及びソーダ　53
　　　2. 石鹸・食品・マッチ　54
　　　3. 大豆油関連　56
　　　4. 農業資材　57
　　　5. ファインケミカル　58
　　　6. 都市ガス・製鉄からの副産物工場　59
　　　7. 人造石油関連　60
　　　8. 軽金属　61
　　　9. 硝酸・爆薬　62
　　　10. その他　63
　　第4節　満洲化学工業の規模とウェイト　64
　　　1. 化学工業の規模推計　64
　　　2. 化学工業のウェイト　69
　　第5節　まとめ　70

第2章　満洲に進出した日系化学企業の検証 ……………… 73

　　第1節　本章の目的　73
　　第2節　満洲国成立以前　73
　　　1. 日系企業の満洲進出　73
　　　2. 個別企業の検証　76
　　　3. 満洲現地における企業化の動き　79
　　第3節　満洲国成立後—前半期（1932-37年）　82
　　　1. 満洲国初期の化学工業政策　83
　　　2. 個別企業の検証　84
　　第4節　満洲国成立後—後半期（1938年-敗戦）　89
　　　1. 積極化した化学工業政策　90
　　　2. 第1次5ヵ年計画と第2次5ヵ年計画　91
　　　3. 個別企業の検証　93
　　　4. 満洲国における毒ガス生産に関する考察　110
　　第5節　まとめ　120

第Ⅱ部　人民共和国への継承

第3章　日本敗戦と国共内戦期……………………………………125

第1節　本章の目的　125

第2節　日本敗戦と各国政府報告書　125
　1．中国　125
　2．アメリカ　126
　3．日本　127

第3節　ソ連による中国東北支配　128
　1．ソ連軍の東北進攻と「戦利品」問題　128
　2．「中ソ合作工業公司」計画　129
　3．ソ連軍による設備撤去状況　131

第4節　ソ連軍撤退後　133
　1．吉林　133
　2．錦西・錦州　135
　3．瀋陽　137
　4．撫順　137
　5．大連　138
　6．共産党による東北支配の確立　139

第5節　まとめ　140

第4章　計画経済時代における東北の化学工業………………141

第1節　本章の目的　141

第2節　復興期　141
　1．重視された東北の化学工業　141
　2．東北工業部と重工業部の連携　142
　3．オイルシェールと人造石油の復旧　143
　4．東北における都市別復興　145
　5．日本人留用技術者の貢献　151
　6．研究開発体制　152

第3節　第1次5ヵ年計画　157
　1．化学行政と化学工業部の設立　157

2. 復興計画と第1次5ヵ年計画の関連性　160
　　　3.「ソ連一辺倒」と留用技術者の帰国　163
　　　4. 第1次5ヵ年計画で重視された産業　163
　　　5. 都市別の建設状況　165
　　第4節　小型化と地方分散への道　175
　　　1. 肥料　175
　　　2. ソーダ　178
　　　3. カーバイド　180
　　第5節　まとめ　181

第5章　改革開放と東北の化学工業……………………………183

　　第1節　本章の目的　183
　　第2節　化学工業の分野構成　183
　　第3節　有機合成化学の発展　187
　　　1. 有機化学の系譜　187
　　　2. 石油化学における自力更生の失敗　189
　　　3. 個別分野の状況　191
　　第4節　改革開放と東北の化学工業　199
　　　1. 西側技術導入　199
　　　2. 新旧技術が並存する産業構造　201
　　第5節　まとめ　204

結　論

終章　本書を結ぶにあたって……………………………………209

　　第1節　本書がめざしたもの　209
　　第2節　東北の化学工業に関する総括　210
　　　1. 設備の総括　210
　　　2. 設備以外の総括　213
　　　3. 毛沢東時代の化学工業の総括　214
　　　4. 改革開放により終った満洲化学工業の役割―総括の結論　216
　　第3節　今日みる満洲国産業の遺産　217
　　　1. 満洲国の足跡　217

2.「煤制油」　218
　第4節　今後の課題——新しい仮説の設定と検証　221

あとがき　225
参考文献　233
索　引　265

中国に継承された「満洲国」の産業

――化学工業を中心にみた継承の実態――

序　論

序章

分析の視角

第1節 「満洲」[1] について

1. 日中歴史問題を考える

　本書が出版される頃、中国のGDPが日本を追い抜いたことが話題になっているであろう。今世紀に入ってから中国経済の存在感は年ごとに高まる一方であるし、今回の日本経済の回復過程においても明らかなように、日本の中国への依存度は一段と高まっている。もはや日本経済は中国との関連なく語れないのが現実である。アメリカに次ぐ世界第2の経済大国として、日本はアジアを代表する国であると多くの日本人は考えてきた。世界第2の経済大国の座は、日本人にとって、長らく自らのアイデンティティの核であり、そのアイデンティティを失うことに対する喪失感や不安感が多いのが今の日本であろう。それに対し、中国は事態をどうみているか。筆者の観察では、中国の日本への認識が大きく変わることはないように思える。世界の歴史上、中国は殆どの期間先進文明を持つ超大国であった。それに対し、現在の中国は、世界第2の経済大国になったにしても、依然として発展途上国である。日本の産業界が持つ優れた

---

1) 本書では、「満洲」は満洲と記し「　」を付さない。同様に、「満洲国」は満洲国と記し「　」を付さない。地名は、日本敗戦前は満州国の表記により、日本敗戦後は中華人民共和国の表記による。中華人民共和国は人民共和国と記し、中華民国は民国と記す。

技術や環境問題への対応をはじめ、中国が日本から学ぶべきものは少なくない。今後の日中関係は一層相互依存が深まることであろう。そのために両国はお互いに努力をする必要がある。歴史問題はそのような両国が努力すべき課題のひとつである。些細な事件を契機に歴史問題が争点になる事態が繰り返されている。短期間で退任した安倍元首相が日中関係において評価されるべきは、首相就任後間もなく訪中して中国首脳陣と会談し、日中両国による歴史共同研究開始を取り決めたことであろう。共同研究は両国それぞれの座長の下に進行中であるが、その取りまとめは容易ではないと仄聞する。事実、歴史認識の溝を埋めるのは容易なことではあるまい。あるいは不可能なことかもしれない。中国側座長の歩兵中国社会科学院近代史研究所所長は、一般論として、「異なる国の人同士が歴史認識を語ることは、とても困難なこと」と日本のマスコミ取材に対して語っている（歩兵［2007］、pp.207-208）。日本側座長の北岡伸一東京大学教授が述べるように、外交上の言葉「アグリー・トゥー・ディスアグリー」（あなたの意見に賛成はできないが、あなたがそう考えるのは理解できる）のレベルにいけば大成功かもしれない（北岡伸一［2007］、p.20）。

他方、草の根ベースでは歴史共同研究はすでに1980年代に始まっている。昨年はその具体的な成果が日中共同で出版された（植民地文化学会・中国東北淪落14年史総編室［2008］）。ただし、昨年のこの共同出版物は、日中両国民に対する啓蒙的な目的を持って書かれたものであって、政府主導歴史共同研究の歩兵中国側座長も中国側執筆者のひとりであるが、学術研究上の意味を持つものではない。しかし本書の試みの意義は実に大きい。筆者が長年関与した日中貿易でも、国交回復以前から民間ベースの友好貿易が脈々と続き、その後の政府間貿易への橋渡しをした。日中関係を憂慮して16年間の歳月をかけた草の根ベースの共同研究成果には心より敬意を表したい。このほか、日本やアメリカで生活する若手の中国人研究者と日本人研究者が2001年より始めた歴史共同研究の成果が2006年に日中両国で発表されており（劉・三谷・楊［2006］）、さらに、2009年3月にはその続編が日本で刊行された。困難な歴史問題ではあるが、草の根ベースではこのように共同研究が進んでいる。

日露戦争以前の日本の対外出兵を整理してみると、7世紀の白村江における唐・新羅連合軍との戦いをはじめ、16世紀の秀吉による朝鮮出兵、19世紀の日

清戦争、と常に朝鮮半島が絡んでいる[2]。日本が朝鮮半島を越えて中国大陸そのものに領土的野心を抱くようになった転機は日露戦争であった。すなわち、日清・日露戦争で朝鮮半島の支配権を確立した日本は、1910年に韓国を併合して朝鮮半島を内国化した。そして、朝鮮半島を越えた先にある未開発の自然と資源に恵まれた満洲の地に日本は領土的野望を抱いたのである。

　日本は古くより中国文化を吸収してきた。日清・日露戦争以前の日中関係は、日本が出兵した白村江の戦いや中国が出兵した元寇を除くと、政治的・軍事的に大きな衝突はなかった。江戸時代の日本は中国を文化の先進国として尊敬した。それは徳川幕府が儒学を官学とし、諸藩もこれにならったことが大きいといわれる。日本の中国文化吸収は朝鮮半島以外に南方からもなされた。江戸時代の日本は鎖国政策を取っていたが、厳密な鎖国ではなかった。長崎・対馬・琉球と3つのルートで外国情報を得ると同時に貿易を行い、いずれののルートにおいても中国を主とする海外情報を得ていた。長崎は出島のオランダ商人・中国商人による民間ルートであったが、対馬藩からは清朝に朝貢する朝鮮経由の準公式中国情報であり、同じく清朝に朝貢する琉球王国からの中国情報も準公式中国情報として徳川幕府に届けられていた。このような江戸時代の中国観に大きな変化をもたらしたのがアヘン戦争である。「礼儀文物の大邦」と考えられていた清朝のアヘン戦争におけるぶざまな敗戦が、幕府や諸藩に大きな衝撃を与えた。この衝撃は武士の間に新たな思想的なめざめをひき起こすきっかけになった（小島［2008］、p.47）。

　幕末から明治維新にかけて最初に深刻な日中対立が生まれたのは南方である。徳川幕府は慶長年間に琉球王国を日本の支配下において属国としていた。幕府は琉球の支配権を薩摩藩に委任し、薩摩藩の家臣が現地に在留した。琉球は国主の代替わりの際は江戸へ使者を派遣していた。一方、琉球王国は清朝に朝貢

---

[2] この他、日本側が軍事攻撃を受けたものに13世紀の元寇がある。この蒙古軍による軍事攻撃は蒙古軍と高麗軍の連合軍によるものであった。このように日本の対外戦争は朝鮮半島との係りが深く、また、満洲国には数多い朝鮮族の人々が生活していた。このような日本と朝鮮半島の歴史を反映して、近年は韓国からの満洲国研究も活発である。日本語で書かれ日本の青少年を対象にした日韓歴史認識の共有を意識した韓国歴史解説書が2004年日本で出版された（李元淳ほか［2004］）。同様の日中歴史認識共有を目指した日本語で書かれた中国歴史の解説書が昨年日本で出版された（歩平ほか［2008］）。

して中国とは冊封[3]-朝貢関係にあった。幕府は琉球の清朝への朝貢を容認し、いわゆる「両属」政策をとった（真栄平［1994］、p.251）。ところが、明治新政府は琉球を「内国」化して沖縄県とし、琉球を清朝の「冊封」体制から切離した。清朝はこれを黙認した。琉球王国を内国とした日本は、今度は朝鮮半島をめぐって清朝と対立し、日清戦争となったのである。日清・日露戦争を経て日本は朝鮮半島を自国領土とした。さらに、満洲権益をロシアから取得して中国大陸進出への拠点とし、その後、中国大陸への侵略が本格化した。日本の満洲経営は中国大陸侵略の出発点になっている。そして、初期の満洲経営の柱になったのが南満洲鉄道株式会社（以下においては満鉄）であった。

2. 満洲の経済建設

　植民地の経済支配では土地・金融と並んで鉄道が重要である。しかし、満鉄の場合は単なる鉄道会社ではなかった。満洲経営の柱としてイギリスの東インド会社をモデルとして1906年設立され、1907年より営業を開始した。満鉄が設立されて100年目を記念した満鉄創業百周年記念大会が、2006年11月26日高輪のホテルパシフィック東京で開催された。満鉄会を代表して挨拶した松岡理事長の話によると、参加者は予想を大きく超える530余名を数え、しかも、会員以外の参加者が半ばを超えたという。また、満鉄が実際に活動を開始したのは1907年であるので、2007年にも100年を記念する動きがあったことが一部で報道された。このような状況は満鉄という会社に関して日本国民が今なお大きな関心を持っていることを物語る。

　日本の大陸進出の最も重要な推進者は陸軍であった。しかし、日本の満洲経営は初期においては満鉄を中心になされた。1919年に関東都督府から関東軍が独立すると、関東軍は次第に満洲における軍事機関として満洲権益を軍事力によって保護する役割を負い、満州経営の前面に出てきた。ロシア革命後の日本は再び極東に関心を持ったソ連を恐れた。そして、関東軍が対ソ総合戦略の主体としての性格を持つに至った。やがて、満洲のみならず蒙古まで広げて満蒙の治安維持に専念するようになり満洲・蒙古を日本の生命線と称した。それは

3）中国の皇帝から爵位や称号を受けること。

満洲が植民地朝鮮と国境を接し、ソ連と中国に対する国防上の最前線と目されていたことが主であった。日本は第1次世界大戦後の新工業政策の下で経済復興が顕著なソ連の極東進出を特に恐れた。ソ連が満洲・蒙古に影響力を持つと日本の朝鮮統治が弱くなることを懸念したからである。

第1次世界大戦では航空機・戦車・潜水艦・毒ガス等の新しい兵器が登場し、膨大な量の砲弾や武器を消費して、従来の戦争形体を一変させた。長期の消耗戦争に耐えるため国家をあげての工業生産体制と国民動員体制が必要となり、戦争は第1次世界大戦を機に総力戦となった。こうして満洲国では国内で自給自足経済の樹立を目指す構想が生まれ、それは「産業開発5ヵ年計画」として具体化した。「産業開発5ヵ年計画」では日本の最新鋭の技術のみならず、欧米からの最新鋭技術も導入して工業建設がなされた。こうして日本の満洲経営では、西欧の植民地支配と異なり、戦前世界の最新鋭技術により重化学工業基地が建設された。

次節で述べるように、アメリカ政府は戦後賠償問題のため、日本の満洲における資産を評価する目的で、ポーレー調査団を満洲に派遣した。現地を訪問して個々の工場を視察したポーレー調査団は、短期間に建設された満洲国経済・産業に対する驚異を率直に書き記している。ポーレー報告書はアメリカ中国研究に大きな影響を及ぼし、また、アメリカ議会上院下院合同の経済委員会においても、東北地方の重化学工業を高く評価した報告がなされている。アメリカの中国研究が示すように、日本の満洲経営が西欧の植民地経営と比べて異なっていたのは否定できない事実といっていいであろう。当時の日本は、満洲国支配に正統性をを与えることを課題とし、王道と民族協和を満洲国建国の基本理念として、欧米の植民地主義とは異なった理想国家を目標に、単なる傀儡国家ではない国家建設を目指していた。満洲を旅した夏目漱石の紀行文にあるように[4]、当時の日本では満洲経営を一種のユートピア実現とする試みが一部ではなされており、この見方が現在の日本でもなお生きているのもまた事実であろ

---

4) 話題になり始めたばかりの満洲の地を訪問した漱石は、日本を凌ぐ大連工場地帯の高い煙突を見て「東洋第一の煙突」(夏目［1909］、p.211) といい、教会・劇場・病院・学校がそろっている撫順の市街地を見て「東京の山の手へでも持つて来て眺めたい」(夏目［1909］、p.303) と書いている。

う。満洲国をどう捉えるかは日中歴史問題の大きな争点の一つなのである。

3. 人民共和国成立後の東北経済

満洲国における経済建設の結果、鉄鋼・電力・化学を中心とした重化学工場地帯が生まれた。日本敗戦後、満洲国の工場設備は軍事支配したソ連軍が戦利品として撤去し、ソ連に持ち帰った。当時中国を代表した国民党政権は抗議するも効果がなかった。しかし、人民共和国が誕生して本格的な経済復興が始まると、新政府は資金と海外からの帰国技術者・国内技術者を総動員して、東北復興を最優先で実施した。東北復旧には多くの日本人留用技術者が[5] 中国に残留して技術協力し復興に貢献した。そして、国内経済の復興は1952年にひとまず成果を出して終え、1953年からは第1次5ヵ年計画に入る。

第1次5ヵ年計画はソ連の技術援助を柱として実行された。共産党は早くも1949年1月にソ連共産党政治局委員ミコヤンを迎え、ソ連援助による復興計画の相談を開始していた。1949年12月-1950年2月には毛沢東がモスクワを訪問してスターリンと会談し、戦後復興への協力を要請した（董志凱・呉江［2004］、p.136）。共産党は1953年より第1次5ヵ年計画を実施することを決定して周恩来をその実行責任者に選ぶと、周恩来・李富春が訪ソして第1次5ヵ年計画の大綱をソ連と合意した。そしてその合意が1952年9月の中央人民政府委員会第26次会議で承認され、以後、個別の項目が具体化した。

第1次5ヵ年計画の初期の項目は東北中心であった。第1次5ヵ年計画の156項目のうち実際に建設されたものは150項目で、そのうち、初期に実行された50項目の約4分の3は東北立地である[6]。初期の計画が、東北復興計画の延長線上で生まれたことを現している。その典型は項目が集中した吉林の復興と再構築であった。満洲国時代別々に建設された満洲電気化学を柱とする電気化学コンビナートと満洲人造石油工場は第二松花江の北側にあって隣接していた。1948年3月に共産党が吉林市の支配権を得ると、両者は統合されて吉林化工廠と改称され、1948年10月から吉林化工廠の復興作業が開始された。吉林の化学

5）留用技術者に関しては第4章第2節参照。
6）董志凱・呉江［2004］、pp.136-159及び劉国光［2006］、pp.75-80より計算。第4章第3節の表4-3参照。

工業基地は、蘭州・太原と並んで、第1次5ヵ年計画でソ連の援助により建設されたとされる。しかし、吉林は、何もないところに建設された蘭州や太原とは事情が異なる。吉林の建設は、復興期に旧満洲電気化学・満洲人造石油工場を利用した復興・再構築として、すでに復興期に始まっていたのである[7]。初期の東北集中は第1次5ヵ年計画の進展と共に修正された。150項目全体でみると、東北のウェイトは約3分の1に低下する[8]。そして第1次5ヵ年計画以降は東北には大型投資はなされなかった。

　改革開放政策が始まると中国には海外から大量の資本と技術が流入し、華南・華東が大きな発展を遂げた。東北は外資の進出が限定的であり東北経済は停滞した。しかしながら、改革開放政策の下で、東北では旧満洲国技術者との技術協力が実現した。東北における旧満洲国技術者による技術協力の事例として本書が取り上げるのは撫順である。復興期の撫順ではオイルシェール石油・石油精製の復旧に日本人留用技術者が技術協力した。日本人留用技術者は、中国人に対して研究から工場建設まで教育活動を含む幅広い技術協力をした。復興期撫順の中国側責任者は撫順鉱務局長の王新三であった。王新三は撫順復興で実績をあげて昇進し、撫順市共産党委員会書記を経て国家計画委員会副主任に就任する。王新三は、文革中は苦労したものの復活して石炭工業部副部長となり、1979年中日友好代表団の団長として訪日した。王新三は撫順復興にたずさわった旧満洲国の留用技術者と再会し、旧留用技術者の中国現代化建設への技術協力を要請した。撫順の旧留用技術者はこれに応えて東方科学技術協力会を設立し、中国現代化建設に協力したのである。詳細は第4章第2節で論ずる。

4．産業界からのアプローチ

　筆者は満鉄や満洲国の研究は現代の視点で分析する必要性が年々高まってきていると考えている。現在の中国東北地方は、2006年から始まった第11次5ヵ年計画で東北振興がうたわれて地域開発が進み、東北地方の変化には目を見張るばかりである[9]。このような時こそ両国の研究者が満洲国の持った歴史的意

---

7) 詳細は本書第4章第2節・第3節で検討する。
8) 董志凱・呉江［2004］、pp.136-159及び劉国光［2006］、pp.75-80より計算。第4章第3節の表4-3参照。

義を見直す好機ではないか。戦前の日本企業が建設した工場あるいは技術が、人民共和国でどのように活かされたか、あるいは活かされなかったかに関して共通認識を持つことは、相対的に容易な分野ではないかと常日頃考えている。あえていうと、この問題から逃げないことは産業界出身の中国経済研究者の義務ではないかと考えている。あるいは、義務であり権利であるかもしれない。

満洲開拓青少年義勇軍として満洲国に渡り、敗戦後は中国に残留して苦労を重ねながらも復旦大学を卒業し、日本帰国後は日中貿易の架け橋として活躍された国貿促の中田慶雄副会長からは、産業界が技術史的に歴史問題へ取り組むのは成果が期待できるとして関連資料を戴き、また、筆者の取り組みに励ましの言葉を受けている。しかし現実は厳しい。確か2006年の秋であったと思うが、中国社会科学院経済研究所のミッションが来日し、日本の中国経済研究に関して訪日団と学術交流をする会が東京大学社会科学研究所で開催された。この学術交流会で筆者は、化学や電力を事例として、東北地方には戦前日本企業が「開発」したものが残っていることを述べた。それに対して中国側から直ちに強い反論があった。問題の根が深いこと、また、使用言語は中国語であったことから、反論としては、戦前日本の工場が東北の産業の「前身」であると東北の地方誌は記述している、とのみ簡単に答えた。また、この学術交流会に出席されていた小島麗逸大東文化大学名誉教授から視点を変えた応援演説もあり、その場はそれで終わった。これが中国で、例えば瀋陽で、開催された交流会であったらどうか。同じことをいう心の準備は当時はなかった。

しかしながら、その後、新しい中国語文献や日本語文献を得て、少しずつではあるが研究が深まった。本書は、満洲国で建設された工場設備や生産技術は、人民共和国にどのように継承されたのか、あるいは、継承されなかったのかを実証的に解明することを目指している。将来本書が中国語に翻訳され、そして、中国人研究者からの批判を受け、本書を改良することが筆者の願いである。

---

9) 瀋陽も再開発による建設ラッシュで様変わりし、南駅の旧日本人街もすっかり変身した。安東生まれで同じ頃に北京勤務し2008年夏に丹東を訪問した友人の話を聞くと、東北振興は丹東にもおよび、旧日本人街には20階建てのビルができて昔の面影はもはやなくなっていたそうである。

第2節　満洲で発達した重化学工業

1．満洲産業の分野構成

　本論に入るまえに、満洲で発達した重化学工業の姿をながめよう。表0-1は1940年における満洲の産業分野別構成内訳を、工場数・雇用人員・生産額・資本金からみた表である。表で明らかなとおり、工場数が最も多かったのは食品であり、次いで紡績、化学がくる。雇用人員では窯業が最も多く、次いで紡績、機械がくる。生産額では金属と化学がほぼ並ぶが金属がやや多く、その後は食品が続く。資本金では金属が最も多く、その次は化学、機械である。電力から窯業までを重化学工業とし、工場数、雇用人員、生産額、資本金のうち生産額に注目すると、満洲工業生産の57.1％が重化学工業になる。この数字は非常に高い。時期的にはやや早いが、1931年の日米重化学工業比率を比較すると、日本は36.6％、アメリカは44.6％である。満洲は元来が農業と牧畜の地帯であった。しかし、日本が満洲を経営した40年間（1940年時点では35年間）に、このような鉄鋼・化学を主とする重化学工業が生まれた。

表0-1　1940年満洲工業分野別構成内訳（単位：％）

	工場数	雇用人員	生産額	資本金
電　　　　力	0.7	0.4	1.5	10.9
都　市　ガ　ス	0	0.2	0.3	0.5
金　　　　属	7.9	9.9	20.2	20.7
機　　　　械	8.5	15.5	10.2	13.5
化　　　　学	12.9	10.5	19.4	14.7
窯　　　　業	9.5	19	5.5	6.1
製　　　　材	8	4.7	3.6	2.1
紡　　　　績	12.8	17	11.2	12.1
食　　　　品	19.4	9	16.1	12
印　　　　刷	4.1	3.3	2.3	1.3
雑　　工　　業	16.2	10.5	9.7	6.1
合　　計	100	100	100	100

出所：東北財経委員会［1991］、p.18より筆者作成。

アルミ精錬は、電気化学における一つの重要な部門であるので（崎川［1968］、pp.252-254）、本書の分析では、アルミ精錬を化学工業の1部門とする[10]。しかし、表0-1の産業分野ではアルミが金属に分類されている。表0-1では、化学は1940年時点で生産額は19.4％、資本金は14.7％を占めていて、金属の生産額20.2％、資本金20.7％に次ぎ2番目である。ここで、アルミ精錬が金属に入っていること、さらに、化学への投資は1941年以降に本格化したのを考慮すると、化学は鉄鋼以上に最大の投資分野だったと思われる。そのことは技術開発を担った満鉄中央試験所の研究部門の配置体制は化学が中心だったこと（丸沢［1979］、p.181）、及び満鉄中央試験所の研究に基づいて企業化されたものの大半が化学工場であったことにも現れている（廣田［1990］、pp.126-134）。

2. 満洲産業開発を高く評価したアメリカ

1980年代に入ると、日本の満洲産業開発には評価すべき点があるのではないか、という問題提起が出てきた。これは、戦前日本の植民地として工業開発が進んでいた台湾・韓国が、1970年代・1980年代から目覚しい発展を遂げた結果、シンガポール・香港と並ぶアジアNIESを形成した国際情勢をも反映したと思われる。満洲に関しても、侵略と開発を切り離した研究の動きが出てくる。その代表が松本［1988］である。しかし、松本［1988］が侵略と開発を分けた研究を提唱する以前に、日本による満洲の工業開発を早い時期から評価したのはアメリカであった。松本［1988］も、そのようなアメリカの中国研究を指摘して、Eckstein, Chao and Chang［1974］を引用している。しかし、Eckstein, Chao and Chang［1974］以前に、戦後すぐに対日賠償資産査定のために満洲を訪問して作成されたPauley［1946］において、それを見ることができる。Pauley［1946］の第2章は、満洲の地に短期間に近代工業ができあがった驚きを、率直に記している。

アメリカの中国研究は冷戦中に対中国戦略を描く必要から大いに盛り上がった。それは、アメリカ議会における3度の中国経済報告となって現れた。アメ

---

10) 本書で化学工業として分析するのはアルミ精錬による地金製造までであり、生産されたアルミ地金の圧延・加工は分析対象としていない。

リカの地域研究（area studies）が最も盛んだったのは、1960年代から1970年代初めといわれる。冷戦下の世界戦略を描く必要からアメリカの地域研究を盛り上がらせたのであろう。このアメリカの地域研究が最も盛り上がった時期に、アメリカ議会上院下院合同の経済委員会が中国経済について3度報告した。第1回目は1967年（ジョンソン大統領）、第2回目は1972年（ニクソン大統領）、第3回目は1975年（フォード大統領）である。異なる政権下での報告であり、それぞれ執筆者も異なっている。しかし3回とも執筆した中国研究者が2人いる。1人はアシュブルックでありもう1人はフィールドである（Ashbrook［1967］・Ashbrook［1972］・Ashbrook［1975］・Field［1967］・Field［1972］・Field［1975］）。アシュブルックは3回とも中国経済全般の分析・報告をしており、フィールドは3回とも中国産業の分析・報告をしている。その中で両者共通して、人民共和国成立初期における東北地方の重化学工業の重要性を指摘し高く評価している。またCheng［1956］は、中国の近代工業と対外貿易の歴史的発展を分析し、満洲特集である第9章で、満洲における近代工業の発展を分析した[11]。日本は満洲に近代工業が育つよう積極的な投資をし、その結果満洲に近代的な重化学工業ができあがり、満洲は当初の大豆や大豆製品輸出に特化したモノカルチャーから脱出した。このような満洲に育った近代工業が、人民共和国の重化学工業化に大きく貢献したとみる（Cheng［1956］）。

　このようなアメリカの中国研究の満洲工業開発への評価は、Pauley［1946］と基本的に同じである。日本の満洲進出は国際社会の支持を得られなかった。国際社会から協力を得られなかった産業開発であったゆえに、その状況を実際にみたアメリカ人は戦前には当然にいなかったであろう。アメリカの中国研究が、満洲産業開発の現場をみて詳細に書かれたPauley［1946］に影響を受けたのは当然のことであった。

---

11) 著者のCheng, Yu-Kweiは1909年中国に生まれ、大学卒業後渡米して研究活動に従事し、その後1959年に帰国して中国科学院経済研究所の教授となった。Cheng［1956］は1978年にアメリカで再販され、また1984年には上海社会科学院経済研究所で中国語に翻訳刊行された。なお、鄭友揆［1995］は中国版の日本語訳である。

第3節　産業開発と個別産業の動向

本節の検討[12]では、満洲における「産業開発」[13]の流れと個別産業の動向を先行研究により考察し、その中で化学工業の位置付けをする。産業開発の流れは、先行研究を利用して「初期の状況」「満鉄の役割とその変化」「5ヵ年計画の下で発展した電力と化学工業」という視点からみる。次いで、個別産業の動向を先行研究により整理する。個別産業でこれまで重視されたのは鉄鋼と電力であった。鉄鋼と電力の陰に隠れて見過ごされてきたのが化学である。個別産業動向の整理では鉄鋼・電力・化学を中心にする。

1. 産業開発

1）初期の状況

華北から満洲に流入した農民が、最初に興したのは高粱を原料にした醸造業であった（渡辺［1934］）。大豆栽培が広まると製油業ができた。また、製粉業が発達した。本渓湖周辺では土法[14]による鉄製農具が生産された（渡辺［1934］）。しかし、天津条約による営口の開港で衰退した。日清戦争後は日本向けの豆粕需要が急増して製油業が発達した。日露戦争後は日本が鉄道投資をして、鉄道沿線で日系企業の生産が増えた（関［1934］）。初期は軽工業であり、繊維や食品等が主であった。しかし、農民が使う綿製品の土布は、中国商人が関内から持込んだ（渡辺［1934］）。その後進出した日本は満洲を繊維市場として位置付けし、繊維工業の発展を抑えるため、満洲国成立後には繊維の関税率を低下させる政策が取られた（原［1972］）。その結果、繊維投資は活発ではな

---

12) 本節においては出所のページ記載を省略する。
13) 満洲国の工業化に取り組んだのは満洲国というより日本であり、日本の満洲経営を松本［1988］は中国への侵略と中国東北経済の開発という2面的な関係として分析した。本書ではこの開発の側面から生まれた工業化を「産業開発」と記し、以下、「　」を付さない。
14) 土法とは民間在来の昔ながらの方法で、元来は中国語。
15) その結果、満洲繊維工業の発達は不十分であり、内戦で東北地域を支配した共産党軍は衣類の調達に苦労した（大沢［2006］）。

かった[15]。また、日系企業と中国企業が競争した市場では、中国企業が優勢であった（久保［1981］）。

　農業は商品作物の大豆に支えられて発展した（塚瀬［1992］）。日清戦争以降、日本が大豆粕を使用して大豆生産が急上昇した（南満洲鉄道調査課［1930］）。大豆粕は日本・中国本土、大豆油は中国本土・日本・欧州・アメリカに輸出された（南満洲鉄道調査課［1924］）。欧州には主に大豆として輸出された（南満洲鉄道調査課［1930］）。欧州の市場開拓には三井物産他の日本の商社が貢献した（春日［1984］）。製油業では中国企業と日系企業が激しく争った。その結果、中国企業が機械設備に劣るにもかかわらず勝利した（小峰［1983］）。農業は労働力に依存しており、増産に必要な農民は鉄道で輸送された（塚瀬［1992］）。また、農産物も鉄道で輸送された。大豆生産や製油工場の立地は、鉄道会社の運賃政策に影響された。鉄道の開通で、大連は製油業が発展し、営口は製油業が衰退した（石田［1971］）。

2）満鉄の役割とその変化

　植民地経済支配では土地・金融と並んで鉄道が重要である（浅田［1975］・高橋［1993］）。満洲経営では満鉄が重要な役割を果たした。満鉄は1906年に南満洲の鉄道会社として創立された。イギリスの東インド会社と同様な、満洲経営のための国策会社でもあった（島田［1965］）。満鉄は優秀な科学技術者や調査研究者を多くかかえて、幅広い事業活動を行った。さらに、沿線付属地の行政権をも持った。満鉄は、日系企業の企業化計画に参加して、満洲での事業活動に幅広く関与した。その結果、いわゆる「満鉄コンツェルン」を形成した。

　他方で、満鉄は関東軍との関係も深かった。満洲経営全般に深く参画し、満洲事変にも関与した（安藤［1965］）。満鉄の分析は、日本の大陸政策との関連から行うことが必要である（鈴木［1969］）。日本の満洲進出は大陸政策の一環として推進された。大陸政策の実質的な推進者は陸軍であった（北岡［1978］）。満鉄を柱にした満洲経営は、陸軍の大陸政策により大きな影響を受けた（鈴木［1969］）。満洲国の成立で関東軍が実権を握ると、関東軍は内面指導により、

16）槙田［1974］は、満鉄改組問題は日本帝国主義における軍部と独占資本の矛盾であり、大陸政策の矛盾であると分析する。

政策決定の細部に干渉した。その結果、従来の満鉄は不要になり満鉄改組[16]が図られた（岡部［1979］）。他方、満鉄内部にも、満洲国成立による環境変化に対応した組織改正の動きもあった（高橋［1981］・高橋［1982］）。紆余曲折を経て、1935年には満鉄改組の目的は80％達成された（原［1976］）。満鉄は附属地の行政権を手放し、産業関係業務は満洲重工業に移管された。満鉄には鉄道と撫順炭鉱と調査のみが残った（原［1976］）。石炭販売を含む商事部門は、日満商事として別会社になった。この日満商事は、その後の統制経済の中で大きな役割を果たした[17]。一方、満鉄の経営そのものは、新路線建設や接収した路線の営業不振から急速に悪化した。そして、資金調達が困難化した（高橋［1982］）。

満洲国成立前の投資は、不況下の日本経済の過剰資金のはけ口という面を持った。満洲への投資は、満鉄を導管として、主に交通・運輸・通信部門になされた。しかし、満洲国成立後は、「日満経済ブロック」基盤整備のための、軍事目的投資となった（加藤［1967］）。そして、対満投資は過剰資金の海外投資ではなくなり、重化学工業開発のための政策投資となった。こうして満鉄は日本国内資金の導管たる役目を失った（加藤［1968］）。

対満投資は中小企業も活発であった。日本の満洲進出は、国家資本や財閥資本による大企業と中小企業が並存した（金子［2001］）。このような日本の満洲投資による工業化の推進[18]は、結果としては、人民共和国の重化学工業化に大きく貢献した（Cheng［1958］）。日系企業の満洲進出は、侵略の側面と同時に開発の側面をも有した[19]。

3） 5ヵ年計画の下で発展した電力と化学工業

総力戦となった第1次世界大戦後、陸軍は軍事生産に転化しうる民間の重化学工業育成に力を入れた（池田［1988］）。その結果、満洲では重化学工業開発政策が取られた（鈴木［1963］）。関東軍は、ソ連との開戦を念頭に、重化学工業基地建設を満洲に計画し、それは満洲産業開発5ヵ年計画として具体化した

---

17) 日満商事は1939年に特殊会社に格上げされ、石炭・鉄鋼・非鉄・化学・石油等の広範な品目の配給および輸出入の統制機関となった。企画委員会の決定に基づく配給実務の代行機関として、統制経済下の満洲で重要な役割を果たした（原［1976］）。

（鈴木［1970］）。5ヵ年計画が実行された時期は、満洲国経済が統制経済へ移行した時期であった（原［1972］）。その過程が多くの先行研究で検証されている（原［1972］・槇田［1974］・原［1976］・岡部［1979］等）。

　5ヵ年計画実行のために満洲重工業が設立された。満洲重工業の経営を担った日産財閥は、柱となる外資導入で失敗し、資源開発では誤算があり、統制経済体制の弊害を正面から受け、さらには5ヵ年計画そのものが破綻し、最終的には満洲事業から撤退した（原［1976］・宇田川［1997］）。満洲重工業が実際に事業活動をしたのは、自動車や航空機関連分野に限られている。航空機生産は、後述するように、化学工業発展の推進力となった。5ヵ年計画は日中戦争により、第2年度から当初計画を規模拡大した。そのため大幅な増産計画が組み込まれて、いわゆる「修正5ヵ年計画」[20]となった。鉄鋼・石炭・人造石油・アルミ・電力・自動車・航空機の大増産計画が決定された。しかし、生産

18) 日本の植民地工業化に関する研究は、初期は浅田［1975］にみられるように日本による収奪を強調する研究が主流であった。それらは日本帝国主義の構造的な矛盾を指摘している。小林［1976］は、日本の植民地で共通してみられた工業化を、日本帝国主義の総力戦体制構築の中で位置付け、満洲での工業開発をその原型として分析した。日本の初期の植民地投資は、鉄道を主とする運輸部門が主であった。各植民地は日本に農産物を日本に供給するように位置付けされていた。満洲を含め、1930年代前半までは、基本的に日本が植民地に工業製品を供給し、植民地が農産物ないしその加工品を供給する型であった。満洲の場合は、大豆とその加工業がそれであった（金子［1993］）。しかし、この1930年代前半までの時期でも、日本資本と民族資本との格差は開いたものの、民族資本工場は絶対的には増大していた。それ故に、日本植民地の工業化は長期的には緩慢ながら着実に進展していた。ここに植民地投資の植民地開発の側面をみることができる（金子［1993］）。その後、台湾・韓国の目覚しい発展もあって、最近では、植民地投資の経済開発の面をも評価する研究が数多く出ている。
19) 日本の満洲進出は、大陸政策の一環として推進されたといわれる。そして、大陸政策の実質的な推進者は軍部であった（北岡［1978］）。第1次世界大戦を契機に、戦争は総力戦の形態をとり、日本でも、軍事生産に転化しうる民間の重化学工業育成の気運が出てきた。そして、陸軍は精力的にこの動きを推進し、重化学工業の産業開発に力を入れるようになった（池田［1988］）。満洲国が成立すると、陸軍の意向がさらに強まった。関東軍は満洲国政府の実権を握り、満洲国政府への内面指導を通じて、満洲経済開発を実質的に推進した（原［1972］）。そして、ソ連との開戦を念頭に、総力戦にたえうる重化学工業基地建設を満洲に計画した。それを実行に移したのが満洲産業開発5ヵ年計画に他ならない（五百旗頭［1971］）。その意味で侵略の側面と同時に開発の側面をも有したといえる。

量実績は計画を大きく下回った（石川［1958］・原［1872］）。

　引続き、満洲国政府は1942年9月に第2次5ヵ年計画を決定した。しかし、太平洋戦争が始まり、第2次5ヵ年計画は日満両国を通じた正式な国策とはならなかった。満洲国政府は、日本の要請にその都度応じて計画を変更し、満洲国は戦時日本経済のために、増産を図った（満洲国史編纂刊行会［1970］）。しかしながら、第2次5ヵ年計画は満洲国化学工業政策には大きな影響を与えた。先行研究は、太平洋戦争開始と共に始まった第2次5ヵ年計画は、事実上ないに等しい計画であったとする[21]。しかし、満洲化学工業は、じつはこの第2次5ヵ年計画の下で、多くの工場が建設された。例えば、満洲電気化学の設立は、第1次5ヵ年計画で構想されたものの最終計画には織り込まれなかった。満洲電気化学の設立は、第2次5ヵ年計画で実行されたものであった。満洲国の化学工業政策に関与した佐伯は、満洲電気化学が第1次5ヵ年計画に織込まれなかった状況を、次のように述べる：

　「本事業ヲ水力開発ト並行シテ第一次五ヶ年計画ニ入レナカッタコトハ誠ニ遺憾トスル点デアリ、後ニ至リ日満支経済建設要綱並ニ基本国策大綱第二次五ヶ年計画ニ電気化学ヲ採リ上ゲタニ不拘資材労力等ノ事情ニヨリ見ル可キ業績ヲ残サズニ終戦トナッタノデアル」（佐伯［1946a］）。

　満洲電気化学のほかにも、安東軽金属・満洲電極などは第2次5ヵ年計画の下で実行に移されたものであった。第2次5ヵ年計画の下で実行された計画は、未完成のまま終戦を迎えたものが多かった。詳細は第2章第4節で検討する。

20）1937年7月日中戦争が勃発すると、日本は満洲国に対して、満洲産業開発5ヵ年計画の企画規模の拡大と完成年次の繰上げを要請した。満洲国政府は、この要請を受け入れて鉱工業部門に極端に偏重した「修正計画」を作成し、5ヵ年計画の2年度である1938年から「修正計画」に移行した（原［1972］）。第2章第4節参照。
21）その見解を代表するのは石川である（石川［1958］、p.745）。より詳しくは、次章第4節で論ずる。

2. 個別産業の動向

1) 鉄鋼

　表0-1で明らかなように、満洲産業開発における金属の役割は非常に大きい。いうまでもなく金属を代表するのが鉄鋼であり、満洲産業に関する数多い研究の中でも、鉄鋼に関する研究は特別に豊富である。満洲の鉄鋼業は大合同して1944年に満洲製鉄となるが、この大合同した満洲製鉄には3つの異なるルーツがあった。第1が鞍山の昭和製鋼所、第2は大倉財閥の本渓湖煤鉄公司、第3は日産財閥が新規に事業開発する予定で設立された東辺道開発である。このうち、第3の東辺道開発では有望な鉄鉱石も石炭も発見されず、結局は日産財閥が最終的には撤退した。現実に製鉄事業を営んだのは昭和製鋼所と本渓湖煤鉄公司の2社である。この2社のうち、最初に高炉から鉄の生産を開始したのは、本渓湖煤鉄公司であった。

　本渓湖周辺には清朝時代に良質の鉄鉱石と石炭が発見され、土法の製鉄業が発達して農機具が生産されていた。しかし、営口が開港すると輸入鉄及び関内から入ってくる鉄製品に押されて生産は中止された（渡辺［1934］）。日露戦争後、大倉組はこの本渓湖周辺の石炭と鉄鉱石に注目して、いち早く1915年より中国の地方政府（奉天省）と合弁形式により生産を開始した。合弁形式とはいえ実質的にはすべて大倉側が事業を運営した（村上［1976a］）。もう一方の昭和製鋼所は本渓湖にやや遅れて1919年より生産を開始した。しかし、鞍山の鉄鋼石の大部分が鉄含有量の少ない貧鉱であったことから、当初は赤字に苦しんだ。技術陣の奮闘により貧鉱の処理法の技術開発にやがて成功して、1920年代後半から事業が軌道にのった（奈倉［1982］）。

　本渓湖煤鉄公司は大倉財閥の積極的な大陸での事業活動の中でも、最大でかつ成功しつつあった基軸事業であった。本渓湖煤鉄公司に関しては金子［1976］・村上［1976a、1976b、1979］が大倉組の残した大量の資料を利用して、会社設立、初期の営業状況、補助金問題、1次改組、2次改組、5ヵ年計画の立案過程等を丹念に叙述している。本渓湖煤鉄公司の日本鉄鋼業における役割を究明したのが奈倉［1982］である。本渓湖煤鉄公司の特徴は、本渓湖周辺の燐分の極めて低い良質の鉄鉱石と石炭を利用して生産された高級低燐銑鉄にあ

る。奈倉［1976］は、日本の鉄鋼業と満洲鉄鋼業の関連を、満洲鉄鋼業に支払われた補助金と日本政府による銑鉄関税引上げ問題から分析し、奈倉［1982］は、本渓湖煤鉄公司の高級低燐銑鉄が海軍の軍用高級鋼材原料銑鉄として使用された意義、その本渓湖煤鉄公司と密接な関連のもとに日本国内に設立された山陽製鉄所の意義、さらに満洲鉄鋼業への補助金支払いの歴史的意義を明らかにしている。

満洲鉄鋼業に関する研究は、鉄鋼が満洲産業開発5ヵ年計画で目玉事業に取上げられた1930年代半ば以降に関して特に豊富である。大竹［1978］はこの5ヵ年計画における昭和製鋼所の事業破綻を企業金融から分析した。満洲国が重工業を重視して農業を軽視した結果、満洲の中国系貯蓄を中国本土に追いやることになった。そのため満洲国は外資を中心とした産業開発に依存せざるをえなかった。大竹［1978］は、このように政治情勢から外資導入が不可能になって開発計画が破綻に陥った原因を、満洲国が在来産業や国内貯蓄を軽視したことにあるとする。松本［1981］はこの大竹［1978］を受けて書かれた。松本［1981］は、原料資源の賦存状況や原料利用についての技術水準を度外視した生産拡大の追求が、企業経営の危機を招いたとする。この危機を回避するための鉄鋼統制価格制度による補助金散布が、日本から満洲へ、さらに満洲から華北へと資金が流れたとする。その結果、円ブロックの通貨インフレを促進したとして、その過程を検証している。

本渓湖煤鉄公司も昭和製鋼所も主要な工場設備はドイツやアメリカから輸入しており、これを満洲鉄鋼業の後進性とみることもできる（張［2000a、2000b］）。しかし、ドイツやアメリカから主要な設備を輸入したことは、当時の日本が満洲の地に世界最高水準技術を持つ工場建設を目指したためでもある。そして1930年代になると、満洲鉄鋼業は次第に日本鉄鋼業と深い関わりを持って発展した。本渓湖煤鉄公司は日本で設立された山陽製鉄所や海軍との関係が深かく（奈倉［1982］）、また、鞍山の昭和製鋼所はインド銑鉄と対抗しうる低廉かつ優良な製鋼用銑鉄供給基地と位置付けをされ（奈倉［1994］）、特に、1930年代後半以降になると、日本鉄鋼業の意思が満洲鉄鋼業に強い影響を与えるようになった。

この日本鉄鋼業の要求は、軍部の要求と並んで、満洲鉄鋼業の限界を越えた

生産計画を要求するものとなった。そして満洲鉄鋼業は遂には破綻に向かった（村上［1979］・松本［1983a、1983b］・奈倉［1985］）。松本［1983a、1983b］は、原［1972］が5ヵ年計画を統制政策立案過程の中で論じたものを鉄鋼業を舞台にして検証したものであり、5ヵ年計画による鉄鋼業開発の政策立案過程を検証することによって、満洲鉄鋼業の発展と失敗を解明している。石川［1958］は満洲国の産業開発では、満洲国自体で自立的な国防国家体制を確立するか、あるいは、日本軍需工業体制への資源的寄与でいくかという2つの目的が、時に共存し、時に対立したとする。石川によると、当初はこの2つの目的が共存していたが、日中戦争以降は対立に転じた。松本はこの石川の分析を評価して、5ヵ年計画の修正・変遷の中に総力戦指導者内部の対立と立場の変化がみられるとしている。また、問題を販売価格と原料事情から分析すると、満洲産業開発5ヵ年計画破綻の原因は原料資源条件の無視にあったともいえる（奈倉［1985］）。

　ほぼ同時期に書かれた松本［1999a、1999b］は姉妹編であるが、満洲鉄鋼業研究のこれまでの到達点を総括し、今後の研究の方向を論じたものである。研究蓄積が最も厚い鞍山を選び、鞍山の鉄鋼業がどのような水準に達しどのような特徴をもっていたかが、既往の研究で解明されたと松本はみる。他方で、人民共和国に入ってからの鞍山鉄鋼業の研究成果が多いことを指摘する。そしてこの両者を繋げて、満洲国期の鉄鋼業が社会主義中国にどのように継承されたか、或いは継承されなかったか、を解明することを新しい研究の方向として示した。このような問題意識の中から生まれた作品が松本［2000］に他ならない。

　松本［2000］は、1940年から1954年までの鞍山鉄鋼業に関して、満洲国末期の1940年代の増産計画の実現状態、戦争末期から国共内戦期の設備破壊と修復の繰り返し、国共両軍の戦闘状態、米ソの対中政策、敗戦後中国に残留した日本人技術者の復興協力等の側面から実証的に検証している。この松本［2000］は、植民地研究において侵略の側面と開発の側面をそれぞれ独立して研究する方法論の意義を論じた松本［1988］と並んで、その後の研究に多くの影響を与えている。

2) 電力

　電力は鉄鋼と並び産業開発の主軸にあった。電力に関する研究は、鉄鋼と比べると少ない。しかし、近年は研究成果が増えている。満洲の電力業は1920年代に勃興した。勃興期には中国企業と日本企業が激しい競争をした。市場での競争は、満鉄沿線を除くと、中国企業が優位にあった。満洲の電力需要は1920年代から産業用需要が生まれ、やがて、日系企業と中国企業が激しい営業競争をした。日系企業は、満鉄附属地以外では、中国企業との競争に勝てなかった。競争は一貫して中国企業が優位にあった（石田［1978］）。その好例が北満電気である。北満電気はハルビンのロシア系発電所を日本が買収して設立された。吉林省政府はこれに対抗して哈尔浜電業公司を設立した。その結果、採算を度外視した価格競争となり、北満電気は経営危機に陥った。しかし、北満電気の経営危機は、満洲国の成立による満洲電業の設立で解消された。すなわち、北満電気の事業は新たに設立された満洲電業に譲渡された。満洲北部の電力業も、満洲電業の下で一元的に運営された（黒瀬［2003］）。満洲国内の電力会社を統合して設立された満洲電業は、規模において満鉄・満洲重工業・満洲炭鉱・昭和製鋼所に次ぐ大企業となった。こうして生まれた満洲電業は、満洲国政府と共に、大規模電源開発に取り組んだ（須永［2005］）。

　しかし、満洲国が成立すると満洲電業が設立され、その下に一元化された。他方で、満洲国成立後には活発な電源開発が計画された。水豊発電所は最大出力70万kWを持ちアメリカTVA開発に匹敵する。水豊発電所は、鴨緑江の水力を共同で利用するために、満洲と朝鮮の共同事業となった。第1次5ヵ年計画の中で実行されて1941年に完成した。この計画は、満洲国から朝鮮総督府に提案されたことにより、具体的な進展をみた。朝鮮総督府は、満洲国からの提案を「鮮満一如」の象徴として取り上げ、計画は満洲国と朝鮮総督府折半の共同事業となった。満洲には満洲鴨緑江水力電気株式会社、朝鮮には朝鮮鴨緑江水力電気株式会社が設立された。両社は別法人となっているものの、役員・従業員は共通であり、実体は一つであった。水利工事及び発電所建設は、朝鮮総督府の下で実績をあげた野口遵の日本窒素が担当した（広瀬［2003］）。続いて、第2松花江の水力を利用して、水豊とほぼ同規模の豊満発電所が1943年に完成した（南［2007］）。他方、満洲電業は、石炭の豊富な撫順や阜新で、大規模な

火力発電所を建設した。

このような電源開発の結果、満洲国の電力生産は飛躍的に上昇し、満洲国の工業生産の基礎を形成した（堀［1987］）。堀［1987］は、満洲の電力業の産業史を明らかにすることを一つの目的とし、満洲の統制経済・重化学工業化政策を規定する諸要因を分析した。そして、電力業は満洲の統制政策の実態分析に格好の素材であることから、堀［1987］は満洲国経済の統制経済への移行を電力業から分析している。田代［1998］は、満洲産業開発5ヵ年計画における電力業の達成状況を分析した。分析結果は、5ヵ年計画の破綻にもかかわらず、満洲電業の販売電力量は好調であったことを示した。

大規模電源開発と並行して、大需要地への超高圧送電網が、日本に先駆けて、建設された。大規模な電源開発には、電力ロスを防ぐために、超高圧による需要地への送電が不可欠である。世界史的にみると、電力需要は第2次世界大戦前後から急増した。それと共に超高圧送電が発達した。超高圧送電技術を発達させた国は、世界経済の中心地である西欧ではなかった。アメリカ・カナダ・ソ連といった広大な国土を持ち、電力需要が大きくて電源開発地が遠隔地にあった国々で、超高圧送電技術が発達した。そして、広大な満洲の地においては、日本や西欧に先駆けて22万ボルトの超高圧送電網が建設された。満洲の発電所の中枢である水豊・豊満・撫順と、電力消費の中枢である大連・鞍山・安東・撫順は、22万ボルト送電網で結ばれた。そして、この超高圧送電技術は人民共和国期に継承され、人民共和国の電力産業に大きな足跡を残した（峰［2006b］）。

1940年代に入っても電源開発の進んだ満洲は「電力王国」となった。その結果、電力を大量に消費する産業が満洲に誘致された。満洲独自の綜合的重工業建設の方針は1940年5月時点で放棄され、その後の産業政策は満洲を適地とする基礎物資の対日送還体制を作り出すことに転換した（石川［1958］・原［1972］）。この政策転換の時期は内地の深刻な電力危機と同時期であった為、大規模電源開発が推進された満洲は、電力産業地帯として位置付けられた。1940年以降も満洲では電源開発にさらに力が加えられ、その結果、電力を大量に使用する化学企業は満洲進出を図り、満洲国末期には多くの化学工場が建設された。

満洲国末期に建設工事に入った満洲電気化学はその代表例であった。

3) 化学

多岐な製品からなる化学工業の中で、最初に発達したのは大豆を原料とする油脂化学である（石田［1971］）。製油業では中国企業と日系企業が争った。日系企業は先進的な設備にもかかわらず中国企業に敗れた。しかし、三井物産に代表される商社は、設備投資額を低く抑えた現地企業を設立して商権を維持した（小峰［1983］）。満洲には塗料原料に適した蘇子油・小麻子油・大豆油など植物性の乾留性油が豊富であった。そのため、塗料工業が発展した（須永［2006］）。染料では1918年という早い時期に、大和染料が大連に工場を建設した。しかし、大和染料の大連進出は、日本の染料業界にあっては、例外的な企業活動であった。日本の染料工業は、世界大戦でドイツが輸出を停止したのを機に勃興した。染料企業は、活発な大陸進出をした繊維と異なり、製品輸出戦略を採用した。

大連で生産された染料は、満洲のみならず、中国大陸全土に出荷された（峰［2006c］）。初期の化学工業の発展に続いて、本格的な装置産業であるソーダ工場と肥料工場が計画された。しかし、日本国内の業界は製品の内地還流を恐れて企業化に反対した。その結果、両計画の実行は中断された。この間の状況は第2章第3節で述べる。

しかし、満洲国が成立すると、関東軍の支持の下に両計画とも実行された。ともに1930年代半ばに生産を開始した。生産開始後の満洲化学と満洲曹達は、日本国内の業界と一体運営がなされて事業基盤を固めた。満洲化学と満洲曹達は、太平洋戦争が始まると、関東軍の爆薬工場に変身した（峰［2006c］）。後半期になると、化学工業振興政策が一段と強化された。

満洲国後半期の企業進出は、重化学工業の担い手である大企業ばかりではなかった。それは中小企業を含む広範囲のものであった。例えば、醬油醸造業がその一例である。日満両国政府は中小企業の満洲進出を支援し、1939年から中小企業の満洲進出が活発化した。その具体例は、1943年から新京で生産を開始した満洲ヤマサである（張［1992］）。第1次世界大戦後の日本政府は、中国大陸で生活する日本人の増加に備えて、中国各地の領事館が中国大陸の醬油市場

調査に協力していた（田中［1999］）。満洲で最初に醤油生産を始めた最大手のキッコーマンは、1936年に野田醤油股份有限公司を設立し、奉天で生産開始した（田中［1996］）。遼陽に進出した丸金醤油は、戦争による工事の遅れと生産条件の悪化から、醤油生産に成功せず終戦となった（木下［1991］・田中［1996］）。醸造業以外にも、1929年から大連で生産を始めた味の素社は、1941年には奉天に満洲農産化学を新設し、味の素生産を統合した（峰［2006c］）。また、長年重要な輸出商品であった大豆油は、主力の欧州向けがドイツの外貨不足及び第2次世界大戦の開始で縮小したため（工藤［1996］）、満洲で大豆油を消費する化学工業の振興が図られた。そのために、満洲大豆化学工業が1940年に準特殊会社として設立され、人造羊毛・潤滑油等の企業化が計画された（須永［2006］）。

　満洲国が成立すると、人造石油・アルミ・合成ゴム・爆薬等の本格的な化学工場が建設された（峰［2006c］）。その結果、満洲国の産業構造は、中華民国・日本と較べ化学工業に偏っていた（峰［2006a］）。満洲国の産業政策は、後半期になると、満洲から基礎物資を日本に送還することに転換した。この政策転換の時期は、日本における深刻な電力危機と重なった。そのため、1940年以降も電源開発が進んだ満洲は、電力王国とみなされた。そして、満洲国末期には多くの化学企業が進出したのである。満洲電気化学はその代表例であった。末期に進出した日系化学企業の工場は、戦時体制で大きな役割を果たした満洲化学・満洲曹達とは対照的に、大部分が未完成のまま本来の役目を果たすことなく敗戦を迎えた。

4) その他の産業
①繊維
　産業構造が農業から工業に移行する際に最初に登場する工業は繊維や食品等の軽工業である。満洲での繊維生産は初期においては一部に絹もあったが、農民が使用する綿製品である土布が主力であり、それは満洲と関内を結ぶ中国商人の動きが活発になるにつれ、中国商人が関内より持ちこむ綿製品に圧迫されていった（渡辺［1934］）。その後満洲に進出した日本の繊維企業は満洲を市場として位置づけし、投資は活発ではなかった。そのため満洲の繊維工業に関す

る先行研究は少ない。また、このような事情を反映して、満洲国成立後には満洲での繊維工業の発展を抑えるため、繊維の関税率を低下させる方針が取られた（原［1972］）。久保［1981］は1920年代末から1930年代初めにかけての、満洲市場における綿織物・綿くつ下・人絹織布・小麦粉等の軽工業製品の、日本資本と民族資本の市場競争を分析している。上海を中心とした民族繊維資本がそれまで優位にあった日本繊維資本に打ち勝ち、そのため満洲在住の日本繊維資本の中小ブルジョワジーの間には日本軍の満洲での軍事行動を歓迎する空気があったこと、他方で、満洲市場を開拓した上海の民族資本の中国ブルジョワジーは、日本軍の満洲での軍事行動に激しい反日運動を展開した、としてその状況を検証している。このように満洲における繊維産業の発達は不十分であり、内戦で東北地域を支配した共産党軍が衣類の調達に苦労したといわれる（大沢［2006］）。

②食品

初期の満洲工業で最も発達したのは特産の大豆を原料とする製油業である。大豆は古代中国より栽培され小麦、米等と共に五穀に数えられた。綿実や桐実を食用油に絞りとった後の粕を肥料に利用するのは宋代に始まっていたが、大豆の絞り粕が肥料として始めて用いられたのは明代中期であり（池田他［1982］）、清朝の後半期になって封禁の網の目をくぐって流入した農民が徐々に大豆栽培を満洲に広げていった。満洲での大豆生産が飛躍的に増加するのは日清戦争後である。当時日本の農民は魚肥を肥料として使用していたが、日清戦争で満洲の大豆粕が入ってくるとこれを好み、水田の肥料として広く利用された（満鉄調査課［1930］）。満洲農業では農民が自らの消費のための高粱・粟生産は欠かせないものであったが、商品作物としては大豆が好まれて大豆―高粱―粟という3年輪作が主となり、大豆生産の増加に支えられて満洲農業は発展した（塚瀬［1992］）。

初期の満洲工業で輸出産業として発達したのが大豆関連産業である。豆粕は日本と中国本土、大豆油は中国本土と日本に加えてヨーロッパやアメリカにも輸出されて世界商品になった。一方でこの急速に発展した製油業では民族資本と日本資本が激しい競争をした。一般的にいえば機械設備・資本規模などの点

で劣位にあるはずの民族資本が、小規模ながらも生産技術の革新をなしとげて日本資本との競争に打ち勝ち、かなりの資本蓄積を達成した状況が明らかにされている（石田［1971］）。

　満洲大豆の主需要地は中国本土・日本・ドイツであるが、大豆粕は脂肪・水分が多く気温の上昇により黴が生じやすいので欧州向けの熱帯地方通過に耐えない。それゆえ満洲大豆粕の最大の需要者は日本であり、ドイツをはじめとする欧州には農産物大豆として輸出された（満鉄調査課［1930］）。ドイツをはじめとする欧州市場開発に貢献したのが三井物産である（坂本［1977］）。また大豆生産の増加には鉄道の発展が大きく貢献している。満洲農業生産には技術革新は殆どみられず生産は投入する労働力に依存していたので鉄道による移民の輸送は、生産物の輸送と共に満洲農業発展に大きく貢献した（塚瀬［1992］）。また満洲の大豆生産や製油工場立地が鉄道会社の運賃政策により大きく影響された状況を、衰退した営口の製油業、発展した大連の製油業、東支鉄道により発展したハルビン等を例にして分析した研究もある（石田［1971］）。

　大豆をはじめとした労働集約的な満洲農業の発展を可能にしたのは、関内から満洲への移民や農産物の輸送を可能にした鉄道の発達である。1930年前後までの満洲農業の発展は鉄道の敷設が移民の流入を促進して耕地が拡大した。同時に、農産物が鉄道により搬出されて、世界市場や中国関内に輸移出されていくというサイクルがうまく機能していた。しかしながら、満洲国の成立で鉱工業重視の政策が取られるようになると、移民は農業部門より鉱工業部門に吸収され、大豆を柱とする満洲農業は停滞していった（塚瀬［1992］）。

③鉄道

　既に述べたように、満洲の特産物大豆の生産増加には、主要な生産要素である移民輸送と生産された大豆の輸送に不可欠な鉄道の発展が大きく貢献した（石田［1971］、塚瀬［1992］）。すなわち、大豆をはじめとした労働集約的な満洲農業の発展を可能にしたのは、関内から満洲への移民や農産物の輸送を可能にした鉄道の発達であった。元来、日本が植民地や占領地を拡大すると必然的に付随したものの1つが鉄道であり、鉄道は植民地支配の手段となっていた（高橋［1993］）。植民地経済支配において土地、金融、鉄道の3本柱の重要性

が指摘されてきたが（浅田［1975］）、鉄道そのものに焦点を当てた研究は少ない（高橋［1995］）。戦後の満鉄研究のスタートとなるのは安藤［1965］であるが、安藤［1965］は満鉄の機能を総合的に捉えたものであり、鉄道が主な論述分野ではない。その意味で原田［1981］は鉄道に焦点をしぼり、満洲の鉄道の歴史を簡潔に叙述している。満洲国成立後、満鉄は接収した満洲国線の経営を受託したが、この満洲国線受託経営では、満鉄が利益の一部を満洲国国防費の一部として関東軍に支払うという納付金問題が発生した。児島［1984］はこの納付金問題を論じて、これを関東軍が自らの支配・統制力を満鉄経営内部に及ぼそうとした試みとしている。最近の満鉄史研究の傾向では、鉄道よりも数多い個々の事業活動についての実証研究が中心である。その中で金子［1991］は鉄道と金融に焦点を当てて満洲への投資を分析しているものの、分析期間は満洲事変までで終わっている。

④自動車

自動車に関しては、1980年代半ばから、四宮が精力的に研究成果を発表している。その最初である四宮［1984］は、1業1社による産業開発方式で生まれた同和自動車の豊田自動織機製作所自動車部との提携及びその破綻を題材にして、満洲第1期経済建設計画が戦時経済体制への移行と共に変容していく状況を分析した。四宮［1985］は、そのような同和自動車設立の立脚点であり、以降の満洲自動車工業方策の基本的方向付けをした日満自動車会社設立要綱案の立案過程をあとづけした。続いて四宮［1986、1987］では、産業開発5ヵ年計画の下でこのような満洲自動車工業方策が如何に改変されたかを検討している。また四宮［1992］では、満洲における自動車工業の育成政策の立案過程と実施状況が、日本の自動車産業育成政策との関連で考察されている。この四宮の研究は、原［1972］が満洲産業開発5ヵ年計画を統制政策立案過程の中で論じたものを、自動車を舞台にして検証したものといえる。老川［1997］は、このような一連の四宮の研究では、個別企業の実態が解明されていないと批判する。そして、老川［1997］は、同和自動車の具体的な設立過程及び設立直後の経営状況（1934年3月-35年6月）を、明らかにした。続編の老川［2002］では、1937年12月までの同和自動車の経営分析がなされている。また、中国側資料で

は、蘇［1990］が同和自動車と軍用自動車組み立てに関して、簡単な紹介をしている。

⑤電気通信

電気通信では疋田［1988a］が、当初の借款を中心にした電気通信事業が満洲事変を境に直接投資に変化する状況を明らかにしている。ほぼ同時期に発表された疋田［1988b］では、満洲事変直後に設立された満洲電話株式会社の設立から設立後の事業展開について分析されている。

⑥鉄道車両

満洲国成立後、それまで中国資本による路線であった満洲国線の委託経営を、満鉄が引き受けた。そのため新路線建設のため満鉄は大量の車輌を日本の車輌企業に発注した。当時、日本の車輌工業は内需減退で経営危機の状態にあった。この満鉄からの大量発注で日本の鉄道車輌工業は経営危機を脱した。こうして有力企業が満洲へ進出することになり、満洲車輌が設立された過程を沢井［1992］が描いている。

⑦航空機

航空機生産に関しては、満洲重工業を論じた栂井［1980］が若干言及しているのみである。航空機そのものを対象とした研究は、目下のところ、発見できていない。最近、敗戦で共産党軍捕虜となった関東軍第二航空軍が、共産党に「空軍創設」で協力したことがマスコミで報道された[22]。航空部隊の活動には航空機の自給体制が必要である。関東軍航空部隊が必要とした航空機は、1943年頃から自給体制方針が取られていた（閉鎖機関整理委員会［1954］）。そのためには、アルミやマグネシウムや航空燃料等の自給が必須であった。アルミや

---

22) 関東軍第二航空軍団第四錬成飛行隊の隊長であった林弥一郎少佐及びその部下三百数十名の兵士は、日本敗戦後1945年9月共産党軍の捕虜になった。その後10月に林少佐は瀋陽において林彪・彭真・伍修権と面会した。その折に、林少佐は林彪から、共産党軍には空軍がなく内戦で苦戦しているので空軍創設に協力してほしい、との要請を受けた。林少佐はこれを受け、林以下三百数十名の関東軍第二航空軍団第四錬成飛行隊兵士が共産党の「空軍創設」に協力した（NHK「留用された日本人」取材班［2003］）。

マグネシウムや航空燃料は本論で検討する満洲化学工業の重要な1部門であり、航空機の自給化は満洲化学工業に大きな発展をもたらした。化学工業を分析する上で重要な産業は、自動車と航空機である。しかし、満洲においては機械工業が発達しておらず、自立した自動車工業の成立に不可欠の部品企業が育っていなかった。そのため、満洲の自動車工業はノックダウンと修理が主であり、化学工業にほとんど影響を与えなかった。他方、航空機生産は満洲化学工業の発達に大きな影響を与えた。満洲の航空機工業を解明する今後の研究が期待される。

⑧財閥関連

満洲における産業開発は財閥という視点からの整理も有用であろう。財閥の中で特に注目すべきは三井財閥と日産財閥である。三井財閥を三井物産の活動を中心にみよう。満洲大豆の販路をヨーロッパに広げた三井物産は、満洲市場内においては三井物産の大豆取引が張作霖などの軍閥政権との対立を激化させた状況等から、日本の軍事的侵略という視点から論ずることも可能である（坂本［1977、1979］）。しかし、三井物産は小野田セメントの早期の大連工場建設を先導して成功させたほか（山村［1979］）、幅広く三井グループ企業の満洲投資を支援して成功に導いた（春日［1992］）。他方、三井物産の満洲における営業活動は、日満商事の営業拡大に大きな影響を受けた。日満商事は1936年に改組問題とからんで満鉄の商事部が分離独立したもので、日満商事の営業活動は、産業開発5ヵ年計画の実行と共に石炭・鉄鋼・化学を中心に拡大した。また、日満商事は1939年に特殊法人に改組され、統制経済への移行と共に、機械を除く重要生産資材の殆どを独占する総合的流通統制機関として重要な役割を演じて営業を拡大した。その結果、三井物産の営業取扱は日満商事の営業拡大により大きく低下した（鈴木［1988］）。

満洲国成立後、三井財閥に代わって注目を浴びたのは日産財閥である。日産財閥の満洲進出は、満洲投資の導管であった満鉄がその機能を喪失したという視点から論ずることが可能である（加藤［1968］）。同時に、日産財閥の満洲進出は、柱となる外資導入の失敗、資源開発での誤算、統制経済体制の弊害等から苦汁に満ちたものであった。日産財閥の満洲における事業計画はアメリカを

主とする外資導入を柱にしており、日本の対米宣戦布告によって、経済の論理が軍事・政治の論理の中で翻弄され挫折した（宇田川［1997］）。日産財閥の満洲進出は、産業開発5ヵ年計画の破綻から、最終的には満洲事業からの撤退という悲劇に終わった（宇田川［1976］、原［1976］）。その中で、日産財閥の満洲における事業には、一部の重化学工業分野ながら、成果もあった（栂井［1980］）。

　三井財閥や日産財閥以外の財閥による投資活動を分析した研究も少なくない。中瀬［1977a］は三菱財閥の対満洲投資を、中瀬［1977b］は住友財閥の対満洲投資を研究対象としている。武田［1980］は、古河商事を設立して事業多角化を図った古河家が、大連で豆粕取引を拡大したもののやがて破綻に陥った状況を、1920年恐慌の準備段階として分析している。桜井［1979］は満鉄と財閥との関係を、満鉄の資金調達の変遷、販売活動からみた満鉄経営、1920年代における満鉄の財閥に対する役割から分析している。

第4節　本書がめざす方向

1．本書の目的

　本書は、満洲国で建設された工場設備や生産技術が、人民共和国にどのように継承されたのか、あるいは、継承されなかったのかを実証的に解明することをめざしている。具体的には化学工業を事例として検討する。そのために、これまで満洲産業開発の中における化学工業の位置付けを試みた。以後、化学工業に焦点をあてる。本書の具体的な分析は仮説「満洲化学工業の人民共和国への継承」を検討することである。仮説検討に先立ち、本書で使用する言葉をここで定義する。

　人民共和国の生産活動に影響を与えた要素として、本書では設備・人的資源・技術を分析対象とする。設備としては、満洲国時代の設備・民国期の設備・ソ連援助による設備・輸入設備・自主開発設備・輸入設備コピー等が考えられるが、本書では満洲国時代の設備を考察する。人的資源に関しては、日本人留用技術者・ソ連人技術者・海外からの帰国技術者・国内技術者・一般労働

者等が考えられるが、本書では日本人留用技術者を考察する。技術に関しては、満洲国時代の技術・民国期の技術・ソ連援助技術・西側技術導入等が考えられるが、本書では満洲国時代の技術を考察する。

「継承」の検討では、設備・人的資源・技術のうち設備を重視する。設備を重視する理由は次のとおりである。まず、共産党のそれまでの基盤は農村であり、工業に関しては農村工業・手工業しか経験を持っていなかったため、戦前の日本とほぼ同水準の生産水準を持つ満洲国時代の設備の存在は、工業化を具体的に進める上において重要な役割を果たしたと思われるからである。加えて、満洲国時代の化学企業は生産活動にもっぱら従事し、投資の意思決定者は日本政府・満洲国政府・満鉄・満洲重工業・日本企業であり、研究開発は満鉄中央試験所・大陸科学院・日本企業でなされ、工場建設も基本的に日本に依存していた。一方、中国企業も投資・研究開発・建設等において重要な意思決定を自らすることは少なく、計画経済時代からつい最近まで、与えられた設備の下での増産が主な関心事であった。そのため「中国には企業は存在しない」（小宮[1989]、p.70）としばしばいわれた。その意味で、中国の化学企業は、もっぱら生産活動に従事した満洲国の化学企業に近い存在であったといえるからである。

「継承」の定義は、「満洲国で建設された設備、あるいは建設中であった設備が、ソ連軍に撤去された後に日本人留用技術者の協力により復旧され、人民共和国において継続的に運転された状況」とする。技術は設備に体化されているとみなして、設備の転用は「継承」としない。ただし、「継承」の状況になくとも、それに近い場合は「継承に準ずる」とし、「継承に準ずる」か否かに関しては個別に論ずる。「継承」および「継承に準ずる」は、以下、「　」を付さない。

2. 化学工業の特徴

ここで本書が取り組む化学工業を考えたい。そもそも化学工業はわかりにくい産業である。まず製品の数が非常に多い。その上に製品は多種多様であり、化学の全体像は鉄鋼のようには捉えにくい。また製品は自動車やテレビと異なり外からみてもわからない。化学工場に行くとパイプラインとタンクが並ぶだ

けの無人工場である。また化学製品は名前がわかりにくい。パソコンや自動車のように日々に使われる言葉もなく、普通は単に化学物質と一括して使われることが多い。さらに近年では化学物質のネガティブな面が市民社会から批判される。化学物質への批判は現在の先進国で共通してみられる現象である。しかしながら化学工業は本来そういうものではなかった。化学工業は社会が必要とするものを発明し、それを安価に大量に供給することで工業として発達を遂げてきた。その発展の歴史は一国経済の工業化の歴史であり、その国の経済に中間原料を供給する産業として、国の経済構造を反映する。それゆえ研究対象になってしかるべき産業であるが、化学工業に関する先行研究は数が少ない。その主な原因は、製品の数の多さと個々の製品のわかりにくさのため、全体像の把握が容易でないことであろう[23]。また、日本では、化学企業の数が多いのも分析しにくい原因である。戦前の日本でも、旧財閥を中心にして数多くの化学企業があり、それぞれのグループに属する企業が同じような製品を生産していた。そのため、個々の化学企業は相対的に規模が小さくて特徴が乏しく、研究対象に選ばれることが少なかったと思われる。

　化学工業はこのような特徴を持つため、中国化学工業に関するこれまでの研究蓄積は、満足すべき状態にはない[24]。特に、戦前の中国化学工業の場合は、田島［2003］が南満洲鉄道株式会社天津事務所［1937］を引用して指摘したように、「由来基本化学工業部門は斯業者孰れも経営内容を極秘に附し工場調査は勿論視察も拒絶する傾向がありて充分なる検討を許さなかった」（南満洲鉄道株式会社天津事務所［1937］、凡例）事情もあった。表0-2は、中国化学工業に関する先行研究を、発表された年次順で、その分析対象期間と分析内容を一覧にしたものである。表から明らかなように、研究実績が増加するのは2003年以降である。それ以前の研究実績はごく限られている。2003年以降に増加した研究実績には、一つの方向がみられる。以下において、先行研究の状況を整

---

23) この問題に対処するために、本書では、まず、その時代の要求を反映する製品グループを選択する。そして、その中から代表製品を選んで分析し、それにより全体把握を試みる。
24) 本書は2007年11月東京大学に提出した博士論文をベースにしており、使用した資料・文献のほとんどは2007年夏時点のものである。

表 0-2　中国化学工業に関する先行研究

先行研究名	分析時期[1] 中華民国	分析時期[1] 満洲国	分析時期[1] 人民共和国	分析対象
（日本で出版）				
満鉄 [1937][2]	──			酸、ソーダ、硫安
手塚 [1944]	──			（中国化学工業の勃興を無自覚）
小島 [1966]			──	無機化学
赤羽 [1966]			──	有機化学
小島 [1968]			──	合成繊維
神原 [1970]			──	化学工業全般
石田 [1971]		──		油脂化学
島 [1978]				（中国化学工業の勃興を無自覚）
小峰 [1983]		──		油脂化学
菊池 [1987]	──			国民党重慶政府下の酸、アルカリ
久保 [1990]				化学工業全般
貴志 [1997]				ソーダ
横井 [1997-98]				プラント
郝 [2000]				石油、石油化学
田島 [2003]	──	──		ソーダ、硫安、カーバイト
飯塚 [2003]		──		オイルシェール
田島 [2005]	──	──		ソーダ、塩ビ、アンモニア
田島編 [2005]	──	──		20世紀の中国化学工業
王 [2005]	──	──		ソーダ、硫安
加島 [2005]	──			ゴム
湊 [2005]				台湾化学工業
松村 [2005]				肥料
峰 [2005]	──	──		戦間期の中国化学工業
峰 [2006a]		──		満洲化学工業全般
峰 [2006b]		──		石油
峰 [2006c]			──	毛沢東時代の化学工業
峰 [2006e]		──	──	満洲化学工業全般
須永 [2006]		──		満洲化学工業全般
須永 [2007]		──		満洲化学工業全般
鈴木 [2007]		──		満洲に進出した日系化学企業
峰 [2007]		──		石油化学
峰 [2008]		──		満洲電気化学
（中国で出版）				
劉 [1937]	──			（中国化学工業の勃興を無自覚）
方 [1938]	──			（中国化学工業の勃興を無自覚）
中国 [1986][3]			──	化学工業全般
中国 [1988][4]			──	石油化学工業全般

注 1：「──」は分析時期をイメージ的に示す。
注 2：南満洲鉄道株式会社天津事務所 [1937]。
注 3：《当代中国》叢書編輯部編 [1986]。
注 4：《当代中国》叢書編輯部編 [1988a]。

理しつつ、その新しい方向を述べる。

3. 既往の研究業績

民国期の化学工業に関する研究業績は、その内容において、南満洲鉄道株式会社天津事務所［1937］が群を抜いている。満鉄は、化学工業に関する調査活動が困難であることを指摘しつつも、30年代前半における中国化学工業の発展を、詳細に検討していた。そして、「土着資本による基礎化学工業が独自的漸次昂隆過程にあるは極めて注目すべき事象」（南満洲鉄道株式会社天津事務所［1937］、はしがき）と記して、硫酸・ソーダ灰・硫安を中心にして、1930年代半ばまでの、勃興中の中国化学工業を詳細に分析した（南満洲鉄道株式会社天津事務所［1937］）。

他方、手塚［1944］・島［1978］は、民国期の中国重化学工業の発展を、「反封建・半植民地体制」として開発抑制的に捉えるのみで終わり、化学工業でみられた重化学工業の民族資本による発展の検討を怠っている。また、劉［1937］・方［1938］等中国人による研究も、田島がすでに指摘しているように、民国期に発展を遂げた近代的な化学工業の展開について無自覚である。

満洲化学工業については、つい最近になって、田島［2003］・飯塚［2003］・峰［2005］・峰［2006a］・峰［2006d］・須永［2006］・須永［2007］・鈴木編［2007］・峰［2008］と、研究成果が続いて発表されている。しかし、満洲化学工業そのものを分析対象とした研究は、それまでは皆無に近い状態であった[25]。初期の満洲化学工業に関しては、大豆を原料とする油脂化学を分析対象とした石田［1971］・小峰［1983］のような研究成果がある。しかし、1930年代以降に本格化する満洲化学工業に関しては、石川［1958］・原［1972］・山本［1986a］等において、満洲産業開発5ヵ年計画との関連で断片的に言及されることはあっても、満洲化学工業そのものは分析対象となっていない。

このような満洲化学工業に関する研究成果の中で、田島・飯塚・峰の研究に共通するのは、満洲国の化学工業と人民共和国の化学工業の連続性に、研究の視点をおいていることである。この点に関しては後述する。これに対し、須永

25）鈴木編［2007］は第12章で満洲に進出した日系化学企業を分析しているが、この第12章の著者は須永であり、内容は須永［2006］・須永［2007］と同じである。

の研究は純粋に満洲化学工業に限られている。その分析視角には、人民共和国の化学工業は含まれていない。須永［2006］は、1921年・1936年・1942年の満洲の法人企業調査を利用して、時代と共に変化する満洲化学工業の構造変化をマクロデータを使用して分析した。このマクロデータによる満洲化学工業の分析は成果を収めている。しかしながら、それに次ぐ個別事業分野ごとの分析には、若干の問題がある[26]。

人民共和国に入ると、中国化学工業の状況は、ベールにつつまれた闇の中となった。小島［1966］・赤羽［1966］・小島［1968b］・神原［1970］は、このベールの内側を研究した成果である。情報が極端に少ない時期に書かれたものであり、そのため大変な苦労をしながら、人民共和国の化学工業の姿を推測した。この中では神原［1970］がよく引用される。小島［1966］・赤羽［1966］・小島［1968b］は、それぞれ無機化学・有機化学・合成繊維に分析対象を限定して、神原［1970］より以前の研究にもかかわらず、神原［1970］以上に突っ込んだ分析がなされている。しかし、時代の制約から、一部に不正確な内容もある。それは当時の状況からすると当然でありやむを得ない。

改革開放時代に入ると、《当代中国》叢書編輯部編［1986］をはじめ化学行政当局による公開出版物が増えた。その結果、情報量は飛躍的に増えた。20世紀末になると、日中プラント商談から分析した研究（横井［1997-98］）や、石油化学に焦点を当てた研究（郝［2000］）も出た。

一方、1980年代後半から1990年代にかけて、民国期の化学工業を扱った2つの研究成果が発表された。一つは、重慶政府の奥地での産業育成策を明らかにし、重慶政府支配地域での酸・アルカリ生産統計を把握した研究である（菊池［1987］）。もう一つは、重慶政府の下でソーダ事業を発展させた、民族資本家范旭東の動きを詳細に検証した研究業績である（貴志［1997］）。他方、満洲化学工業については、1930年代半ばぐらいまでの時期に関しては、当時の業界関

---

26) 須永［2006］では個別の事業分野の分析が「石炭乾留・木炭・マッチ工業」から始まるが、石炭乾留・木炭・マッチを一つの事業分野としてまとめた手法は有効な分析となっていない。また、石炭乾留は事業目的に応じて生産物が都市ガス・電力・コークス・人造石油と変化するので、石炭乾留工業という分類も適切でないと思われる。その他、フェノールやピッチコークスを生産する南満化成や大陸化学は油脂工業とはいえない等。

係者や満鉄関係者による資料が少なくない。しかし、日中戦争以後の分析に関しては、つい最近まではみられなかった。本書で明らかにするように、満洲が化学工業基地として重要な役割を果たすのは、1930年代の後半からである。既往の研究の分析対象期間が1930年代半ばで終わっていることは、満洲化学工業の解明には大きな問題点である。

4. 新しい研究の方向

中国研究においては、1949年の人民共和国成立以前と以後で、大きな断絶がある。人民共和国の研究と民国の研究の間には、交流がほとんどなかった。両者はいわば断絶の状態にあったといえる。これは否定できない事実であろう。しかしその中で、中国経済の分析を、清朝末期・民国期・人民共和国を通した、大きな流れの中で行う研究が発表されている。久保［1991］は、そのような問題意識のもとに、先行研究を利用して近現代100年を通した個々の産業の発展経過を整理した。久保［1991］には、化学工業についても若干の記述がある。しかしその内容は、民国期と満洲国時代に生まれた化学工業と、人民共和国の化学工業との関連付けが手薄であり、十分な分析成果とはいえない。

化学にスポットライトを当て、近現代100年を通した中国化学工業の発展経過を、正面から分析したのが田島［2003］・田島編［2005］・田島［2005］である。田島［2003］は現在の中国化学工業の源流として、永利化工（天津、南京、四川）、天原電化（上海、四川）、満洲化学（大連）、満洲電化（吉林）の4企業を取り上げ、民国期の初期形成とその後の発展、日中戦争を経て新中国での接収・国有化のプロセス、人民共和国に入ってからの発展を通じて、中国における化学工業の発展を経営史的な視点から分析した。

田島編［2005］は、それまで研究蓄積の薄かった中国化学工業を、全面的に取り上げたものである。民国・人民共和国を通した20世紀の中国化学工業の発展を、いくつかの面にスポットライトを当てて分析した。まず、田島編［2005］に所収されている王［2005］は、中華民国期を代表する民族資本家である永利化学に焦点を当て、中華民国期の化学工業の金融構造を考察した。加島［2005］は、戦後国民政府期から人民共和国成立後の第1次5ヵ年計画にかけての1945-57年の、上海の化学工業の展開を検討し、同時期を通じた地域産

業組織の変遷過程を考察した。湊［2005］は、植民地期から戦後復興期にかけての、台湾の化学肥料需給の構造と展開を明らかにした。松村［2005］は、人民共和国初期の農産物統制のあり方と、これに規定される化学肥料の流通統制を分析し、農産物統制と化学肥料の統制の関連を分析した。峰［2005］はほぼ同時期にスタートした日本と中国の化学工業の発展を対比し、戦間期に大きく成長した日本と停滞した中国を比較することにより中国化学工業の特徴を分析した。このほか田島編［2005］では、人民共和国に入ってからの民国期の遺産と技術進歩と産業組織が論じられている。

　田島［2005］は、人民共和国の窒素肥料・ソーダ・塩化ビニールに焦点を当てて、このような基幹事業の発展が、満洲国時代の旧日系化学企業を出発点として展開されたことを論じた。田島は、戦前・戦中期に満洲及び台湾で設立された旧日系化学企業に着目し、これらを初期条件の1つとする戦後の産業発展と産業組織の変化をあとづけて、人民共和国及び台湾双方での経済発展と政府・企業関係を論じた。峰［2005］は、19世紀後半東アジアで同時期に勃興した日本と中国の化学工業を、世界の化学工業発展の中で論じて、満洲化学工業の位置付けをした。峰［2006c］は、中華民国と満洲国から受け継いだ人民共和国の化学企業を検討し、それを初期条件とする毛沢東時代の化学工業が、どのような変貌と発展を遂げたかを分析している。

　このような研究の中で、満洲化学工業に焦点を絞った研究が、飯塚［2003］・峰［2006a］・峰［2006e］である。飯塚［2003］は、満鉄のオイルシェール石油事業化に関して、事業開発から内戦期を経て、人民共和国で撫順石油化工公司として継承された状況を解明した。峰［2006a］では、満洲国経済が化学工業に偏っていたことが分析された。峰［2006c］では、満洲化学工業が満洲国の後半期になって大きく発展したことが、日系化学企業の分析を通じて、明らかにされた。

5. 本書がめざす研究

　久保が試み、田島が化学工業で展開した新しい研究の方向は、それまでにはない新しい分析視角を持つ。しかし、この流れはまだ始まったばかりに過ぎない。満洲国の産業開発に関する先行研究は、次の第1章で整理する。表0-3

表0-3　満洲産業開発の人民共和国への継承を論じた先行研究

産業	企業	事業	立地	分析期間	先行研究
鉄鋼	鞍山製鉄	鉄鋼	鞍山	満洲国—1950年代末	松本［2000］
電力	満洲電業	超高圧送電網	満洲国	満洲国—現在	峰［2006d］
	豊満水力発電所	発電	豊満	満洲国—1950年代末	南［2007］
化学	満洲化学	硫安	大連	満洲国—現在	田島［2003］
	満洲電気化学	カーバイド他	吉林	満洲国—現在	田島［2003］
	満鉄	オイルシェール	撫順	満洲国—1950年代末	飯塚［2003］
	（満洲化学工業全般）			満洲国—1970年代末	峰［2006a］

注：企業名は事業所名を含む。

は、第1章で整理されている先行研究から、満洲産業開発の人民共和国への継承を論じた研究をまとめたものである。

　満洲産業開発の人民共和国への継承を論じた研究は、鞍山製鉄を舞台にした松本［2000］を嚆矢とする。後述するように、鉄鋼の厚い研究蓄積は満洲国の鉄鋼業をほぼ解明したといえる。鉄鋼は人民共和国でも最重視された産業であった。改革開放後に東北地区の鉄鋼業に関する研究が公開されるようになると、満洲鉄鋼業と人民共和国の鉄鋼業を繋げた研究が提唱された（松本［1999a］・松本［1999b］）。その結果、鞍山を舞台にして、満洲国の鉄鋼業は人民共和国にどのように継承されたのか、を主題とする研究業績が生まれた（松本［2000］）。この研究業績は鉄鋼以外の産業研究に大きな影響を与えた。表0-3が示すように、電力においては、満洲国時代の超高圧送電網が人民共和国に継承された状況が検証され（峰［2006d］）、また、豊満水力発電所の建設と人民共和国における再建の状況も検証された（南［2007］）。化学においても、人民共和国の「大連化学廠」と「吉林化工廠」は、それぞれ満洲化学と満洲電気化学が前身であることが分析され（田島［2003］）、また、満洲国のオイルシェール事業が人民共和国に継承された状況も検証された[27]（飯塚［2003］）。

　しかし、田島の研究は、中国化学工業の一つの源流という視覚からみた満洲化学工業である。満洲化学工業そのものの人民共和国への継承を論じたもので

---

[27] この他、台湾の旧日系化学企業が戦後の台湾化学工業発展の中核の一つになったことを論じた先行研究もある（田島［2005］・湊［2005］）。台湾のみならず朝鮮を含めた地域における戦後の日系化学企業の状況の分析は今後の課題の一つである。

はない。また、飯塚の研究は、満洲化学工業のごく一部を解明したのみである。満洲化学工業は全体として人民共和国に継承されたのか、あるいは、継承されなかったのかを問題意識として、筆者は、これまで峰［2005］・峰［2006a］・峰［2006c］・峰［2006e］を執筆した。しかしながら、峰［2005］は満洲国時代の化学工業の記述のみに終わり、峰［2006a］は満洲国の産業構造が重化学工業に偏っていることの指摘が主であり、また、峰［2006c］は毛沢東時代の化学工業の分析が主となっている。峰［2006e］は、日系化学企業の満洲進出及び日本敗戦後の状況を検証することにより、満洲化学工業の人民共和国への継承の解明を目的として執筆したものである。しかし、対外的な発表ができぬまま私稿で終わっている。

　本書がめざすのは、このような先行研究の総括である。すなわち、満洲化学工業は全体としてどのように発展してきたのか、そして、どのように人民共和国に継承されたのか、あるいは継承されなかったのか、を解明することである。

第5節　本書の構成

　本書は序論・本論・結論からなる。序論では、まず、日中歴史問題から満洲にアプローチし、満洲国の産業構造を鳥瞰した。次いで満洲における産業開発の状況及び個別産業の動向を先行研究によって概観した。次に、本書の中心である仮説「満洲化学工業の人民共和国への継承」を述べ、中国化学工業及び満洲化学工業に焦点をあてて先行研究をサーベイし、本書のめざす研究を述べた。

　本論では仮説の検討を行う。本論は第1部と第2部に分ける。第1部「満洲化学工業の開発」においては、満洲国に建設された化学工業の実態を解明する。第2部「人民共和国への継承」においては、満洲化学工業が、日本敗戦後に内戦期を経て、人民共和国経済建設の初期条件となった状況を分析する。復興期と第1次5ヵ年計画を経て、毛沢東時代に成立した特異な産業構造において、満洲化学工業の後身となった東北の化学工業が果たした役割を検証し、その中で、満洲の化学工業が人民共和国に継承されたのか、あるいは、継承されなかったのかを検討する。

　結論では、本論での検討結果を総括し、次の課題を述べる。

第Ⅰ部
満洲化学工業の開発

第1章

満洲化学工業の特徴

第1節 本章の目的

　本章では、まず、第2節では民国における化学工業の発展を述べる。次いで、第3節では、満洲で生産された化学製品を進出した化学企業の社史を中心にして整理する[1]。同時に、当時の業界資料・満鉄関連資料・留用技術者[2]記録で補い、満洲化学工業の実体像を把握する。第4節では、満洲国の産業構造が重化学工業に偏っているのをみるために、民国・満洲国・日本の経済規模と化学生産を比較対比し、化学工業が満洲経済において高いウェイトを占めていることを具体的に示す。

第2節 民国の化学工業

1. 中国化学工業の始まり

　中国がアヘン戦争後に開国して最初に始めた近代工業は軍需工業である。中国化学工業はこの軍需工場内に生まれた。通常、硫酸の工業生産の始まりをもって、近代化学工業の成立とする。中国では、1876年に天津の軍需機械工場内

---

1) 企業名の表記に際しては「株式会社」・「製造株式会社」の記述（中国企業名の場合は「股份有限公司」）を省く。
2) 留用技術者に関しては、第4章第2節参照。

に硫酸工場が作られた。これが中国最初の近代化学工場である。化学工業は中間原料を製造する産業なので、近代工業生産の普及と共にその必要性が高まる。どの国においても、最初に作られる基礎化学製品は酸とアルカリ（ソーダ）である。酸の中では特に硫酸が重要である。近代化学工業の母ともいわれるソーダでは、ソーダ灰と苛性ソーダが重要な製品である。

　中国でソーダ事業を始めたのは范旭東である。范旭東は日本に留学して京都大学で応用化学を学び、帰国後は財政部に勤務した。やがて天津で久大塩業公司を設立し、財政部の支援も受けて塩業で成功し資本蓄積をした。范旭東は塩を原料にソーダ事業への進出を図り、ソーダ国産化のために1916年に永利製鹼股份有限公司を天津に設立した。技術は旧式のルブラン法ではなく、新しいソルベー法（アンモニア・ソーダ法）を選んで、1919年に永利のソルベー法ソーダ工場は完成した。しかし、生産は順調ではなかった。そのため米国に留学中の侯徳榜が呼び戻された。永利は范旭東の事業熱意に加えて、政府による支援と侯徳榜の技術で困難を乗切った。品質問題は1926年に克服され、中国でのソルベー法は完成した。その結果、この年米国フィラデルフィアで開催された万博では金賞を得ている。この時期に、中国がソルベー法で品質問題を解決して生産開始した点は、高く評価されてよい。

　永利のソルベー法によるソーダ灰生産の成功を高く評価する根拠は、当時の日本のソーダ工業との比較からのものである。日本のソーダ生産は、明治維新後すぐにルブラン法で始まった。時期は1880年であった。中国に比べると大分早い。しかし、ソルベー法への切替えには時間がかかった。1916年にやっとソルベー法に転換した。しかも切替後も品質問題が解決できず苦しんだ。ソルベー法はルブラン法に比べ品質も優れコストも安い。その一方、技術的には難しい。工場建設や運転には高度の化学技術水準を必要とする。また技術を独占するブラナモンドはこれら情報を公開しなかった。そのため、日本は品質問題を解決できずに苦しんだ。世界市場を支配するブラナモンドはダンピング攻勢をしかけ、日本業界はこのダンピングに悩まされた。官民挙げた対策で品質問題を解決するのは1929年である。一方、中国ソーダ工業を代表する永利は、すでに、1926年に品質問題を解決している。そして品質問題を解決できない日本に輸出をして、ブラナモンドと日本市場で争っている。1926年にブラナモンド以

下のイギリスの主要化学4社が合併してICIとなった。新生ICIは、永利との日本での販売戦争を終らせ、日本での中国（永利）ソーダ灰の販売代理権を得た。これは「ICI社が永利との融和策に転じた」とみてよい（貴志［1997］、pp.262-263）。国際カルテルは弱者を攻撃するが、強者とは争わない。国際カルテルは強者と手を結び友好関係を持つ。「ICI社が永利との融和策に転じた」とは、ICIが永利の力を認めたことに他ならない。中国ソーダ工業は世界のトップ水準にあったといえる。

永利は日中戦争時には四川に移転した。そこで侯徳榜は侯氏ソーダ法と呼ばれる原料塩を98％まで利用する独特な塩安併産法を発明し、ソーダ工業の権威者としての地位を固めた。ただこの四川は原料事情が悪かった。そのため侯氏ソーダ法の工業化までは至ってない。四川では理論で終わっている[3]。

2. 資源委員会の化学工業政策

1927年に成立した国民党政権は、中国の武力的政治的統一と共に、経済建設にも取組んだ（石島［1978］、p.41）。その中で注目すべきは、資源委員会の設立とその活動である（Kirby［1990］、p.125）。資源委員会は、蔣介石の非公開のブレーン集団として、1932年に設立された国防設計委員会をその前身とする。その名前の示すとおり、国防設計委員会は軍事色の強い組織であった。日本を仮想敵国としていた。国防設計委員会は、国民政府が1935年4月に軍事関連組織の大規模な改革を行った際に、資源委員会と改名して正式な組織となった（鄭友揆・程麟蓀・張伝洪［1991］、p.18）。

資源委員会は生まれると直ちに産業開発計画を打ち出した。それは1936年3月に「重工業建設5ヵ年計画」として具体化した。計画に盛り込まれた内容は表1-1のとおりである。計画実行のためには資金と技術が必要であった。こ

---

[3] 侯氏法による生産は人民共和国成立後、大連で実現する。人民共和国の新政府から中国化学工業の発展育成を要請された侯徳榜は、大連の旧満洲化学・満洲曹達を統合した大連化学廠を高く評価し、ここにソーダ研究所を置いて侯氏ソーダ法の技術的完成をみた。詳細は第4章で述べる。四川には原料となる塩の供給が十分でなく、またアンモニアもなかった。大連では旧満洲国時代の工業開発の結果、原料の塩とアンモニアが豊富であり、ソルベー法の改良版である侯氏ソーダ法の工業化のための理想的な条件が整っていたからである。

表1-1　重工業建設5ヵ年計画

製品	工場数	投資額（1000元）
鉄鋼	2	80,000
銑鉄	1	700
銅	4	5,440
亜鉛	1	3,750
アルミ	1	15,000
金	2	300
石炭	5	8,900
ガソリン	3	86,300
硫安	2	20,000
エタノール	1	3,000
ソーダ	2	5,000
飛行機エンジン	1	7,500
自動車エンジン	2	7,700
工作機械	1	3,500
船舶	1	5,770
電機	1	15,000
発電所	1	3,740
総計	31	271,200

出所：鄭・程・張［1991］、p.24。

れに全面的な協力意思を表明したのが、タングステンやアンチモニーの供給を中国に大きく依存していたドイツであった。ドイツは資源委員会といわゆるハプロ契約[4]を結び、1億ドイツマルク（約1億3,500万元）の資金と関連技術の提供を申し出た。表1-1は資源委員会による「重工業建設5ヵ年計画」の概要である。化学では、硫安・ソーダ・エタノールに2,800万元の投資が計画されていた。これは全投資額2.7億元の10.3%を占めた。

しかし、「重工業建設5ヵ年計画」の化学関連計画では、エタノールのみが実施された。エタノール生産は乏しい石油を代替する醗酵法による穀物燃料であった。エタノール工場は、抗日戦争中に、重慶・遵義・咸陽等19箇所に建設

4）ハプロ（Hapro：Handelsgesellschaft für industrielle Produkte GmbH）はドイツ陸軍により設立された国営の対中国貿易商社。資源委員会はハプロ契約によるドイツの資金と技術で工場建設を計画した（田嶋［2008］、p.37、p.39）。

された（鄭友揆・程麟蓀・張伝洪［1991］、pp.108-109）。ソーダの状況はすでに述べた。硫安は、ソーダ事業に成功した范旭東が、1929年頃から企業化準備を進めていた（李祉川・陳歆文［2001］、pp.84-85）。すでに1934年3月において、永利製鹼股份有限公司は社名を永利化学工業股份有限公司に変更して、硫安の企業化活動を進めていた（王京濱［2005］、pp.65-69）。硫安生産の柱はアンモニアである。高温高圧下の化学反応を利用するアンモニア生産は、技術的に非常に難しいものであった。生産には当時の最先端の化学技術を要した。そこで、アンモニア・硫安工場が中国で建設されるに至った状況を次に検証する。

3. アンモニア・硫安の生産開始

ソーダ事業において成功した范旭東は、次いで、ソーダ事業の原料であるアンモニア国産化に取り組んだ。技術責任者には再び侯徳榜を選んだ。アンモニア技術はソーダのような技術独占はなく、各国が競って応用技術を開発しており、侯徳榜はアメリカNEC法の技術導入を決めた。立地としては南京を選び、1934年にアンモニア・硫酸・硫安・硝酸工場の建設に入った。工場は1937年に完成し、直ちに生産を開始した[5]。当時、資源委員会は、国防上の観点から、国内産業開発は内陸部立地を指向していた[6]。資源委員会の影響下になかった民族資本の永利は、立地を南京の揚子江対岸の浦口（卸甲甸）を選んだ。しかし、この立地選定が永利に不幸をもたらした。すなわち、生産開始直後に日本軍が南京に進攻し、新工場は日本の管轄下に入ったからである。

新工場を接収した日本軍は工場運営を三井グループに委託した。三井グループはこの新設備の評価のために専門技術者を派遣した。専門技術者は設備が最新鋭のものとして高く評価した。その結果、工場管理運営のために日中合弁企業に改組され、実業部40％、東洋高圧40％、三井合名20％出資した永礼化学工

---

5) この2年前の1935年上海で、（塩酸製造用電解工場の）副生水素を利用して小規模なアンモニア工場が呉蘊初により作られている。しかし、本格的アンモニア工場ができあがるのは永利の南京工場である。
6) 資源委員会による「重工業建設5ヵ年計画」を代表する中央鋼鉄廠計画の場合、立地は経済的な要因から実業部の推薦する浦口（卸甲甸）が本命であったが、後背地が平坦で防衛上不利な場所にあることから軍政部が浦口（卸甲甸）立地に反対して計画が変更された（萩原［2000］、pp.53-57）。

業株式会社となった。経営は東洋高圧に委託された（三井東圧化学［1994］、pp.141-144）。

　この永利の硫安工場を評価するために、再び日本の化学工業と比較する。日本のアンモニア生産開始は1923年であり、中国より14年早い。日本のアンモニア工業は、民間部門の激しい競争により生まれた。日本のソーダ工業は政府主導で始まった。しかし、アンモニア工業はそうではなかった。三井・三菱・住友に加えて、新興財閥の日窒コンツェルン・森コンツェルンも参入した。アンモニア合成は典型的な近代装置産業であり、建設にも運転にも高度の技術水準が必要である。若くて優秀な技術者が投入され、激しい競争の下で生まれた。中国のアンモニア生産開始は、このようにして世界水準に追いついた日本と比べると14年の遅れであった。他の主要国と比べても、中国は9-18年の遅れである。ソ連とは9年の遅れにすぎない。工場建設に際してはアメリカのNEC技術者の応援を受けてはいるものの、建設の主体は中国であり、工場建設後は自力で生産に入った。このような実績は、当時の中国化学工業がかなりの水準に達していたことを示している（峰［2005］、p.25、p.29-30）。

4．その他の化学工業

　民国期の化学工業で忘れてはならないのは、上海を拠点にした呉蘊初である。民国期の民族資本家を代表する天津の范旭東と上海の呉蘊初は、北范南呉と呼ばれた（《当代中国》叢書編輯部［1986］、p.4）。范旭東の事業家としての出発点は塩業であった。塩の消化策としてソーダを手がけ、さらに、アンモニア・硫酸・硫安・硝酸と事業を広げていった。呉蘊初は、グルタミン酸ソーダが事業の出発である。呉蘊初は、日本の味の素に興味を持ち、1923年に中国で「味精」の名前で、グルタミン酸ソーダを上海の天厨味精廠で企業化した。この「味精」の事業化に成功した呉蘊初は、グルタミン酸ソーダ原料塩酸の生産を塩の電解で始めた。電解の副生水素を利用して、1935年には小規模アンモニア生産を始めた。さらにアンモニアから硝酸の生産を開始した。グルタミン酸ソーダの生産は香港でも始めている。

　ここで注目すべきは日本の味の素社[7]との関係である。味の素社の社史によると、同社は1914年から中国でのマーケッティングを開始している。1918年に

は上海出張所を設置して販売体制を本格的なものにした。この頃に呉蘊初が味の素に関心を持った時期と思われる。そして、味の素社は1937年から天津と奉天で現地生産に入った。味の素社は内外に特許を申請し、類似品による特許の侵害行為には警戒体制を取っていた。しかし、社史は「味精」について、「天厨味精廠は中国におけるグルタミン酸ソーダ製造業者のなかでももっとも有力メーカーで上海に本工場、香港に分工場を所有して経営していた」と述べるだけである（味の素［1971］、p.420）。社史では呉蘊初の「味精」を味の素社の特許にふれるとはしていない。この時期、日本窒素（現旭化成）が、「旭味」の名前でグルタミン酸ソーダ事業に乗り出していた。「旭味」は勿論、日本窒素の独自技術での製造であり、味の素社は社史で「旭味」をコンペティターとしている。呉蘊初の「味精」の扱いはこの「旭味」に近い。社史でみる限り、「味精」は味の素社の特許の制約をクリアーしていたとみてよい。これは呉蘊初の経営する天厨味精廠が、相当の技術水準に達していたことを示している。日中戦争で、日本軍はこの天厨味精廠を接収して、味の素社にこの天厨味精廠の経営を委託した。経営を受託した味の素社は、「同工場は小規模ながら電解工場を持つ比較的整備された工場であったので、17年（1942年：引用者注）秋から操業を始めて味の素、アミノ酸液、味噌、苛性ソーダ、塩酸を少量ながら製造し、在留邦人や現地の厚生用に供給した」、と評価している（味の素［1971］、p.420）。

　1937年以降、呉蘊初は国民党と共に四川省に移り、内陸部での化学生産に大きく貢献した。重慶でグルタミン酸ソーダ工場、電解工場を、宜賓で電解工場を始めている。一方、范旭東も四川に移り、ソーダ工場を五通橋に作った。しかし、四川省では原料となる鹹水の濃度が低いので、ソルベー法ではなく旧式のルブラン法でソーダ生産をした。後述する表1-4によると、1939年、40年頃より国民党の支配地区では硫酸・ソーダの生産が大きく増大している。これは内陸部に移転して生産活動に励んだ、呉蘊初や范旭東によるところが大きい。

　范旭東や呉蘊初による化学事業以外には、四川省の長寿化工廠がある。長寿化工廠は電解設備を持ち、アメリカの特許を購入して塩素酸加里を製造する軍

7）味の素は製品名と同時に社名でもあるので、社名を味の素社、製品を味の素と記す。

需工場であった。日本敗戦後自らの意思で中国に残留した満鉄中央試験所長の丸沢常哉は、1953年より1年間、長寿化工廠に配置された。この工場の技術トラブル解決を頼まれた丸沢は、この工場の技術水準を評価している[8]。これも中華民国期の化学工業が、かなりの水準にあったことを示すものである。

5. 日中戦争時の状況

日中戦争が始まると国民政府は工場の内陸移転策を取った。そして、抗戦建国路線をとり、「軍事中心ではあったが、持久戦という形態上、経済建設にも重点がおかれ」た。それは、1938年6月の第1次金融会議における孔祥熙発言「現代戦の勝敗は武力のみならず経済力、持久力が重要」という言葉にも示されており、「重慶政府の諸改革が限界はあったとしても、着実に実施に移されていた」(菊池［1987］、p.140)。その結果、国民党支配地区の工業生産は、1944年には1938年の3.5倍になった。そして、化学工業を代表する硫酸とソーダ灰の生産は、後述の表1-4のとおり、硫酸は4.6倍、ソーダ灰は3.9倍になった。しかし、内陸への工場移転はすべて順調にいったわけではない。例えば、1943年に資源委員会は天津のソーダ工場を内陸部に移動させようとした。しかし、工場側の抵抗が強く実現しなかった。河南省で硫酸・ソーダ・火薬・毒ガス等を生産していた兵器工場は、四川省瀘州に移転した。

一方、共産党支配地区では、革命根拠地すべてが小規模ながら化学工場を持っていた。そこでは、戦時に必要な硫酸・硝酸・塩酸・ソーダ・アルコール・グリセリン・爆薬等を生産していた。延安では八路軍が製薬工場を建設した。製薬工場以外にも、爆薬・石鹸・皮革・マッチ・ガラス・紙等を生産した(《当代中国》叢書編輯部［1986］、p.7)。

第3節 満洲で生産された化学製品の概況[9]

本節から満洲化学工業である。化学製品は数多いのでまず概況をみてみよう。

---

8) 丸沢は「…検討を加えていくうちにこの工場の生産技術はすでに先進国の水準に達していることが判明しその革新はますます容易でないと痛感した」と述べている（丸沢［1979］、p.169）

満洲に進出して実際に事業を運営した日本企業に対し、企業化のコンサルタントとして（あるいはパートナーとして）活躍したのが満鉄調査部[10]である。満鉄調査部は数多くの産業調査資料を作成しており、それにより当時の満洲経済・産業事情がわかる。また、当時の化学業界団体が、満洲に進出した化学企業の個別の業界事情を記している。しかしこれらの資料の記述時期は、ほとんどが1930年代半ばで終わっており、化学工業への投資が本格化した日中戦争以降の状況を記していない。そのため、本書では満洲進出した化学企業の社史を中心にし、それを満鉄調査部関連資料・化学業界団体資料・留用技術者記録で補った。得られた満洲化学工業の概況は次のとおりであった。満洲化学工業を代表する重要な製品に関する個別の状況は次章で検証する。

1. 硫酸及びソーダ

1）硫酸

化学工業が発達するために最初に必要な製品は硫酸である。硫酸は初期の化学工業における重要な基礎原料であり、軽工業・繊維・電子・医薬・化学・冶金・軍事等の幅広い分野で使用される。硫酸は大連・撫順・瀋陽・本渓湖・鞍山・胡炉島で生産されたが、最初の硫酸工場は関東庁が大連に建設したもので1916年のことである。この硫酸工場は1917年より生産を始め、1920年に大連油脂工業に譲渡された。撫順での硫酸生産も早かった。撫順では1918年に地元で産出する硫化鉱を原料に、モンドガス発電から副生するアンモニア回収を目的とする硫酸生産が始まった。また当時の満洲支配者であった張学良は日本の技術指導により奉天の東北兵工廠で硫酸工場を建設し、爆薬原料用の硫酸が奉天で生産された。鞍山製鉄所はコークス炉副生硫安用硫酸を当初は撫順より購入していたが、1928年より硫酸の自家生産を始めた。本渓湖煤鉄公司もコークス炉用の硫酸工場を1925年完成させた。当初は原料硫化鉱の品質問題で生産は順調でなかったが、設備改造して1936年より再稼動している。また撫順ではオイルシェール副生硫安用の硫酸工場が1935年に運転開始している。大連に満洲化学が

9）本節においては出所のページ記載を省略する。
10）満鉄で調査業務を担当した組織は、時々の状況に応じて名前が変わっていて複雑である。本節では、便宜上、満鉄調査部で統一した。

建設されると硫安生産用に大型硫酸工場が建設された。詳細は次章に述べる。満洲国末期には葫芦島に大規模な硫酸工場が生まれた。元来はアメリカからの技術導入による満洲亜鉛の精錬工場附属工場として計画されたが、アメリカからの技術導入は実現せず亜鉛精錬設備そのものは建設半ばで放置されていた。ところが戦争経済のために硫酸増産が必要となり、亜鉛精錬所とは切り離して硫酸工場のみを完成して1941年から硫酸が生産された（出所：満洲事情案内所［1940］・住友化学［1981］・満鉄会［1986］）。

2) ソーダ

ソーダは石鹸・食品・繊維のような日用品から建築・冶金・化学用の基礎原料用に、或いはアルミ・火薬のような軍需品として幅広い用途があり、化学工業の母ともいわれる。満洲で生活する人間が増加すると、それと共に、ソーダ需要は自然に増加した。当初は輸入品で需要がまかなわれた。やがて満洲での生産自給化が計画された。最初のソーダ生産は、奉天の東北兵工廠火薬工場における、日本の電解法技術を導入した小規模ソーダ工場であった。1928年にソーダ生産を始めている。これとは別に、満鉄を主にした日系企業は、近代的な大規模ソーダ工場を計画した。しかし、計画を実行する段階になると、製品の還流を恐れる日本ソーダ業界と深刻な意見の対立が生まれた。しかしながら、最終的には満洲現地の主張が実行された。1936年に満洲曹達が設立され、大連に大型ソーダ工場が完成した。製品はアンモニアソーダ法によるソーダ灰であり、生産能力は年産3万6,000トンであった。工場はその後倍増され、生産能力は年産7万2,000トンになった。詳細は次章で述べる。その後、ソーダ需要の増加に対応して、中規模の電解法苛性ソーダ工場が瀋陽・開原・営口・撫順に建設された（出所：旭硝子［1967］・日本ソーダ工業会［1952］・工業化学会満洲支部［1937］）。

2. 石鹸・食品・マッチ

1) 石鹸

日露戦争後に日本人が急増し石鹸需要が増加した。1919年に満洲石鹸株式会社が大連に設立された。石鹸製造の主原料は油脂類（牛脂・ヤシ油・硬化油

等）とカセイソーダである。満洲は牛脂が不足していたが大豆油が豊富であり、大連には大豆油工場が集中していた。満鉄中央試験所が大豆油を原料とするグリセリン製造技術を開発した。この技術をもとに大連油脂が創立されて、電気分解による水素で大豆油を水添して石鹸・人造ラード・マーガリンを製造した。日系以外では、1922年頃から中国資本の小規模石鹸工場がいくつか作られた。満洲北部ではロシア人の経営する石鹸工場がかなりあったが、ロシア人撤退後は中国資本が経営した（出所：南満洲鉄道［1919］・日本油脂［1988］）。

2) 食品

化学調味料としては味の素が早くから現地生産され、現地に滞在する日本人に愛用された。醸造業は醤油・高粱酒を始め満洲土着のものが数多くあった。他方で、日本酒・醤油・味噌に関しては日本品が求められ、日系企業が満洲に進出して現地生産がなされた。醤油生産の中心地は、日系は大連・遼陽・奉天、中国系は奉天・ハルビンであった。日本酒生産の中心地は、日本人の多い大連・奉天・安東であった。中国系は、原料の高粱が各地で取れる上に、需要が大きいことから各地で生産された。その中でも、遼陽地方は高粱酒の名産地として特に盛んであった。ビール生産は、東清鉄道建設時にロシア資本により北満で始まった。日系は、日露戦争後にサッポロビールと麒麟麦酒が満洲へ進出し、奉天とハルビンでビール生産も始まった（出所：味の素［1971］・キッコーマン醤油［1968］・麒麟麦酒［1957］・サッポロビール［1996］）。

穀物を原料とするエタノールは、ウォッカを始めとする飲料用アルコールとしてロシア資本により生産されていた。ロシア革命後ロシア資本が撤退し、中国系企業と日系企業によるエタノール生産が満洲北部を中心にして活発になった。両者は激しく争った結果、シンジケート会社である満洲酒精股份有限公司が設立された。エタノール需要は飲料が主であり、工業用用途は補助的なものであった。しかし、満洲国成立後にはエタノールは石油の代替燃料として注目され、満洲国政府はエタノール事業を統制するために、満洲酒精を日満合弁の準特殊会社大同酒精に改組した。満鉄中央試験所が航空機燃料用ブタノール・アセトン用の発酵菌を開発すると、大同酒精はその技術により東辺道延吉で工場を建設した。満洲南部では大連に関東州興業が設立され、飲料用アルコール

が生産された（出所：工業化学会満洲支部［1937］・宝酒造［1958］・三共［2000］・広田［1990］）。

3）マッチ

1906年長春に日清燐寸ができたのが満洲マッチ工場の最初である。しかし、マッチ生産は技術的に簡単であって、数多くの中国系企業が新規参入して生産過剰となり、市場では激しい競争が展開された。原料は木材・塩酸加里・黄燐・硫化燐・松脂・膠等であり、原料費用の中では木材のウェイトが高かった。そのため、木材が豊富な長春や吉林が主産地であった。木材以外の原料は日本・ドイツ・アメリカから輸入された。そのため、営口・大連にも日系工場が建設された。そのほか、日本人の多い奉天にも日系の燐寸工場ができた。化学原料は輸入しており、戦争が始まると輸入依存の化学原料が途絶し、満洲のマッチ生産は減少した。その対策として、満洲国末期に吉林で建設された電力化学コンビナート内で、輸入に依存していた硫化燐工場が建設された（出所：南満洲鉄道株式会社調査課［1923b］・南満洲鉄道［1938］・Pauley［1946］）。

3. 大豆油関連

満洲の大豆生産は日清戦争後に急増した。当時の日本の肥料は魚肥が主であったが、日清戦争後は満洲の大豆粕が輸入され、大豆粕は水田用肥料として急速に普及した。大豆油は、中国本土と日本に加えて、ヨーロッパやアメリカにも輸出されて世界商品になった。このような大豆を原料とした製油事業を目的に、日清製油が大連に設立され、早くも1908年に工場生産を開始した。しかし、大豆の製油事業は労働集約的で生産技術は簡単であり、中国系企業が数多く進出した。中国系企業は、建設が容易で設備費が安く作業も簡単な丸粕工場により、満洲南部のみならず満洲北部でも活発な生産活動を展開した。日系企業は、日清製油が、同じ圧搾法でも油の残量も水分も少ない板粕工場を採用した。豊年製油は、満鉄中央試験所がドイツの基本特許をもとに開発したベンジン抽出法を採用し、大連で生産を開始した。続いて、豊年製油（当時は鈴木商店）も、同じ満鉄中央試験所のベンジン抽出法により、大連で大豆油工場を建設した。その他、製油事業に進出した日系企業は少なくなかった。しかし、市場では価

格の安い中国系企業が優位にあった（出所：南満洲鉄道［1919］・南満洲鉄道株式会社調査課［1930］・工業化学会満洲支部［1937］・豊年製油［1944］・日清製油［1987］・日本油脂［1988］）。

　大豆油に水素を添加した硬化油は、石鹸や食用マーガリンの原料として大量にヨーロッパに輸出され、大連油脂が満鉄中央試験所が開発した技術で硬化油工場を建設した。また、満鉄中央試験所は低温による連続アルコール抽出法を開発した。この技術開発により、用途が潤滑油・大豆カゼイン・大豆蛋白繊維（人造羊毛）等の工業用に広がり、満洲大豆工業が設立された。満洲大豆工業は、1940年に幅広く日本国内企業の出資を得て大増資をして準特殊会社満洲大豆化学工業に改組され、大連・安東で工場建設に入った。しかし、未完成で日本敗戦となった（満鉄会［1986］・工業化学会満洲支部［1937］・日本油脂［1988］・三菱化成［1981］・ダイセル化学［1981］）。

4．農業資材

　満洲で化学肥料として生産されたのは硫安である。最初の硫安は撫順の都市ガス生産の際に副生されたもので、後には、製鉄やオイルシェールからも硫安が副生された。しかし、満鉄が中心になって大型硫安工場が計画されると、日本国内の硫安業界と意見対立した。しかし、最終的には現地側の意向が尊重された。1933年満洲化学が設立され、1935年より大連で生産を開始した。工場は最新のウーデ法による硫安18万トンの年生産能力を持った。しかし、満洲の農業は新農地開墾と人力に依存し、化学肥料の使用量はそれほど多くはなく、製品は日本・台湾等にも出荷された。満洲国末期には、吉林の電気化学コンビナート計画の中で石灰窒素が計画された。しかし、工場完成後まもなく日本敗戦となった。満洲に移住した日系農民は、窒素肥料以外にも燐酸肥料や加里肥料も求めた。しかし、使用量は少ないため現地生産されず、日本品を消費した。いずれも三井物産や三菱商事を始めとする肥料商を経由して輸入され、燐酸肥料としては過燐酸石灰、加里肥料としては硫酸加里が使用された。農薬も満洲農業ではほとんど使用されず、必要に応じて日本から少量の農薬が輸入された（出所：工業化学会満洲支部［1937］・満鉄調査部［1939］・全国購買農業協同組合連合会［1966］・電気化学［1977］）。

5. ファインケミカル

1) 染料

　日本の繊維資本は中国大陸に積極的に進出したが、満洲への進出は限られており、満洲はどちらかというと需要地と位置付けされて、日本や上海を始めとする中国の日系工場からの繊維製品が満洲に輸出された。しかし、人口が増加する満洲ではそれなりに繊維工業が発達し、東洋紡が安東にレーヨン工場を建設した。また綿糸・綿布を輸入品に依存した紡績工場ができて染料需要も増加し、大連・安東・奉天・錦州を中心に染織工場が増加した。大和染料は1918年という早い時期に大連で工場を建設し、製品は満洲のみならず中国大陸全体に出荷された。日本における染料の主要企業は、繊維資本と異なり、中国進出には消極的であって専ら日本から輸出する企業戦略をとった。そのため、大和染料は中国大陸で最初の日系染料工場であった。鉄鋼・都市ガス・アンモニアの増産により染料の原料となる副生タールが増加し、他方で、硫酸・硝酸・塩酸等の基礎原料が満洲内で自給化されていたので、本格的染料工場を満洲に建設する計画があった。しかし、本格的な染料工場建設は実現することなく敗戦となった（出所：工業化学会満洲支部［1937］・日本ソーダ工業会［1952］・東洋紡績［1986］）。

2) 医薬

　満洲に渡った日本人にとって伝染病など医療問題は一大問題であった。当初は満鉄中央試験所で基礎研究がなされていたが、1926年には大連に衛生研究所が設立されて医療体制が強化された。満洲特有な保健衛生問題の研究と共に、ワクチン・予防液・ツベルクリン・血清・痘苗等が製造された。さらに、満鉄獣疫研究所が1925年奉天に作られ、各種の血清・予防液・ツベルクリンが製造された。伝染病の防疫用の殺菌剤、殺蛆剤として、エーション・ベルミンがそれぞれ大連油脂、満鉄衛生試験所で作られた。薬事法に基づく局方品及びガレヌス製剤が三共の大連工場で製造された。その他消毒用のエチルアルコール・麻酔剤用のエチルエーテル・薬用加里石鹸・薬用シロップ・クレオソート丸等の工場が大連にあった。甘草エキスを始め薬用植物を利用したアストマトール

（喘息用）・パパオルン（鎮痛麻酔剤）等の製薬工場が大連や奉天で作られた。満洲国成立後は、数多くの日系企業が進出した。武田・田辺製薬・藤沢薬品・三共・塩野義・山之内製薬等々日本の幅広い医薬企業が、満洲に現地法人や支店・工場を設けて、医薬の供給体制を整備した（出所：南満洲鉄道［1919］・武田薬品［1983］・田辺製薬［1983］・藤沢薬品［1995］・三共［2000］・塩野義製薬［1978］・山之内［1975］・工業化学会満洲支部［1937］）。

3）塗料

初期の塗料需要は小さく、満洲国成立前は、1919年に日清製油が満洲ペイント会社を設立したのみであった。塗料原料は大豆油・蘇子油・小麻子等の植物油は満洲で豊富であったが、顔料、亜鉛、鉛、チタン等は日本或いは海外からの輸入品が使用された。満洲国成立後は、日本ペイント・神東塗料・関西ペイントが満洲へ進出し、先発の満洲ペイントと満洲塗料工業会を結成した（出所：工業化学会満洲支部［1937］・日清製油［1987］・日本ペイント［1982］・関西ペイント［1979］）。

6. 都市ガス・製鉄からの副産物工場

1）都市ガス

石炭を原料とする都市ガス事業が、1910年満鉄大連ガス作業所として始まった。この大連ガスは鞍山では製鉄所内石炭ガスを引取り市内の民生用に供給した。1925年満鉄の付帯事業分離の方針に基づき、南満洲瓦斯株式会社として分離独立した。本社は大連であったが、満洲国成立後は長春に本社を持つ満洲瓦斯株式会社が設立された。この都市ガス会社は、2社に分かれていても、実質上は一体運営がなされた。都市ガス生産は、大連・鞍山・奉天・安東・長春・錦州・ハルビンでなされた。都市ガス工場ではコークス・タール・硫安が副生された。コークスは家庭用に外販され、タールは化学原料用や道路舗装用に外販され、硫安は肥料として農業用に販売された。都市ガス用とは別に、発電所用にモンドガス工場が撫順に建設され、モンドガス工場でもタール・硫安が副生された（出所：南満洲鉄道［1928、1938］・工業化学会満洲支部［1937］）。

2) 鉄鋼

満洲の製鉄工場は鞍山と本渓湖にあった。満鉄が鞍山周辺の鉄鉱石を開発し、製鉄事業を推進した。しかし、鞍山の鉄鉱石は鉄分含有量の低い貧鉱であった。そのため、鞍山の鉄鋼事業が採算を取れるようになったのは、満鉄中央試験所が貧鉱処理法を開発してからであった。本渓湖周辺には良質の鉄鉱石が存在し、清朝時代から本渓湖では土法により製鉄事業が営まれていた。この本渓湖周辺の良質鉄鉱石に注目した大倉財閥は、満洲での製鉄事業を計画して中国側と合弁で製鉄事業を営んだ。製鉄工場ではコークス生産の際に副生するアンモニアを硫酸で回収して硫安にする他、タールを蒸留してベンゼン・クレオソート・ナフタリン・ピッチが得られ、残渣のタールは脱水して道路舗装用に使用された。これらの副産物は満洲・朝鮮・日本に販売されてコークス原価を引き下げ、製鉄工場の原価低減に貢献した（出所：南満洲鉄道［1928、1938］・住友金属［1957］・中江ほか編［1997］・80年史編纂委員会［1986］）。

7. 人造石油関連

1) オイルシェール

第1次世界大戦で石油の重要性が認識されると、満洲では撫順炭鉱の地上表面をおおうオイルシェールを乾留して液体燃料を製造する組織的な研究開発が1921年から開始された。技術開発の目途を得て1928年から工場建設に入り1930年から生産を開始した。製品は重油・粗蝋・硫安・揮発油・コークスで重油は海軍に納入された。粗蝋は当初は日本の精蝋メーカーに販売され、後には満鉄の機関車の潤滑油原料として使用された。硫安は一部は満洲内で消化され一部は台湾等に輸出された。揮発油は満洲内で自動車燃料として消化され、コークスは製鉄用・家庭用に販売された（出所：南満洲鉄道［1938］・日揮［1979］）。詳細は次章で述べる。

2) 人造石油

オイルシェール以外に、満洲では満鉄が中心となり石炭からの人造石油技術開発が進められ、また内地企業も軍部や満洲国政府の要請により満洲での人造石油に進出した。満鉄は撫順で直接液化法による工場を建設した。満洲国政府

はドイツ技術の流れを持つハンガリー人技術者を支援して満洲石炭液化研究所を設立し、奉天に小規模ながら人造石油を生産する設備を建設した。また、満洲国政府は、技術的には容易な石炭低温乾留法による工場を四平街に建設した。日本窒素は直接液化法で吉林に工場建設した。三井グループは錦州でドイツ技術を導入した合成法により人造石油工場を建設した（出所：満史会［1964］・燃料懇話会［1972］・「日本窒素史への証言」編集委員会［1977］・80年史編纂委員会編［1986］・三井東圧化学［1994］）。詳細は次章で述べる。

3) 石油精製

満洲国成立前は、撫順にオイルシェールや人造石油から石油製品を得るために石油精製工場が建設された。満洲国が成立すると、満洲国内の民間需要をまかなうための石油精製工場が計画され、満鉄・満洲国政府・日本民間石油業者（日石・小倉・三井・三菱）が満洲石油を1934年に大連に設立し、1935年より生産を開始した。軍需用には1940年錦西の陸軍燃料廠で石油精製工場が作られて、陸軍は胡炉島にタンク基地を持ち利用した。また、陸軍は1941年に、資金難に陥った四平街の石炭低温乾留法による人造石油工場を買収し、これを陸軍燃料廠としてガソリン等を生産した（出所：日本石油［1988］・陸燃史編纂委員会［1979］・満鉄会［1986］）。

8. 軽金属

1) アルミ

産業開発5ヵ年計画で鴨緑江の水力を利用した豊富な電力が使用可能になり満洲の電力供給は大きく増加した。満鉄中央試験所は満洲内に豊富な礬土頁岩を原料とするアルミ生産技術を確立し、満鉄が中心になって満洲軽金属が1936年撫順に設立された。航空機製造を目的とする満洲飛行機が1938年に設立され奉天で生産活動に入ると、満洲でのアルミ生産は必須のものになってアルミ需要が増大した。撫順に続き、安東でアルミ生産が計画された。日本から住友化学がアルミ工場建設に参加した。しかし、未完成のまま敗戦となった（出所：満洲国史編纂刊行会［1971］・住友化学［1981］）。詳細は次章で述べる。

2) マグネシウム

マグネシウムは耐火材料や建築材料としての需要も無視できないが、満洲飛行機が設立されるとジェラルミン製造のために、満洲でのマグネシウム生産はアルミ生産と共に不可欠のものとなった。満鉄技術により満洲マグネシウムが1938年営口に設立された。また日本化成（現三菱化学）は三菱関東州マグネシウムを設立して関東州石河で自社技術によるマグネシウム工場を1945年に完成したが間もなく敗戦となった（出所：満史会［1964］・三菱化成［1981］）。

3) 電極

アルミや製鋼用の電極需要が増加して電極生産を目的とする満洲炭素が、日本カーボン・昭和電極・満洲電気化学等により1941年に設立された。満洲炭素は1944年から安東で天然黒鉛電極・人造黒鉛電極・カソード（アルミ製造用）生産を開始した。戦争末期には関東軍が自ら鋼材生産を計画して電気製鋼工場を湯崗子に建設中であったが、関東軍はこの計画を変更して電極生産に変更した。関東軍はその経営を東海電極に委嘱し、関東軍の全面的な保護の下に、工場建設は急ピッチで進んだものの、未完成で日本敗戦となった（出所：日本カーボン［1967］・東海カーボン［1993］）。

9. 硝酸・爆薬

1) 硝酸

満洲国成立以前は、奉天の東北兵工廠火薬工場でチリ-硝石と硫酸から硝酸を作り、火薬製造用に使われた。その後満洲化学が1935年に大連で硝酸工場を建設すると、奉天の硝酸工場は生産を停止し、大連から稀硝酸を購入した（出所：工業化学会満洲支部［1937］）。

2) 爆薬

満洲国成立以前から、爆薬用硝安が安東火薬製造所・撫順炭鉱・奉天火薬製造所・南満火薬製造所で製造された。撫順では、採鉱用に膨大な量の爆薬を使用するため、1918年から自家用火薬生産が始まり、一部は外販された。満鉄は撫順炭鉱爆薬に必要な火工品（導火線、工業雷管、電気雷管等）会社である南

満火工品を、日本化薬からの技術協力を得て1929年に設立した。満洲国が統制経済に入ると、1935年の火薬統制法により、満洲国の火薬の製造販売輸入は特殊法人満洲火薬にのみ許可された。しかし、撫順は自家用として適用から除外された。また、満洲化学が生産を開始すると共に、大連では硝酸・硝安の生産も始まった（出所：南満洲鉄道［1938］・日本化薬［1986］・工業化学会満洲支部［1937］）。

10. その他

1) ゴム

1924年最初のゴム工場が大連に作られた。満洲に住む当時の中国人は皮革製の履物をはいており、ゴム製の履物は当初は日本人向けに作られた。その後中国人の間でも使用されるようになった。大連に続き、奉天、撫順、安東に工場が作られた。馬車用タイヤ、パッキング等の需要が当初は少なかったので、これらのゴム工場では日本人向け地下足袋も作った。原料生ゴムや硫化促進剤等ゴム薬品は輸入された。日中戦争が勃発すると、陸軍の要請により、東洋紡と横浜ゴムが合弁で東洋タイヤを設立し、奉天でタイヤ生産を開始した。別途、ブリヂストンは遼陽で自動車・飛行機用タイヤ生産を開始した（出所：工業化学会満洲支部［1937］・ブリヂストンタイヤ［1982］・横浜ゴム［1967］・東洋紡績［1986］）。合成ゴムに関しては次章で述べる。

2) 工業ガス

当時の満洲における工業ガスは酸素が大半である。1918年大連機械製作所が水の電気分解による酸素装置を建設した。撫順でも炭鉱内での坑内救助作業用や溶接等工業用に酸素装置が作られた。1920年には大連油脂が大豆油の水添用に水素装置を建設した。この場合水素が目的生産物であり酸素は副産物となった。満洲の奥地向け酸素需要のため京城の酸素メーカーが1926年液体空気法で奉天酸素製造公司を設立した。この外鞍山製鉄所でも採鉱用に酸素装置が設置された。中国資本では、張作霖時代の奉天の大亨鉄工廠で酸素装置が設置された。ハルビンにはロシアと中国合弁の福記養気公司があり、ハルビンを始め東支鉄道沿線の酸素需要をカバーした（出所：南満洲鉄道［1928、1939］・工業化

学会満洲支部［1937］）。

3) ガラス

　満洲におけるガラス生産は1903年ロシア資本により鉄道用ガラスが生産されたのが嚆矢である。原料の珪酸資源は満洲で豊富にあるので、日露戦争後は大連・奉天・営口・ハルビン・安東等において日本資本により、この珪酸資源と輸入ソーダ灰を原料にして数多くのガラス工場が誕生してコップ・ビン・ランプ等が生産された。満鉄も南満洲硝子を大連に設立して1917年から良質の空洞ガラスを生産して一部は輸出した（出所：南満洲鉄道［1928］）。

　やがて満洲においても板ガラス需要が出てくるが、秦皇島にイギリス・ベルギー資本により板ガラス工場が1922年にすでにできており、これが満洲内でも強い地盤を築いていた。そこで満鉄は1924年大連にて板ガラス工場建設を具体化したが、工場建設開始の翌年この事業は旭硝子の技術と資本を入れた昌光硝子となった。昌光硝子は満洲市場をカバーして南満洲硝子の事業も継承し、さらに中国本土や南洋へも販路を伸ばした。このようなガラス事業の拡大は、満洲曹達によるソーダ灰の現地企業化の動きを需要面で支えることにもなった（出所：南満洲鉄道［1938］・旭硝子［1967］）。

第4節　満洲化学工業の規模とウェイト

1. 化学工業の規模推計

　満洲に成立した化学工業の実態は、以上のとおりであった。満洲で生産された化学製品は、石鹸・マッチ・味の素等の日用品から農業用の肥料・繊維産業用の染料・一般産業用の工業ガス、或いはアルミ・人造石油といったように、幅広い製品構造を持っている。このような満洲化学工業の姿を把握するために、満洲国の化学工業を民国・日本と比較する方法をとる。化学工業は、ある国の経済活動が必要とする中間原料を、供給する産業である。一般的にいうと、化学工業はさまざまな化学製品を生産するので、分析しにくい産業である。そこで、化学製品を大きな分類で分けて、その中から基礎になる代表化学製品、い

わゆる基礎化学品、を選んで分析する。これにより全体の把握が可能になる。経済発展が初期の段階では、化学工業は酸・アルカリ工業で足りる。経済がさらに発展すると、電気化学が登場し、やがてアンモニアの企業化が出てくる。これが一般的なパターンである。第2次世界大戦前の状態でみると、石油化学は未だ勃興していない。当時の最先端技術分野は、アンモニア工業であった。

そこで、具体的には次のような手順で検討を進める。まず、酸・アルカリの代表として硫酸及びソーダ灰を選ぶ。民国には余剰電力が乏しく電気化学はほとんどないに等しかった[11]。そこで、計量化して比較する段階では、電気化学は除く必要がある。アンモニア工業についてはアンモニアそのものを選ぶ。こうして選んだ硫酸・ソーダ灰・アンモニアという3つの基礎的な化学製品の生産量を推計する。同時に、民国・日本の数字と比較することにより、最初に、満洲化学工業の規模をみてみたい。

旧満洲国の硫酸・ソーダ灰の生産は、東北財経委員会［1991］により、1937年と1940-44年がわかっている。満洲及び日本の硫酸・ソーダ灰の生産は、1943、44年と大きく落込んだ。そこで、生産が安定している1940-42年の平均値を使用する。一方、アンモニアの統計はないものの、満洲化学の硫安と硝酸の生産量がある。この生産量に、大蔵省管理局［1985a］にある満洲化学の硫安のアンモニア原単位0.28、硝酸のアンモニア原単位0.4を乗じて、アンモニア生産量を推計する。

問題は民国である。本書では基礎数字として陳［1966］を使用する[12]。ここから硫酸及びソーダ灰の生産量を抜き出し、南満洲鉄道天津事務所［1937］・清水［1937］・三井東圧化学［1994］の生産情報を追加した。その結果が表1-2である。

陳［1966］は、データ年次は明記されてないものの、作成年度が1935年である。1936年の情報として、満鉄天津事務所の調査によると、太原と西安に硫酸

---

11) 1930年代に山東省でカーバイド工業が始まっているが、その用途は鉱山用の照明であってカーバイドの初歩的な用途で終わっている。中華民国には肥料用石灰窒素或いはアセチレンガスを経由した有機化学を志向した本格的なカーバイド工業は成立していない（峰［2005］、p.37）。
12) 田島［2003］は、徐［1935］の引用により、民国の各種ソーダ・酸生産数量を記す。本書が引用する陳［1966］は、徐［1935］が原典である（陳［1966］、p.507）。

表1-2 （民国）硫酸・ソーダ灰製造者（単位：トン／年）

硫　酸			ソーダ灰		
会社	工場	生産数量	会社	工場	生産数量
得利三酸廠	天津唐山	406	永利制鹼公司	華北塘沽	30,000
利中硫酸廠	天津唐山	810	同益鹼廠	四川彭山	350
開成造酸廠	上海	3,375	嘉裕鹼廠	四川楽山	300
両広硫酸廠	広西桐州	2,160	渤海化学工廠	華北漢沽	5,000
英商柄蘇節水廠	上海	2,250			
西北実業化学工廠	太原	2,270			
集成三酸工廠	西安	63			
永礼化学（永利化工）	南京	25,900			
合　計		37,234	合　計		35,650

出所：陳［1966］、pp.498、504；清水［1937］、pp.503-505；三井東圧化学［1994］、p.143より筆者作成。

工場が1934年に設立されている。そこで、太原と西安の硫酸工場は、1936年から操業開始したと想定し、この2工場を表1-2に追加した。また清水［1937］によると、永利以外のソーダ灰工場として、渤海化学がある。渤海化学は、硫化ソーダ・珪酸ソーダの自家消費原料用に、ソーダ灰生産を1935年末からソルベー法で開始した。渤海化学は永利化工から独立した会社なので、永利の技術により工場建設したものと思われる。清水［1937］は、渤海化学のソーダ灰生産量を年5,000トンと推定している（清水［1937］、p.504）。そこで、この数字をソーダ灰生産量に追加した。

表1-2で最大の永利化工南京工場は、硫酸設備（年産能力3万7,000トン）が日本軍侵攻直前の1937年に稼動した。永利の南京工場に関する公式データはない。そこで次のように推計した。永利南京工場は、1937年に日本軍が接収した後、東洋高圧に経営が委託された。東洋高圧の後身である三井東圧化学の社史によると、東洋高圧の技術者が南京に行って、永利化工南京工場の設備診断をした。東洋高圧の技術者は、設備診断の結果、工場は最新技術を持った優れたアンモニア設備であるとし、1938年に日中合弁の永礼化学工業株式会社[13]が設立された。設立後には日本軍の攻撃により破壊された生産設備が復旧され、1939年に生産を開始した。永利南京工場には硝酸工場もあった。三井グループは、この硝酸を利用した本格的な火薬工場建設を計画した。しかし、戦局の進

表1-3　永礼化学の硫安生産及び販売状況

年度	生産量（トン）	販売量（トン）	販売先（%）「北支」	「中支」	「南支」	日本ほか
1939	4,181	2,188		100		
1940	17,499	18,715	20	42	25	13
1941	22,989	20,244	68	3	25	4
1942	28,803	26,561	38	32	27	3
1943	17,164	17,532	25	51	12	12

注：1943年度は上半期のみ。
出所：三井東圧化学［1994］、p.143。

表1-4　（国民党支配地区）硫酸・ソーダ灰生産数量増加指数

	1938年	1939年	1940年	1941年	1942年	1943年	1944年
硫酸	100	72.94	251.76	367.65	391.76	371.43	457.14
ソーダ灰	100	132.42	115.57	86.95	160.06	248.1	393.67

出所：菊池一隆［1987］、p.149。

展に伴う資材入手難で計画は実行されず、小規模の硝酸が生産されたのみであった（三井東圧化学［1994］、pp.141-144）。それゆえ、硝酸生産はネグリジブルであった。アンモニア生産は基本的に硫安用とみなしてよい。表1-3は、永礼化学の硫安生産及び販売状況を示す。表1-3から永礼化学のアンモニア操業度が計算できる。当時、アンモニア生産に必要な原料コークス入手が困難であった。そのため、全般的に操業度は低い[14]。操業度が最も高い年は1942年である。硫安生産から操業度を計算すると58%である。南京の硫酸生産量は、この1942年の操業度を用いて推計した。

　1937年以降の状況について、菊池［1987］が、国民党支配地区の主要製品生産増加率（1938年＝100）を記している。この菊池［1987］の数字から、生産が最も高い1944年の指数を使用して、国民党支配下の生産を計算した。ただし、

13）出資比率は「中国維新政府実業部」約40%、東洋高圧約40%、三井合名20%（三井東圧化学［1994］、p.143）。
14）この低い操業度は、アンモニア原料用コークスの不足に加えて、硫酸原料の硫黄資源が中国には不足しており、海外からの輸入（主として日本）に依存していたことによると思われる。

表1-5 主要化学品生産状況推計

製品	地域		生産数量（トン／年）	割合（％）
硫酸	中国	満洲国	212,987	81
		民国	48,834	19
	計		261,821	100
	日本		2,494,409	
ソーダ灰	中国	満洲国	61,414	62
		民国	37,561	38
	計		98,975	100
	日本		269,665	
アンモニア	中国	満洲国	40,000	80
		民国	10,000	20
	計		50,000	100
	日本		187,944	

日本軍支配地域では、1937年以降の生産能力増加はないと想定した。

民国のアンモニア生産に関しては、陳［1966］にも田島［2003］にも記載がない。しかし、当時の民国のアンモニア工場は、南京の近代的大型プラントと上海の小規模プラントの2つであった。南京は年産1万3,000トンと大型の新鋭設備であり、上海は電解副生水素を利用した年産990トンという小型設備である。したがって南京を押さえれば、中華民国アンモニア生産量は大きくは違わない。それゆえ、南京のアンモニア生産量は、上述の硫酸生産推計に使用した操業度58％を使用して計算した。

以上の推計をまとめたものが表1-5である。日本の数字は日本統計協会（［1988］、p.350）による。表1-5によると、中国大陸における硫酸生産の満洲シェアーは81％である。生産シェアーは、ソーダ灰では62％、アンモニアでは80％になる。大雑把にいうと、満洲化学工業は中国大陸全体の60-80％を占めたことになる。また、中国大陸全体の生産量を日本と比べると、硫酸で10分の1、ソーダ灰で3分の1、アンモニアで4分の1程度であった。

以上の推計を、人民共和国の初期統計と比べることで、その連続性と妥当性をチェックしてみよう。国家統計局工業交通物資統計司資料によると、人民共和国成立後の5年間（1949-53年）の硫酸・ソーダ灰・アンモニアの生産は表1-6のとおりである。硫酸が人民共和国成立前の水準に達したのは1953年、

表1-6 人民共和国初期における生産数量（単位：1000トン／年）

	1949年	1950年	1951年	1952年	1953年
硫酸	40	69	149	190	260
ソーダ灰	88	160	185	192	223
アンモニア	5	11	25	38	53

出所：中国国家統計局工業交通物資統計司［1987a］、p.147。

ソーダ灰は1950年、アンモニアは1953年である。本書における推計は、民国と満洲国の、それぞれ生産の最も高い時期を選んでなされている。それゆえ、人民共和国の化学生産は、これらの年以前に超えたことになる。したがって、人民共和国当局の表現を使うと、「1952年には化学主要製品の生産量が新中国成立以前の最高水準を回復するか、或いは超えた」（《当代中国》叢書編輯部［1986］、p.11）となり、以上の推計と整合性を持つ。

2．化学工業のウェイト

次に、このような満洲国の硫酸・ソーダ灰・アンモニア生産の意味するところを分析する。めざすところは、この数字が満洲国の産業構造をどう反映しているか、の分析である。そのために、表1-5で得た数字を、満洲国・民国・日本の経済規模と対比する。植民地を含む戦前日本のGDP／GNP推計は、まだ始まったばかりである。整合的な数字は目下のところ存在しない。しかしながら、この分野では最近の新しい研究業績がある。それを利用して、敢えてこの3つの地域の経済規模を比較したい。その目的は、当時の満洲経済の構造を、化学工業から大まかに鳥瞰することにある。最初に、満洲国・民国・日本の経済規模を、表1-5と対比する。それぞれの経済規模は、民国は一橋大学経済研究所［2000］、満洲は山本［2003］、日本は日本統計協会［1988］を使用する。

まず、1936年の民国のGDPは、253億元である（一橋大学経済研究所［2000］、p.10）。満洲国の1943年の物的方法による国民所得推計値は、94億円である（山本［2003］、p.264）。また、日本の1944年GNP推計値は、745億円である（日本統計協会［1988］、p.350）。表1-5と同様に、年次はそれぞれの経済規模が最大時期を選んだ。平価の換算は、1936年の上海市場対日相場100元＝102円を使用した（日銀調査局［1941］、p.123）。また、満洲円と日本円は1：1とした。そ

表1-7　満洲国・民国・日本の経済規模との比較

	GNP/GDP 金額	GNP/GDP 比率	硫酸 数量	硫酸 比率	ソーダ灰 数量	ソーダ灰 比率	アンモニア 数量	アンモニア 比率
満洲国	94	100	213	100	61	100	40	100
民　国	258	274	49	23	38	62	10	25
日　本	745	793	2,494	1,171	270	443	188	470

注：単位は金額が億円、数量が1,000トン／年、比率は満洲国を100とした時の比率。
出所：一橋大学経済研究所［2000］、p.10；山本［2003］、p.264；日本統計協会［1988］、p.350；日本銀行調査局［1941］、p.123および表1-4より筆者作成。

の数字をまとめると表1-7が生まれる。

　表1-7の示すところは次のとおりである。満洲国は経済規模で民国の3分の1程度であった。それに対して、化学工業の生産は、硫酸で中華民国の約4倍、ソーダ灰で1.6倍、アンモニアでは4倍、と中華民国の化学生産を大きく上回った。次は、日本との対比である。原料事情の異なる硫酸は、日本と比較するのは適切でないので、割愛する[15]。日本との比較は、ソーダ灰・アンモニアで行う。経済規模は日本が満洲国の8倍程度であった。それに対して、化学工業の生産は、ソーダ灰で日本は満洲国の4.4倍、アンモニアで4.7倍であり、経済規模に比べると半分近くになる。これは満洲国経済が、日本以上に化学工業に偏っていたことを示している。このことは、満洲が日本経済の重化学工業化の尖兵として、工業開発されたことの反面といえる。したがって、満洲に生まれた化学工業は、民国型ではなく日本型であった。そして、日本以上に化学工業のウェイトが高かった。表1-7が示すのはこのような状況である。

第5節　まとめ

　本章では、まず、民国における化学工業の発展を総括した。次いで、満洲に進出した化学企業の社史を中心に、かつ、業界資料・満鉄関連資料・留用者記録で補い、満洲化学工業の実態を整理した。次に、満洲化学工業の生産規模を

15）硫酸の場合、中国大陸は原料の硫黄源に恵まれなかった。そのため、中国大陸では、満洲国も民国も、日本を主とする海外からの輸入に依存していた。一方、日本は硫黄源に恵まれており、国内需要以上の硫酸を生産し、余剰生産分を海外に輸出していた。

推計し、それを民国・日本と比較した。化学工業は製品数が多く全体把握が難しい業界である。そこで、当時の経済の発展段階及び民国・満洲国・日本の化学工業の特徴を考慮して、具体的な分析対象として、酸・アルカリ工業及びアンモニア工業を選んだ。その上で、酸は硫酸で代表させ、アルカリはソーダ灰で代表させ、アンモニア工業はアンモニアそのもので代表させ、それぞれ生産量を推計した。推計結果が語るのは、満洲で開発された化学工業は日本型であったことである。満洲経済は化学工業のウェイトが日本以上に高かった。これは満洲が、日本経済の重化学工業化の尖兵であったことを示している。

第2章

満洲に進出した日系化学企業の検証

第1節　本章の目的

　前章では、満洲国の産業構造が著しく化学工業に偏っていたことを明らかにし、満洲が日本経済の重化学工業化の尖兵として工業化されたことを示した。本章では、満洲化学工業の主体である日系化学企業の行動に焦点を当て、その状況を具体的に検証する。検証に際しては、時期を満洲国成立以前、満洲国前半期（1932-37年）および満洲国後半期（1938年-敗戦）と区分する。第2節において満洲国成立以前の時期を検証する。第3節において満洲国前半期を検証する。第4節において満洲国後半期を検証する。

第2節　満洲国成立以前

1．日系企業の満洲進出

　満洲へ進出した日系化学企業[1]の活動を、主として各社の社史により、表にまとめたのが表2-1である。ただし、表2-1は敗戦までの日本化学企業の満洲国への進出を示すものであり、初期からこのような広範囲な分野で対満投資

1）日系化学企業には満洲国法人を含む。

表2-1 化学企業の満洲進出

現地会社名	出資会社	製品	立地	完工	進出要請先
日清豆粕製造	日清製油	大豆油・油粕	大連	1908	
満洲豊年製油	豊年製油	大豆油	大連	1915	
大連油脂	日本油脂	硬化油	大連	1916	
(不明)	電気化学／満鉄	カーバイド	撫順	1916	満鉄
南満洲硝子	満鉄	空洞ガラス	大連	1917	
大和染料	与田銀染料部	硫化染料	大連	1918	関東庁
満洲ペイント	日清製油ほか	塗料	大連	1919	
満洲石鹸	日清製油	石鹸	大連	1919	
昌光硝子	旭硝子	板ガラス	大連	1925	
昭和工業	味の素	化学調味料	大連	1929	
満洲三共	三共	醤油・合成清酒	大連	1929	
満鉄オイルシェール工場	満鉄	オイルシェール	撫順	1930	
満洲日本ペイント	日本ペイント	塗料	奉天	1933	
満洲石油	満洲国政府ほか	石油製品	大連	1934	
満洲化学	満鉄／全購連	硫安	大連	1935	
満洲大豆工業	日本油脂	大豆油・油粕	大連	1935	
満鉄石炭液化工場	満鉄	人造石油	撫順	1936	
満洲軽金属	(A1)	アルミ	撫順	1936	
満洲曹達	満鉄／旭硝子	ソーダ灰	大連	1937	関東庁
満洲マグネシウム	満鉄	マグネシウム	営口	1938	
満洲関西ペイント	関西ペイント	塗料	奉天	1938	
奉天油脂	日本油脂	硬化油	奉天	1938	
満洲ライオン歯磨	ライオン歯磨	歯磨	奉天	1939	
東洋タイヤ	東洋紡／横浜護謨	タイヤ	奉天	1939	陸軍
満洲油化	満洲国政府	人造石油	四平街	1940	
満洲花王	花王石鹸	石鹸他	奉天	1940	満洲国政府
亜細亜護謨	ブリヂストンタイヤ	タイヤ	遼陽	1940	
日満林産化学	日本ペイント	松脂	亮河	1941	
満洲農産化学	味の素	化学調味料	奉天	1941	
熱河蛍石鉱業	住友グループ／隆化鉱業	アルミ原料蛍石	隆化	1941	
東洋人繊	東洋紡	レーヨン	安東	1941	満洲国政府
満洲三共	三共	農医薬	撫順	1942	
吉林人造石油	日本窒素	人造石油	吉林	1942	軍部
満洲電気化学	(A2)	(B1)	吉林	〈1943〉	(C1)
満洲炭素	(A3)	電極	安東	1944	満洲国政府
満洲合成ゴム	(A4)	合成ゴム	吉林	1944	満洲国政府
南満化成	日本化成／満洲重工業他	(B2)	鞍山	1944	
満洲炭素	(A5)	電極	安東	1944	満洲国政府
満洲石炭液化研究所	満洲国政府／神戸製鋼	人造石油	奉天	1944	満洲国政府
満洲豊年製油	豊年製油	(B4)	錦州	1945	軍部
大陸化学	三井化学／満洲重工業	フェノール	錦州	1945	
大陸化学	三井化学／満洲重工業	ピッチコークス	本渓湖	1945	
満洲合成燃料	三井グループ／満鉄他	人造石油	錦州	1945	軍部
三菱関東州マグネシウム	日本化成	マグネシウム	石河	1945	関東庁
満洲電極	東海電極	電極	湯崗子	未完成	関東軍
満洲大豆化学	日本化成／満洲国政府	(B3)	安東／大連	未完成	満洲国政府

| 満洲合成工業 | （A6） | アセテート繊維 | 吉林 | 未完成 |

（A1）：満鉄／満洲国政府／住友化学／昭和電工／日本曹達／日満アルミ。
（A2）：日本化成／電気化学／大日本セルロイド／満洲重工業。
（A3）：日本カーボン／昭和電極／満洲軽金属／満洲電気化学。
（A4）：ブリヂストンタイヤ／満洲電気化学。
（A5）：日本カーボン／昭和電極／満洲軽金属／満洲電気化学。
（A6）：大日本セルロイド／満洲電気化学。
（B1）：カーバイド／コークス／石炭窒素／合成ゴム／酢酸／ブタノール。
（B2）：フェノール／ピッチコークス。
（B3）：大豆蛋白繊維／アミノ酸他。
（B4）：大豆油／航空機潤滑油。
（C1）：関東軍／満洲国政府。
出所：各社社史他。

がなされたわけではなかった。初期の満洲への進出は各社独自の経営戦略からなされていた。それゆえ、当時の満洲経済に対応した食品関連を主とした軽工業分野が主であった。しかしながら、化学工業は日用品から基礎化学品まで幅広い製品構造を持つので、満洲国成立時において、すでに幅広い分野での対満投資がなされていた。当時の業界団体の工業化学会満洲支部が、1932年11月-1933年4月の期間中に実施したアンケート調査[2]をみると、マッチ・ゴム・石鹸・化学調味料等の日用化学品から、コークス・クレオソート油・ピッチ・水素等の基礎化学品まで多岐にわたっていた。アンケートの調査対象となった企業の規模は、大企業から中小企業とさまざまである。しかし、本書における検討は、満洲化学工業の主体であった大企業を中心にして、化学工業を考察する。このような大企業は通常社史を編纂している。社史を通じて、満洲に成立した化学工業の実体をみたのが、表2-1に他ならない[3]。表2-1には入れてないが、この時期の化学工業としては、鞍山・本渓湖の製鉄用コークス副生或いは大連・撫順の石炭ガス副生のタール・ベンゼン・硫安が、重要な役割を果たしていた。

　満洲国成立以前の対満投資は軽工業分野が主力であった。それゆえ、満洲国成立以前の個別企業の検証に際しては、表2-1から油脂化学関連（日清製油、豊年製油及び大連油脂）、大和染料、昭和工業、昌光硝子を選ぶ。次に、石油資源に恵まれなかった日本が、早くから注目した満洲の石油資源オイルシェー

2）工業化学会満洲支部［1937］の附表「（1934年末現在）在満主要化学工場一覧（関東州及附属地内）」による。

ルの企業化状況、及び、この時期計画されながら実行に移されなかったソーダ及び肥料の状況を考察する。最後に、早期に満洲へ進出しながら、3年半の操業後に撤退した電気化学の状況をもみる。

2．個別企業の検証

1）油脂化学

　日本が満洲経営を始めたのは日露戦争に勝利した1905年からである。1906年には満鉄が設立され、満洲経営の柱になった。表2-1からみると、満洲で最初に化学工場を建設したのは日清製油である。日清製油は会社設立の目的が満洲産大豆を原料にした製油事業の展開であり、会社設立の翌年である1908年に大連で大豆油工場の運転が始まった（日清製油［1987］、pp.19-20）。

　2番目は豊年製油（当時は鈴木商店）で、1915年に同じく大連に大豆油工場を建設した（豊年製油［1944］、pp.40-41）。当時は満洲大豆産業の興隆期であり、民族資本による大豆油工場が満洲南部のみならず満洲北部にも作られていて、その工場は建設が容易で設備費が安く、作業も簡単な丸粕工場だった（吉田［1933］、pp.119-21）。丸粕は油の残量が多くまた水分が多くて腐りやすい。そこで日清製油は同じ圧搾法でも油の残量も水分も少ない板粕工場を建設した。豊年製油は技術的にさらに進んだ満鉄中央試験所がドイツ基本特許をもとに開発したベンジン抽出法を採用した。

　3番目の大連油脂も同じく大豆を原料にしているが、事業としては大豆から得られた大豆油に水素を添加する硬化油である[4]。水添された大豆油は硬化油になり、石鹸や食用マーガリンができる。当時の日本は、硬化油を大量にヨー

3）野村商店調査部・大阪屋商店調査部編［1987］には、戦前の株式市場に上場した企業の関連データが掲載されている。化学企業としては、当時の化学工業を代表する30社が掲載されている（野村商店調査部・大阪屋商店調査部編［1987］、pp.224-254）。表2-4は、その30社うち、23社（企業数で77％）をカバーしているので、当時の化学工業を代表しているとみなした。なお、30社の社名は次のとおり：日本窒素肥料、住友化学、日産化学、東洋高圧、電気化学、旧宇部窒素、満洲化学、日東化学、朝日化学肥料、帝国化工、日本染料、大日本セルロイド、日本化成、日本ペイント、日本油脂、日本化薬、日本製錬、日本曹達、徳山曹達、東洋曹達、保土谷化学、旭電化、昭和産業、旭硝子、日本板硝子、日本カーボン、昭和電極、東海電極、理研金属、大日本塩業（社名の「株式会社」・「工業株式会社」・「製造株式会社」は省略）。

ロッパに輸出しており、硬化油事業は新興産業として基礎を固めていた時期であった（日本油脂［1988］、p. 1）。1916年に大連油脂が満鉄中央試験所が開発した技術で硬化油工場を建設した（南満洲鉄道［1919］、pp.680-681）。大連油脂の当初の株主は現地居住の日本人だったが、経営悪化と共に満鉄が経営を引受け、その後1938年からは日本油脂が満鉄から経営を引受けた（日本油脂［1988］、p.26）。このように初期の満洲進出の特徴は、満洲特産の大豆を原料にしていること、立地は大連に集中していること、満鉄による技術・経営での支援体制を受けた企業が多いこと等である。

2) 大和染料

大和染料の場合は上記の油脂化学3社と状況が異なる。大和染料の満洲進出は、中国大陸全体を視野に入れた事業展開であった。満洲における繊維産業の発達は不十分であった。内戦で東北地域を支配した共産党軍が、衣類の調達に苦労したといわれるほどであった（大沢［2006］、p.4）。満洲国市場では、日本や中華民国から衣類が供給されていた。一般的にいえば、染料工業が発展する基盤は弱かった。それにもかかわらず、すでに1918年に大連で硫化染料工場が建設された。これは異色の染料経営者・染料技術者である福田熊治郎[5]の個人的な働きによる。

第1次世界大戦以前の世界の染料工業は、ドイツが輸出市場の90％を支配し、各国はドイツ染料に依存していた（工藤［1999］、p.137）。アメリカを始め、各国が染料設備の拡張を図ったのは、戦争によるドイツ染料の供給ストップであった。いずれの国においても初期の染料国産化の中心は硫化染料である。日本における最初の硫化染料製造者は、岡山県の織物業者与田銀次郎である（以下、

---

4) 不飽和脂肪酸である魚油や大豆油は水素添加により飽和脂肪酸になるがその際脂肪油の融点が上昇して固体になる。硬化油の用途は石鹸、食用マーガリン、蝋燭、化粧品、軟膏等。

5) 福田は1907年東京高等工業学校染織科卒。鹿島税務監督局及び御幸毛織で勤務の後、岡山県の与田銀染料工業部を経て、早くから中国大陸の染料市場を開拓した（満蒙資料協会［1943］、254）。福田は大連進出に際して関東都督府の援助を得たとして満鉄の名前をいわないが（福田［1937］、448-449）、佐伯は大和染料を満鉄が育てた会社としており（佐伯［1946a］、p. 3）、福田と満鉄の関係は単純ではない。

社名を与田銀と記す)。与田銀の生産届出は1914年4月である(渡辺［1968］、pp.230-231)。与田銀創業期の染料技術者であった福田は、市場開発のために中国大陸各地を訪問する中で、現地生産を企画した。そして、1918年大連に大和染料を創立して、硫化染料の生産を開始した(福田［1937］、pp.448-449)。大和染料の工場は大連に建設されたが、製品は中国大陸全土に供給した。

　与田銀が染料製造者として製造設備を届出た後、三井鉱山が1914年9月に2番目の製造業者として届出ている。したがって、大和染料による1918年の大連工場建設は、非常に早い時期の満洲進出であったといえる。当時の日本染料工業の主力企業は、活発に中国投資をした繊維資本とは対照的に、投資をせずに専ら製品輸出で対応していた[6]。

3）味の素

　味の素社(以下、社名を味の素社、製品を味の素と記す)は、1914年から中国大陸での味の素市場開発と併行して、積極的な販売活動を始めていた。その営業努力の成果があって、上海・天津と並んで、満洲でも需要が増加していた。味の素社は増加する満洲での需要増に対処する目的で、大連に味の素工場を建設することを決めた。これが昭和工業である。昭和工業は1929年から生産を始めた。その後、満洲における味の素生産は順調に伸びた。その結果、後述の満洲国後半期には、本格的な第2工場が奉天に建設される[7]。この奉天工場は、後半期の満洲における毒ガス生産の検討において、重要な役割を果たす工場で

6）帝国染料(現日本化薬)が、小規模で染料とゴム靴を製造していた青島の日系の維新化学工芸社を買収し、社名を維新化学工業と変えて本格的な染料工場にしたのが1935年であった(日本化薬［1986］、p.114)。三菱化成は3度中国投資を試みているが実現していない(三菱化成［1981］、pp.105-106)。日本染料・尾崎染料の染料事業を継承した住友化学の社史には、染料事業の中国投資に関する記述そのものがない。
7）第2工場である満洲農産化学奉天工場は1941年に完成した。この間、満洲国政府は、満洲農産化学と昭和工業が同一資本・同一業種の会社であり、不足がちな原料や燃料を2つの会社に分けるのは適当でないとして、昭和工業の廃業ないし合併を強く要請した。味の素社はこの要請を受けて、満洲農産化学に昭和工業を合併させてこれを満洲農産化学の大連工場とし、関東州市場は大連工場から供給し満洲国市場は奉天工場から供給する体制を取った。しかし、その後の原料統制の強化に伴い、大連工場への割当は奉天工場に比べ、大きく制限された(味の素［1971］、p.416)。

ある。

4) 昌光硝子

初期の満鉄はガラス事業に力を入れており、南満洲ガラスで1917年から空洞ガラスを生産した。次いで板ガラス事業にも進出した。しかし、板ガラス事業は技術的にも難しく、業績をあげるのに相当の期間と従業員の熟練を要した。このことを自覚した満鉄は、経営を旭硝子に事業を委託することに方針を変えた（南満洲鉄道［1928］、pp.937-978）。

旭硝子はこの満鉄からの申し込みを了承し、旭硝子60％、満鉄40％の合弁会社である昌光硝子が誕生した。昌光硝子の経営は、旭硝子が全面的に引受けた。旭硝子は、満鉄の経営方針転換理由を、海外板ガラスメーカーとの特許紛争とみていた。社史は、満鉄が大連工場建設後に特許問題が生じたので経営委嘱の意思を伝えてきた、と記述している（旭硝子［1967］、p.131）。旭硝子は特許問題のあった現場を自社技術で改造し、昌光硝子の業績は順調に伸びた。旭硝子は、昌光硝子の経営引き受けを重視し、「当社の面ぼく問題でもある」とした。派遣職員・職工は最も優秀な人材を選び、派遣に際しては社長みずからが訓示を与えた（旭硝子［1967］、p.132）。この昌光硝子を通じての満鉄と旭硝子の結びつきは、その後満鉄が推進した満洲曹達設立に、旭硝子が技術面・経営面で事業協力した序幕として重要な意味を持つ。

3. 満洲現地における企業化の動き

1) オイルシェール

以上のような初期の満洲進出とは異次元の事業化背景を持つのが、オイルシェール（油母頁岩）である。撫順炭鉱の表面はオイルシェールに覆われており、採炭にはこのオイルシェールを採掘する必要があった。オイルシェールが、燃える石として化学者の試験台に上ったのは1909年と早かった。しかし、当初は注目されなかった。ところが、第1次世界大戦で石油の重要性が認識されるようになり、1921年からオイルシェールを乾留して、液体燃料を製造する組織的な研究開発が開始された。技術開発の目途を得て、1928年から工場建設に入った。生産は1930年から開始した。

満鉄は、オイルシェールの採鉱が撫順炭鉱の不可欠な工程であることから、オイルシェールの価格をゼロ評価した。その結果、オイルシェール石油事業の経済性が高まった。当初は海軍用の頁岩重油が主生産物であり、副産物として硫安と蝋があった。その後、アメリカUOP社からダブス式装置を技術導入し、1936年からは頁岩粗油を分解して、自動車用ガソリンとコークスを製造した（南満洲鉄道［1938］、pp.1902-1913）。当時の世界の主要オイルシェール石油生産国はスコットランド、エストニア、ドイツであった。満洲のオイルシェール石油生産は急増して、世界の主要生産国の仲間入りをした[8]。

2) ソーダ計画及び肥料計画

化学工業と当時の戦争の関係で重要な製品は、アルミ・人造石油・合成ゴム・爆薬である。本章でも、満洲国成立後はこのような製品を中心に分析する。留意すべきは、化学工業はいわゆる軍需工業ではないものの、多くの製品は軍需用にも使われるということである。染料も軍服に使用されれば軍需になるし、マッチや石鹸も軍人が使用すると軍需になる。第1次世界大戦を契機に、戦争は国と国との総力戦になった。そのため、一国経済に中間原料を供給する化学工業は、戦争遂行にはなくてはならぬ産業になった。その中でも幅広い分野で要求される基礎化学品の代表がソーダ製品である。産業用・生活用物質の製造上で必要な化学処理において、金属の溶解、精製、不純物の除去、漂白、中和、軟化等の基礎素材として、ソーダ製品は一国経済において幅広く必要とされる。染料もマッチも石鹸も、国内にソーダ工業が存在して初めて安定供給が可能になる。爆薬の製造においても、爆薬基礎原料は硝酸であるが、爆薬最終製品に

---

8) 当時のオイルシェール石油生産国は、フランス、スコットランド、エストニア、ドイツ、アメリカ、カナダ、オーストラリア等。主要生産国は次のとおり：

オイルシェール主要生産国（単位：t／年）

年次	スコットランド	エストニア	ドイツ	満洲
1935	115,000	47,300	56,000	66,500
1936	116,000	63,400	90,000	78,100
1937	120,000	111,900	98,000	90,400

出所：小島［1939］、p.233。

はソーダ製品が必要になる。独立した一国経済運営をするにはソーダ工業は必須の産業なのである。

　もう一つ重要な化学工業部門はアンモニア工業である。アンモニアは硫安・尿素等の窒素肥料の原料になることから平和産業のイメージが強い。しかし、すでに述べたとおり、アンモニアは爆薬製造の基礎物質である硝酸の原料である。そのためアンモニア工業は、言い換えると窒素肥料工業は、戦争遂行には必要不可欠の産業なのである。

　このように、ソーダ工業とアンモニア工業の存在は、満洲が自立した経済を確立するためには必須の産業であった。それゆえ、満鉄を始めとする満洲現地勢力は、ソーダ工業とアンモニア工業の企業化を1920年代から計画していた。しかし、この現地側の希望は、製品の日本国内への還流を恐れる日本業界の反対にあって、実現をみなかった。ところが、満洲国が成立すると、実権を持つに至った関東軍が、この2つの計画の実行を強く支持した。そして、1933年に満洲化学が設立されて、まず、肥料計画が実行に移された。引き続き、1936年には満洲曹達も設立されて、ソーダ計画も実行に移された。その間の状況は次節で検証する。

3）事業撤退したカーバイド

　電気化学社史によると、電気化学社[9]はカーバイド事業で早期に満洲進出をしている。しかし、1916年という早期に満洲進出をしながら、事業の失敗により撤退したという珍しい事例であった。社史によると、電気化学社の満洲進出背景は撫順の余剰電力であった。電気化学社は満鉄撫順のモンドガス工場から電力・蒸気を無償で提供を受け、かつ、原料コークスも撫順で副産されるコークスを使用し、得られた事業利益は満鉄と電気化学が折半するという好条件を得て、1916年3月撫順でカーバイド工場を建設した。カーバイド工場は1916年11月より操業を開始した。1917年からは石灰窒素と変成硫安の生産も始めた。しかし、第1次世界大戦が終わると、状況が大きく変わった。すなわち、カーバイドの市価は暴落した。他方で、撫順の石炭は販売が増えて価格が上昇し、

9）社名は「電気化学社」と記して、化学の一分野としての電気化学と区分する。

原料コークスの入手が困難になった。さらに、撫順の電力需要が増加しカーバイド工場に電力がまわらなくなった。加えて、中国政府は、日系企業の満洲進出を牽制する輸出税を課する政策を取った。このような経営環境の変化から、カーバイド工場経営が困難になった。最終的には、電気化学社は3.5年間の事業経営の後に、撫順から撤退した。3.5年の事業期間中の生産はカーバイド1万9,000トン、石灰窒素2万1,000トン、硫安1万3,000トンであった（電気化学［1977］、p.100）。

満鉄関連資料には、管見の限り、電気化学社のカーバイド工場建設と、その後の事業撤退の事例が記録されていない。しかし、明示した記述ではないものの、電気化学社のカーバイド事業の痕跡ではないかと思われる記述が、日本語文献で1箇所、中国語文献で1箇所みられる（満鉄会［1986］、pp.396-401；撫順市社会科学院撫順市人民政府地方志弁公室［2003］、p.715）。それを関連箇所[10]で注記した。

第3節　満洲国成立後―前半期（1932-37年）

満洲国成立後の状況は、日中戦争を境にして前半期（1932-37年）と後半期（1938-敗戦）に分けて検証する。前半期に誕生した主な企業は、満洲国成立以前から計画されている。実質的に前半期に生まれた企業は少ない。本節では、最初に満洲国初期の化学工業政策を整理する。次に、関東軍の支持の下に満洲化学と満洲曹達が実行に移された状況を述べる。その次に、戦時経済で大きな役割を果たす、満洲軽金属と撫順化学工業所を検証する。ただし、撫順化学工業所は表2-1に含まれていない。撫順化学工業所では、自家消費用に、大量の火薬生産があった。そこで、火薬生産状況も併せて述べる。

なお、満洲国成立後の状況を検証する第3節と第4節の検討では、特殊会社に指定された日満商事の企画部において、化学品の配給統制実務を担当した、佐伯千太郎が記した佐伯［1946a］・佐伯［1946b］によるところが多い[11]。

---

10) 本章第3節の「(4) 撫順化学工業所」、および、第3章第4節参照。

1. 満洲国初期の化学工業政策

満洲国が成立すると、満洲国政府は1933年に「満洲経済建設綱要」を発表し、他方で、日本政府は1934年に「日満統制経済方策要綱」を決定した。こうして、満洲国経済は日満経済を一体とする統制方策の道をめざすことになった（岡野［1942］、pp.2-7）。第1次5ヵ年計画以前の1932-36年は、第1期経済建設とよばれる。この期間は、治安維持を図りつつ幣制統一や金融機構・財政制度の整備を行い、経済統制の体系を整えていく時期であった。そのため第1期経済建設で誕生した企業は、満洲国成立前に計画された会社、或いは、満洲国政府・関東軍により計画された特殊会社・準特殊会社であった[12]。

化学企業の社史でみると、前半期に計画され前半期に生まれた企業はごく限られている。それは経済建設の憲法と称すべき満洲経済建設綱要が、「資本家入るべからず」の印象を与え、かつ、「日本資本家側においてもなお朝鮮などの公式植民地への投資が選考された結果」といえる（山本［2003］、pp.30-31）。このような「門戸閉鎖の如き印象」を一掃するために、満洲国政府は1934年に

---

11) 佐伯［1946a］・佐伯［1946b］は、ようやく閲覧許可を得て遼寧省档案館を訪問した、2006年3月に発見した新資料である。その後、遼寧省档案館を、同年6月、2007年4月と訪問した。この合計3度の訪問により、全文をコピーすることができた。佐伯［1946a］・佐伯［1946b］には、他の档案館史料では表紙に記載されている年次がない。佐伯［1946a］は最後のページに「35.—12.9.記」とある。「35.」は中華民国35年をさすと思われる。そこで、書き終えたのが1946年12月9日と推定した。もう一方の佐伯［1946b］は「35.—12.30.脱稿」とある。脱稿が1946年12月30日と推定した。それゆえ、史料の年次は共に1946年とした。佐伯［1946b］は佐伯［1946a］の付属資料であったと思われる。両資料は共に薄紙に書かれた漢字とカタカナによる手書きである。薄紙にはシミが多く、かつ、下のページの文字が写って読みにくい。引用では転記ミスの可能性がある。東北物資調節委員会［1948］には佐伯［1946a］と同じ内容が多い（例えば東北物資調節委員会［1948］、pp.21-34）。東北物資調節委員会［1948］が、「東北物資調節委員会だけでなく、東北行轅の経済関係人員のための、満洲国産業に関するハンドブックをめざしたのではないかと思われる」（井村［1997］、p.250）ことから、佐伯が残した史料は国民政府の東北経済再建に使用されたものと推測される。なお、佐伯は1935年京都帝国大学経済学部卒業後満鉄入社。1936年日満商事設立に伴い同社に転籍し、統制経済下の満洲国化学工業政策実施に携わった（満蒙資料協会［1943］、p.161）。

12) 満洲軽金属・満洲石油・満洲塩業・満洲火薬販売は特殊会社（関東軍司令部［1937］、pp.8-10）。満洲曹達・大同酒精は準特殊会社（藤原［1942］、p.289）。

「一般企業に関する声明」、1935年に「工業企業に対する要望」をそれぞれ発表して、企業に満洲進出を要請した（岡野［1942］、pp.12-13）。このような状況から、積極的に重化学工業が建設されるのは、1937年から始まる第2期経済建設においてであった（原［1972］、p.5）。これが第1次5ヵ年計画に他ならない。このような化学工業政策の推移を、満洲での事業展開のために設立された化学企業の設立時期と対比させると、表2-2のようになる[13]。

日系化学企業で初期に進出した企業は、食品・油脂・繊維関連であった。本格的な化学事業展開は満洲国成立後であった。満洲国成立後も、第2期経済建設以前（すなわち第1次5ヵ年計画以前）に設立された民間企業は、1933年の日満塗料、1934年の満洲大豆工業の2社のみであって、それ以外は全て特殊会社・準特殊会社である。

2. 個別企業の検証

1）満洲化学

満洲の硫安生産は、撫順炭鉱・鞍山製鉄・大連都市ガス・撫順オイルシェール等の副生品として、すでに1910年代から始まっていた。アンモニアから始まる本格的な硫安計画が打ち出されたのは、山本条太郎満鉄総裁時代であった。山本総裁の持論である満洲における基礎産業育成の重要性をもとに、本格的なアンモニア工業展開を目的として、硫安年産18万トン計画が立てられた。この計画は政府認可を1928年8月に得た。翌年の1929年6月には、当時最新の技術とされていたドイツのウーデ法の技術導入交渉がまとまった（深水［1937］、p.403）。ところが、日本国内への製品流入を恐れる日本業界からの反対の声があがり、その成り行きが世の視聴を集めた（安村［1933］、pp.59-63）。

日本業界との関係は、満洲国の成立で一挙に解決した。それは、満洲国の成立で経済の実権を持つに至った関東軍が、この計画の実施を強く望んだからである。計画の実行責任者である満洲化学常務取締役の深水（寿）は、この間の事情を、「満洲国の独立」が懸案の硫安計画実施の契機になったと述べる[14]。それは関東軍司令部が、1932年12月に「硫安製造会社設立に関する要綱案」を

---

13) 表中の個別企業の設立年は表2-1による。

表2-2　満洲国化学工業政策

年	満洲国	化学工業	設立された企業 企業名	立地
1933	経済建設綱要		満洲化学[1]	大連
			大同酒精[3]	湯崗子
			日満塗料	奉天
1934	一般企業に関する声明		満洲石油[2]	大連
			満洲大豆工業	大連
1935	工業企業に関する要望	火薬原料取締法公布	満洲火薬販売[2]	
		石油類専売法実施		
1936	貿易統制法		満洲塩業[2]	
			満洲曹達[3]	大連
			満洲軽金属[2]	撫順
1937	重要産業統制法公布	塩火柴専売法実施	満州合成燃料[2]	錦州
	第1次5ヵ年計画			
	物価物資統制法実施			
1938		酒精専売法実施	満州電気化学[2]	吉林
			奉天油脂	奉天
1939		産業部訓令305号	満州合成ゴム[2]	吉林
			石炭液化研究所[3]	奉天
			満洲大豆化学	大連、安東、通化
			満洲農産化学	奉天
			満洲ライオン歯磨	奉天
			東洋人絹	安東
1940	日満支経済建設要綱	化学工業製品配給統制の実施	亜細亜護謨	遼陽
1941	戦時緊急経済方策要綱		満洲炭素	安東
			熱河螢石鉱業	隆化
1942	産業統制法		日満林産化学	亮河
	第2次5ヵ年計画			
1943	基本国策大綱	化学薬品配給統制規則公布	南満化成	鞍山
			三菱関東州マグネシウム	石河
1944		経済部に化学司設置	大陸化学	錦州、本渓湖
			安東軽金属[2]	安東
			満洲豊年製油	錦州
			満洲電極	湯崗山
1945		火薬原料緊急増産対策要綱	松花江工業	ハルビン

注1：日本法人。
注2：特殊会社。
注3：準特殊会社。
出所：佐伯［1946a］、pp.50-51；岡野［1492］、pp.12-13；関東軍司令部［1937］、pp.8-10；藤原［1942］、p.289；南満洲鉄道経済調査会1935、p.4及び化学企業社史より筆者作成。

決定したからに他ならない（南満洲鉄道経済調査会［1935］、pp.3-4）。こうして、1933年5月大連に満洲化学が設立された。同社は直ちに年産18万トンの硫安工場建設に入り、1935年3月に運転を開始した（深水［1937］、p.404）。

満洲化学の株主には、設立時の日本業界との関係から、肥料消費者である全購連が株主に入った（全国購買農業協同組合連合会［1966］、p.35）。そのため、満洲化学は満洲国の特殊会社の性格を持ちながら、日本法人として設立された。

2）満洲曹達

ソーダ計画の方は1923年に計画されたものである。当初の計画からすると、13年間もの間、日本業界と論争の的になった。そして、満洲国の成立と共に、ソーダ計画も実行に移された。満洲曹達常務取締役の生野は、軍の意思決定が計画実行につながったことを明瞭に述べて、「軍及び満洲国に於ても曹達工業に対する方策を決定し、遂に設立を見るに至った」と記している[15]。生野は続けて、関東庁から旭硝子に対し強い満洲進出要請があって、原料塩は関税免除とすること、満鉄と関東庁の合同調査会が設置され、技術支援を旭硝子から受けたことを記している。さらには、当時世界のソーダ市場を支配していたイギリスのブラナーモンド社（その後ICI社となる）と、共同事業化のための調査をしたことを記している[16]。この英国ブラナーモンド社との合弁事業案は、ブラナーモンド社の戦略とあわず合意に達しなかった[17]。

---

14)「時あたかも満洲国の独立を見て本起業は満洲資源の化学的開発の契機たるべき使命を加えたので計画は急転直下に促進し愈大連市外甘井子に年産硫安18万瓲を以って設立されるに決定昭和7年（引用者注：1932年）12月政府の認可を受け翌8年5月満洲化学工業株式会社の成立を見るに至り…」（深水［1937］、p.404）。

15)「元来この計画は…満鉄経済調査会技術局計画部等にて曩に提出ありたる西川博士の計画書を原とし尚ほ旭硝子株式会社等と協議の上立案されたるものでこれに就いて満鉄顧問吉田豊彦大将満化（引用者注：満洲化学）社長斯波忠三郎博士（満鉄顧問）旭硝子社長山田三次郎氏西川虎吉博士等の間で屢々折衝協議された。此の間該計画書に対し内地で一部反対も出たが計画部を中心として実現方に努め軍及び満洲国に於ても曹達工業に対する方策を決定し遂に設立を見るに至った」（生野［1937］、p.436）。

16)「同年（引用者注：1928年）満鉄にては山本総裁の旨を受けて内地業者及び英国ブ社（引用者注：ブラナーモンド社）を1丸とする計画案を建て相当積極的に実現に努力し塩田開設の手続等を実施し英国ブ社の技師を招いて調査せしめた」（生野［1937］、pp.436-438）。

結局、ソーダ計画においても、関東軍が日本国内業界との合弁計画実施を最終決定した（生野［1937］、p.436）。そして、1936年に満洲曹達が準特殊会社として設立された[18]。直ちに大連市甘井子で工場建設に入り、1937年にソーダ灰年産3万6,000トン設備が運転を開始した。原料塩は、当初は製塩事業を営む関東庁が供給した。1936年に特殊会社満洲塩業が設立されてからは、満洲国内で調達できるようになった（日塩［1999］、pp.145-148）。アンモニアは隣接の満洲化学からパイプで供給された。このような日本の化学業界との摩擦から日本国内における製品販売には苦労があった[19]。

3) 満洲軽金属

アルミはアルミナを電気分解して得られる。そしてアルミナは通常は鉱石ボーキサイトを苛性ソーダで処理して得られる（湿式法／バイヤー法）。日本には原料であるボーキサイト鉱資源が全くなく、戦時経済体制への移行と共にボーキサイドに依存しないアルミ供給体制整備が必要になった。元来日本のアルミ生産は、日本や朝鮮半島に産出する明礬を原料にして始まった。しかしその後、経済性に優れたボーキサイトを原料とするバイヤー法に転換した。戦時体制に入り、ボーキサイト入手が困難になると、住友化学や昭和電工は満洲の礬土頁岩や明礬に原料転換した（住友化学［1981］、pp.82-4、pp.113-115；昭和電工［1977］、p.96；峰［2005］、p.28）。満洲では一貫して礬土頁岩（アルミナ55-

---

17) 本件に関するブラナーモンド社（筆者注：ブラナーモンド社は1926年のイギリスにおける化学企業の大合同の中でICI社となった）側の史料としてBrodie［1990］がある。19世紀末から20世紀半ばのICI社の中国事業が書かれていてこの中で大連がソーダ灰生産の候補地でありICI社の技術者が大連を訪れたことICIの経営幹部が大連の他に撫順のオイルシェール工場、黒竜江省の天然ソーダ灰産地を見学したことが書かれている（Brodie［1990］、p.93）。

18) 出資比率は旭硝子35、満鉄25、満洲化学25、昌光硝子15。

19) 「当時我社の製品はどんな方面で使われて居たかと申しますと先ず曹達灰は全生産量三万瓲の三分の一すなわち一万瓲は満洲国内で主として洗曹達として満人生活に必要欠くべからさるものであり五千瓲位が台湾朝鮮へ内地は全部旭硝子を通し日本で消費されました。為に内地曹達を圧迫すると内地業者から余り歓迎されなかった様である。更に戦争が進むにつれて原料塩の入手が困難になるにつれ此の反満曹の言い分は強くなる一方でした。然し終戦が近くなるにつれ内地生産曹達の配給が愈々窮屈になるにつけ朝鮮台湾は満曹で供給して欲しいと云う様に変わって来ました」（深水［1978］、p.203）。

60%)を利用した製法の技術開発が、満鉄中央試験所により取り組まれた。1932年からは満鉄中央試験所の体制が強化されてアルミ精錬技術開発に成功した。満鉄技術陣が開発した製法は、礬土頁岩とオイルシェールからのコークスを電気炉でアルミン酸カルシウム鉱滓を製造して、この鉱滓から湿式法でアルミナを抽出する方法であり、いわゆる「乾湿併用法」であった。この技術をもとに、満鉄と満洲国政府は1936年に特殊会社満洲軽金属を設立した。満洲軽金属の設立に際しては、日本業界の関連企業が、若干ながら出資した[20]。満鉄出資分は1937年に満洲重工業に移管された。満洲軽金属は1938年に年産4,000トンの撫順工場が生産を開始した。その後、満洲国内の需要増で年産1万トンに増設された(満洲国史編纂刊行会［1971］、pp.606-607)。

航空機生産にはアルミと共にマグネシウムも必要である。満洲はマグネシウム原料が豊富であった。満鉄は営口に満洲マグネシウムを1938年に設立して、マグネシウム工場を建設した。満洲マグネシウムは後に満洲軽金属の子会社となった。満洲マグネシウムは当初業績不振であったものの、1943年になって良質マグネシウム生産に成功した(満史会［1964］、pp.599-600)。また、日本化成(現三菱化学)が、関東州石河にマグネシウム工場を1943年に建設し、1945年に完成して運転を始めた。

4) 撫順化学工業所

撫順では自家用を主にさまざまな化学製品が生産され、実験工場の役割も果たしていた(満鉄会［1986］、pp.396-401)。モンドガス発電所建設でタール蒸留工場が作られ、クレゾール・ピッチ・コークス等が生産された。また硫酸工場も建設され、モンドガスやオイルシェールからの硫安回収用に使用された。工作用に必要な酸素を得るために、水の電解による酸水素工場も作られた。吉林を電気化学工業の基地にする計画に基づき、その第一段としてカーバイドを製造し[21]、カーバイドアセチレンから合成ゴムを製造する研究を行った。その研究成果をもとに合成ゴム試作設備を撫順に建設し、試作に成功している。ま

---

20) 出資比率は満鉄56%、満洲国政府40%、住友化学2%、昭和電工他2%。
21) このカーバイド工場は、前節でふれた電気化学の社史が記すところの、1916年に工場建設して、3.5年間の操業後に撤退した、カーバイド工場と思われる。

た、ゴム配合剤としてカーボンブラックを製造し、ゴム製品が試験的に小規模生産された。この他に小規模ながらグリセリン・ベークライト・ホルマリンも生産された。さらに、関東軍からの要請で毒ガス吸収用の活性炭も作られた。

撫順では採鉱用に膨大な量の爆薬を使用する。そのため1918年から自家用の火薬生産が始まり一部は外販された。自家生産が始まるまでは、奉天造兵所及び奉天造兵所安東工場で生産された各種の火薬を使い、一部は日本から輸入された。爆薬使用量と共に火薬の種類も増えて、作業の推移に適応する各種火薬が生産された。また、爆発試験坑道施設を作って、当時使用が困難視された硝安爆薬を独特の成分で成功させた。満鉄は、撫順炭鉱爆薬に必要な火工品（導火線、工業雷管、電気雷管等）会社である南満火工品を、1929年に設立した。南満火工品には日本化薬が技術協力した（日本化薬［1986］、p.71）。1935年に満洲国火薬原料取締法が公布されると、一業一社の方針の下で、販売は同年設立の特殊会社満洲火薬販売に、製造は奉天造兵所にのみ許可された。しかし、自家用の撫順化学工業所は適用から除外された（加藤［1937］、pp.453-455）。

第4節　満洲国成立後―後半期（1938年-敗戦）

後半期は1938年から日本敗戦までである。本節では、最初に、積極化した化学工業政策を整理する。次に、この化学工業政策により実施された、2つの5ヵ年計画の下での化学工業を考察する。その次に、個別の日系化学企業の活動を検証する。検証にあたっては、次の基準により、表2-1から企業を選択した。まずは、満洲化学と満洲曹達である。満洲化学と満洲曹達は、初期の摩擦にもかかわらず、統制経済の下で日本国内業界と連繋して事業基盤を確立した。その状況を最初に検証する。次は、第2次5ヵ年計画で「満洲国を適地とする基本的資源産業にして自給圏経済の確立に貢献しうべき産業」とされた、電気化学・人造石油・アルミ（満洲国史編纂刊行会［1970］、pp.714-715）関連の企業を選んだ。具体的には、満洲電気化学・人造石油関連工場・安東軽金属ほかアルミ関連である[22]。その次は、第2次5ヵ年計画で「前線基地として現地において絶対保有を必要」とされた兵器産業（同上、p.715）の遼陽陸軍火薬廠である。ただし、この遼陽陸軍火薬廠は、表2-1には含まれていない。最後に、

満洲における毒ガス生産の可能性を分析する。利用できる資料は限られているが、現状で得られる資料を使用して推論を試みる。

1. 積極化した化学工業政策

後半期になって満洲国の化学工業政策が本格的に積極化した（佐伯［1946a］、pp.4-7）。後半期の化学工業政策で重要なものは、1940年の日満支経済建設要綱及び化学工業製品配給統制の実施、1941年の戦時緊急経済方策要綱、1942年の産業統制法及び第2次5ヵ年計画、1943年の基本国策大綱、そして1944年の火薬原料緊急増産対策要綱である。

まず、1940年の日満支経済建設要綱では、「化学工業ニ関シテハ日満間適地適業ノ主旨ニヨリ発展ニ努メ特ニ電気化学工業ノ振興ヲ満洲国ニ課シ」て（佐伯［1946a］、p.34）、満洲における電気化学事業展開の重要性がうたわれた。またこの年から化学工業製品配給統制が実施され、日満商事による一元的な統制が、石炭・鉄鋼に続いて化学にも及んだ（佐伯［1946a］、p.32）。

1941年の戦時緊急経済方策要綱では、対米開戦に伴い、満洲国の「経済諸施策ノ目標ヲ日本ニ於ケル戦時緊急需要ノ応急充足ニ集中セシメルコトヲ根本方針」とし（佐伯［1946a］、p.36）、化学工業は硫酸・礬土頁岩・ゴム生産用のカーボンブラックとゴム充填剤・酢酸・カゼイン・グリセリンの増産を図り、また爆薬原料となるベンゼン・トルエン、電極やアルミ生産に不可欠なピッチ・ピッチコークス、及び幅広い用途を持つソーダ灰の対日輸出増を図るよう行政措置がとられた（佐伯［1946a］、pp.36-37）。他面で、日米開戦に伴う日本本土の戦時緊急需要が優先され、また初期の戦勝により南方のゴム・石油資源を入

---

22) 海軍軍務局長保科（善四郎）中将は、「何が日米間の戦争の最後の引き金となったのか？」との質問に対し、「石油の輸入停止である。石油なくしては日本は生きることができない。石油なくしては、中国との戦争を成功裡に終結させることもできず、国として生き残ることもできない。ゴムやボーキサイトの供給も絶たれたが、いずれもなくてはならぬ物資であった。1941年（昭和16年）11月26日にアメリカから最後通牒を受け取ったとき、われわれはもはや一国家として存続することができないと判断した。そこでわれわれは戦ったのだ」、と答えている（アメリカ合衆国戦略爆撃調査団［1986］、p.13）。保科中将が言及した「石油」（本書では人造石油）、「ゴム」（本書では電気化学）、「ボーキサイト」（本書ではアルミ）は、本節で取り上げる主要な化学製品である。

手したことから、満洲における投資活動が一時的に阻害された。

しかしながら、1943年の基本国策大綱では、日満支経済建設要綱にうたわれた満洲における電気化学事業推進が一層明確に打ち出され、「電気化学系統ヲ中核トシ其他化学工業系統ト有機的連関ニ於イテ逐次其ノ開発ヲ推進スルモノトス」（佐伯［1946a］、pp.45-46）とされた。戦況の悪化と共に、満洲での生産力増強が、再び期待されるようになった。

1944年の火薬原料緊急増産対策要綱の立案は、敗戦色の濃い緊迫した状況下の化学工業政策を象徴するものである。とはいえ、化学工業支援のために、政府内の化学関連組織強化が図られた。1944年には経済部の化学工業科が昇格して化学司（その下に有機科・無機科・軽金属科）となった[23]。こうして、化学工業政策が一段と積極化した。

このように満洲国政府の化学工業政策の積極化は、修正5ヶ年計画[24]の下で始まった。日満支経済建設要綱では、懸案の満洲における電気化学の振興がうたわれた。日米開戦に伴う戦時緊急経済方策要綱と初期の戦勝により、満洲への期待感は一時的に弱まった。しかし、続く基本国策大綱および戦争末期の火薬原料緊急増産対策要綱により、満洲国の化学工業政策は一段と積極化したのである[25]。

2. 第1次5ヵ年計画と第2次5ヵ年計画

積極化した化学工業政策を具体的に現すものが、2つの5ヵ年計画である。第1次5ヵ年計画は日満経済一体の基本理念の下に、1937年初の実施を目指し

---

23)「偶々コノ頃ヨリ日本軍ノ爆薬大陸自給化ヲ必要トサレルニ至リ爆薬原料工業（アンモニア電解曹達ベンゾール石炭酸硫酸等）ノ急速振興ヲ強ク要請セラレ之ニ対応シ政府機関ノ強化断行サレ従来ノ化学工業科ガ化学司（有機科無機科軽金属科）トナリ化学工業ヲ重点産業トシテ同司ヲ中心トシ日本陸軍之ニ協力シココニ化学工業ノ飛躍的発展ノ体制ヲ整ヘルニ至ッタノデアル」（佐伯［1946a］、pp.4-7）。

24) 満洲産業開発5ヵ年計画は1937年から実行に移された。しかし、この年7月に日中戦争が勃発し、日本は満洲国に対して計画規模の拡大と完成年次の繰上げを要請した。満洲国政府は、日本側の要請を受けて、1937年12月に計画を再検討したうえ修正計画を編成し、1938年1月これを日本側と打ち合わせ、2月の『満洲国産業開発五年計画第二年度以降対策に関する意見』（関東軍第四課）なる指示に基づき修正計画を決定した（原［1972］、p.72）。

て満洲国が計画したものである。しかし、当初は日本政府が積極的な支持をしなかった（原［1972］、pp.67-69）。ところが、1937年7月に日中戦争が始まると、日本政府は態度を一変させた。そして、満洲国に規模拡大を要請した。満洲国政府は、1938年5月にこれを受けて修正5ヵ年計画を決定したのである。修正5ヵ年計画は、設備拡張よりも、軍需品増産を重視した。修正5ヵ年計画は、満洲経済開発よりも、戦時日本経済に寄与する増産を重視するものであった（山本（有）［2003］、p.41）。

　5ヵ年計画実行の中心は、1937年末に日産財閥満洲移駐により生まれた、満洲重工業である（原［1976］、p.228）。諸々の理由から満洲重工業の経営は失敗に終わったものの（宇田川［1976］、p.67）、航空機・自動車・アルミは満洲重工業により経営がなされた（栂井［1980］、p.109）。化学における満洲重工業の影響は無視できない。住友化学は、満洲重工業の要請に応じて、安東アルミ計画に参加した[26]。また、満洲重工業の推進した航空機生産により、満洲におけるアルミ・マグネシウム・航空機用ガソリンの技術開発が発展した。満洲軽金属や満洲マグネシウムの生産、あるいは、人造石油の技術開発は、満洲における航空機生産により加速されたからである。

　満洲国政府は、第1次5ヵ年計画の終わる1941年中頃から、第2次の5ヵ年

---

25)「日本全土ニ対スル米空軍ノ爆撃日ニ増シ軍需工場相ツイデ倒レ日満間ノ交通遮断ノ懼レアルニ至リ在満日本軍用爆薬ノ現地生産自給化ノ必要ニ迫ラレ之カ原料増産ニ関シ軍部ヨリ満洲国政府ニ対シ強力ナル要請サレルニ至ッタノデ政府トシテモ化学工業行政ノ急速強化ヲ計ルタメ従来ノ経済部化学工業科ヲ一躍化学司ニ拡大シ有機科無機科軽金属科ノ三科ヲ置キ態勢ヲ整ヘルト同時ニ本要綱（引用者注：「火薬原料緊急増産対策要綱」）ヲ立案化学工業ノ全般的ナ推進ヲ見ルニ至ッタ」（佐伯［1946a］、p.47）。
26) 初期の満洲産業開発では財閥排除策が取られていたが、戦時経済体制への移行と共に財閥との提携策に転じた。財閥排除策から提携策への転換を高碕達之助は化学工業を例に次のように述べる。「この点、前記安東軽金属の設立に際しても、住友との合弁による方法が採用されたが、化学工業においては、日本の二大財閥たる三井、三菱との提携が行われ、しかも専ら、その提携会社を生産の主力にもって行こうとした点が、特徴といってよいであろう。…（中略）…日本は太平洋戦争に突入し、戦局が漸く激化するにつれて、当初の経営政策に関する理念も次第に変化し、如何にしてより多くの物資を生産するかという戦力第一主義への転換が行われた。こういう情勢であったから、化学部門における財閥会社との提携という、満業の方針も何らの反対もなく実現された」（高碕［1953］、p.122）。

計画の立案を進めた。そして、1942年9月に計画を決定した。しかしながら、間もなく太平洋戦争が始まり、第2次5ヵ年計画は日満両国を通じた正式な国策とはならなかった。満洲国政府は、日本の要請にその都度応じた計画変更をし、戦時日本経済のための増産を企図した（満洲国史編纂刊行会［1970］、pp.714-718）。このような第2次5ヵ年計画は、事実上実施されなかった計画である、と全般的な評価を下すことは可能である（石川［1958］、p.745）。それにもかかわらず、化学工業においては、第2次5ヵ年計画は満洲国政策に大きな影響を与えた。実際、吉林の電気化学コンビナートを始め、第2次5ヵ年計画の下で実行に移されたものは少なくない。

3. 個別企業の検証

1) 満洲化学

満洲化学は、1935年に設備が完成すると、直ちに順調な工場運転を開始した。1937年には、硫安生産能力を年産24万トンに増加した。しかしながら原料手当てが十分でなく、1937年から1940年の14万トン台の生産量をピークにして、1940年代は一貫して年間生産量を落としていった。生産がピーク時の1937年から1940年においても、生産能力に対する稼働率は60％程度で終わっている。

満洲における化学肥料の生産・消費・輸出入状況については、満鉄調査部が関東州庁・日満商事・三井物産・三菱商事、及びその他の肥料商からのヒアリングをもとに作成した新資料（満鉄調査部［1939］）の発見があった。この新資料により、当時の状況がかなり詳しく判明する。まず、表2-3は満洲における化学肥料需給表である。化学肥料としては硫安のみが自製され、その他の肥料は輸入・移入されていたことを示している。また、表2-4は、新資料と東北財経委員会［1991］により、満洲国内の副生硫安を含む全硫安生産能力と生産量を示したものである。

当時、肥料は、特別法として公布された1936年の重要肥料業統制法、1937年の臨時肥料配給法、1938年の硫酸アンモニア増産及び配給統制法によって統制され、農業の利益を代表する農林省の影響を強く受けていた（日本硫安工業協会［1968］、pp.162-169）。満洲化学は設立時に内地の化学業界が強く反対した経緯から、すでに述べたように、肥料消費者である全購連が株主に入っていた。

表2-3 満州における化学肥料需給一覧表（単位：トン／年）

		供給		需要	
		輸入	生産	輸出	消費
硫安	1936年	1,146	180,435	136,672	8,637
	1937年	2,704	212,581	195,153	18,875
	1938年	1,122	191,656	162,944	20,500
過燐酸石灰	1936年	11,321	0	0	11,321
	1937年	16,536	0	0	16,536
	1938年	7,355	0	0	7,355
硫酸加里	1936年	1,100	0	0	1,100
	1937年	4,000	0	0	4,000
	1938年	960	0	0	960

注1：1936年硫安輸出は鞍山の副生硫安を除く。
注2：1938年硫安輸出は満洲化学の硫安のみ。
出所：満鉄調査部［1939］、pp.43-44。

表2-4 満洲国における硫安生産能力及び生産量（単位：トン／年）

会社	工場	生産能力	生産量					
		1944	1937	1940	1941	1942	1943	1944
満洲化学	大連	240,000	145,444	144,567	133,328	91,080	53,912	30,035
撫順炭鉱	撫順	42,000	32,979	18,829	34,431	33,121	23,061	11,912
満洲製鉄	鞍山	41,000	11,480	15,880	19,650	22,760	13,645	12,348
満洲製鉄	本渓湖	2,000	1,861	1,550	2,971	3,258	2,959	3,704
満洲瓦斯	3工場計	840	170	140	103	54		
南満瓦斯	大連		192	125	108	27		
合計		335,840	192,126	181,091	190,591	150,300	93,577	58,000

注：満洲瓦斯の生産能力及び生産量は3工場（瀋陽・長春・安東）の合計。
出所：東北財経委員会［1991］、p.107。

　そのため、満洲化学は、満洲国の特殊会社の性格を持ちながら、日本法人として設立された。こうして、事業開始後には、日本業界と一体化して運営された。
　表2-5は満洲で生産された硫安の輸出・移出内訳である。満洲化学が日本農業と強い関係を持った一面を示している。すなわち、オイルシェール・発電用モンドガス・鞍山製鉄の副生硫安は、台湾・朝鮮・民国に出荷されて、日本国内には出されていないことがそれである。日本には満洲化学の硫安のみが出荷されている。これは日本農家が、黄や赤系統の着色があって粉末の多い副生

表 2-5 満洲硫安輸出内訳（単位：トン／年）

			1937肥料年度		1938肥料年度	
			仕向地	数量	仕向地	数量
オイルシェール副産	撫順		台湾	5,650	朝鮮	2,400
			朝鮮	2,452	台湾	5,840
			民国	4,610	民国	2,460
			南洋	25		
			小計	12,737	小計	10,700
モンドガス副産	撫順		台湾	4,780	台湾	2,825
			民国	50	民国	30
			小計	4,830	小計	2,855
製鉄副産	鞍山		台湾	29		
			朝鮮	9,526		
			民国	1,300		
			南洋	630		
			小計	11,485		
満洲化学	大連		内地	119,057	内地	106,420
			台湾	6,290	朝鮮	38,713
			朝鮮	40,338	台湾	4,256
			民国	416		
			小計	166,101	小計	149,389
		合　計		195,153		162,944

注1：原資料は日満商事の硫安輸出数量表。
注2：1938年度の鞍山硫安は数字が発表されていないためブランク。
出所：満鉄調査部［1939］、pp.33-34。

硫安を好まないのを反映している（社史編さん委員会編［1981］、p.385）。表2-6は、日本帝国圏内の、変性硫安・副生硫安を除く硫安工場の生産能力推移を示した。満洲化学は日本帝国圏の約10％の生産能力を持っていた。

2）満洲曹達

　設立当初のソーダ灰の年生産能力は3万6,000トンであった。その後、1938年に7万2,000トンに、1944年末に10万8,000トンに拡大された。満洲曹達の生産状況は表2-7のとおりである。一連の生産能力拡大にもかかわらず、1940年から1943年が生産量のピークであり、稼働率は80％前後であった。生産の3分の1

表2-6 日本硫安工場生産能力推移（単位：トン／年）

会社	工場	1929	1932	1934	1937	1940	1943
東洋高圧	彦島	6,000	6,000	10,500	10,500	10,500	10,500
	大牟田		33,000	48,000	277,000	277,000	277,000
日東化学	八戸					50,000	50,000
	横浜					50,000	50,000
東北肥料	秋田					50,000	50,000
日本水素	小名浜					100,000	100,000
昭和電工	川崎		190,000	260,000	330,000	240,000	330,000
東洋合成	新潟				10,000	10,000	0
日産化学	富山	50,000	50,000	50,000	169,000	169,000	169,000
東亞合成	名古屋			26,000	110,000	110,000	110,000
別府化学	別府				50,000	50,000	50,000
宇部興産	宇部				200,000	200,000	200,000
日新化学	新居浜		48,000	130,000	223,000	283,000	283,000
三菱化成	黒崎				80,000	80,000	80,000
日本窒素	水俣	75,600	75,600	75,600	75,600	75,600	75,600
旭化成	延岡	27,000	27,000	27,000	27,000	54,800	54,800
朝鮮窒素	興南		420,000	450,000	500,000	500,000	500,000
満洲化学	大連				240,000	240,000	240,000
合計		158,600	849,600	1,077,100	2,302,100	2,549,900	2,629,900

出所：日本硫安工業協会［1968］、pp.206-207、p.330、および満洲事情案内所［1939］、p.283より筆者作成。

表2-7 満洲曹達生産実績（単位：トン／年）

	1937	1938	1939	1940	1941	1942	1943	1944	1945
ソーダ灰	11,000	45,000	55,000	65,000	60,000	60,000	60,000	50,000	20,000
苛性ソーダ				300	1,200	1,500	2,000	2,000	1,000
塩化石灰								300	200

出所：日本ソーダ工業会［1952］、p.172。

程度が満洲国内部で消費された。台湾・朝鮮には年5,000トン程度出荷された。その他は日本国内で販売された。満洲曹達設立時に日本業界と軋轢があったため、日本国内向け販売は全量を旭硝子が引受けた（深水［1978］、p.203）。こうして満洲曹達は旭硝子の傘下で、満洲化学と同様に、日本業界と一体の運営がなされていた。

表2-8 日本ソーダ灰工場別生産実績推移（単位：トン／年）

会社	工場	1937	1938	1939	1940	1941	1942	1943	1944
旭硝子	牧山	150,150	150,257	154,163	129,049	100,554	81,580	75,989	47,651
宇部曹達	宇部			326	36	6,524	6,671	13,456	18,753
川南工業	浦の崎	16,525	5,893	2,202	3,015				
九州曹達	苅田	5,688	32,987	37,376	29,662	16,087			
東洋曹達	富田	10,856	12,479	18,552	19,162	18,729	13,033	13,287	12,132
徳山曹達	徳山	47,578	40,562	33,277	42,721	32,821	38,865	42,307	22,063
日産化学	小野田	9,129	8,492	8,099	7,299	2,966			
満洲曹達	大連	11,122	45,000	55,000	64,811	61,517	57,915	58,593	50,062
計		251,048	295,670	308,995	295,755	239,198	198,064	203,632	150,661

出所：日本ソーダ工業会［1952］、p.187、p.172及び東北財経委員会［1991］、p.108より筆者作成。

表2-8は日本のソーダ灰工場別生産実績の推移を整理したものである。当時の内地のソーダ灰生産は、旭硝子を筆頭に7社によりなされていた。1942年の企業整備により、規模の小さい川南工業・九州曹達・日産化学が生産をやめ、4社体制になった。表2-8の各社生産量から明らかなように、旭硝子の生産シェアーは一貫して4割前後から6割前後を占めており、日本のソーダ業界における旭硝子の優位性は絶対的なものであった。満洲曹達はこの旭硝子の傘の下で日本国内業界と共存し、各社の生産量が落ち込んだ末期には、日本業界から応援出荷要請を受けていた（深水［1978］、p.203）。満洲曹達の生産は1940年代の日本帝国内のソーダ灰生産の20-30％を占めた。

3）満洲電気化学

以上の検証が示すとおり、満洲化学と満洲曹達は、日本業界と融合して事業基盤を確立し、満洲化学工業発展の基礎となった。そして満洲化学と満洲曹達は、後述するように、太平洋戦争が始まると関東軍の爆薬生産基地に変身するのである。他方、このような満洲化学と満洲曹達とは対照的なのが、満洲電気化学である。満洲電気化学は一貫性のない満洲国化学工業政策の象徴であった。満洲国経済は、第1次5ヵ年計画により、急速な重化学工業化が進んだ。鉄鋼と並ぶ産業開発の中心にあった電力に本格的な投資がなされ、大規模な電源開発計画が実施された。その結果、1940年代以降の満洲は、電力王国として電力

消費産業を日本から呼び込んだ。このような電力消費産業として、満洲国末期に本格的な進出をしたのが化学である。満洲電気化学はその代表的な事例であった。この満洲電気化学に関する研究は、峰［2008］を除くと、皆無に近い。そこで、以下においては、「事業内容」、「会社設立」、「工場建設」、「3社寄り合い所帯の弊害」に焦点を当て、主として峰［2008］に基づいてその状況を明らかにする。

①事業内容

満洲電気化学の事業分野は有機合成化学である。当時の日本のカーバイド事業は石灰窒素を主とする肥料が主であったため、満洲電気化学の事業を肥料とした記述が時々ある。しかしそれは正確ではない。満洲の硫安生産は、すでに内需を大きく上回って輸出・移出されていた。肥料用石灰窒素への需要はごく限定的であった。満洲電気化学の事業内容は、「石灰窒素としてカーバイドを使うものは、カーバイド系合成化学の中でも極く幼稚なランクにある訳で、アセチレンガスからいろいろの化合物が合成される」（采野［1943］、p.472）有機合成化学であった。

具体的な事業内容としては、カーバイドとコークスを基幹原料として、酢酸・ブタノール・アセトン・石灰窒素・合成ゴム等の生産計画が立てられた。その企業化に協力する中核企業として電気化学・日本化成（現三菱化学）・大日本セルロイド（現ダイセル）3社が選ばれた[27]。3社の事業分担は、電気化学がカーバイドと石灰窒素、日本化成がコークスと合成ゴム、ダイセルが酢酸を原料にしたアセトンとブタノールであった。合成ゴムは日本化成の技術により、技術的に困難なブタジエン系を満洲電気化学本体で生産する計画であった。別途、満洲電気化学とブリヂストンが合弁で満洲合成ゴムを設立し、技術的に容易なクロロプレン系を担当した（采野［1943］、p.473）。

---

27) 関東軍は、満洲産業開発では、三井・三菱等財閥を拒否したといわれる。しかし、満洲電気化学の日本業界出資者は、三井財閥や三菱財閥との関係が深い企業である（電気化学は三井系、日本化成は現在の三菱化学で三菱系、また、大日本セルロイド（現ダイセル）は三井色が強い）。満洲電気化学が設立された1938年時点において、関東軍の当初の理念は、すでに形骸化している。

②**会社設立**

満洲電気化学は、満洲国末期に関東軍・満洲国政府・満洲電業から大きな期待と支持を受けて、資本金3,000万円の満洲国特殊法人として、1938年10月に設立された[28]。この吉林における電気化学コンビナート事業構想は、元来は第1次産業開発5ヵ年計画時点ですでに練られていたものであった。ところが、電源開発の方は計画として織り込まれたにもかかわらず、需要部門である電気化学事業構想は計画として織り込まれなかった[29]。

一方、戦時経済体制が進展すると、1940年には「日満支経済建設要綱」により日満支ブロック経済構想が推進されることになった。その一環として、満洲における電気化学振興がうたわれ、満洲電気化学構想が改めて推進されることになった。

しかし、1941年にアメリカとの戦争が始まると、満洲国経済は日本の戦時緊急需要の応急充足を第一とすることになった。さらに、初期の戦勝で南方のゴム資源・石油資源を入手すると、満洲での生産力増強計画の推進力はさらに弱まった。

ただし、戦況が悪化すると再び満洲における生産力増強がクローズアップされた。そして、1942年の「基本国策大綱」では、電気化学を中核とした満洲化学工業の事業展開が明文化されるに至った。このような一連の動きから、満洲国政府の化学関連の組織が強化され、従来の化学科は化学司に昇格した[30]。一貫性のない満洲国化学工業政策の中で、1938年に設立された満洲電気化学の本格的な建設は、ようやく1942年に始まった（電気化学［1977］、pp.131-133）。

---

28) 満洲電気化学の最終的な資本金は2億円である（佐伯［1946b］、p.5）。
29) 「本事業（引用者注：満洲電気化学）ヲ水力開発ト並行シテ第一次五ヶ年計画ニ入レナカッタコトハ誠ニ遺憾トスル点デアリ、後ニ至リ日満支経済建設要綱並ニ基本国策大綱第二次五ヶ年計画ニ電気化学ヲ採リ上ゲタニ不拘資材労力等ノ事情ニヨリ見ルベキ業績ヲ残サズニ終戦トナッタノデアル」（佐伯［1946a］、p.29）。
30) 「従来ノ化学工業科ガ化学司（有機科　無機科　軽金属科）トナリ化学工業ヲ重点産業トシテ同司ヲ中心トシ日本陸軍之ニ協力シココニ化学工業ノ飛躍的発展ノ体制ヲ整ヘルニ至ッタノデアル」（佐伯［1946a］、pp.6-7）。

③工場建設

　立地は第二松花江の豊満ダムから約20km離れた吉林市が選ばれ、工場建設用地として250万坪が手当てされた。工場建設は始まったものの、機械工業が未発達の満洲は建設資材の供給を日本に依存していた。戦況はすでに日本が不利になっていたため、各社の工場建設は困難を極めた。各社の社史が記述する建設状況は次のとおりである。

　基幹原料であるカーバイド工場を担当した電気化学は、小規模のカーバイド工場建設を早めに開始していた。1942年春には5,000kWと2,000kW各1基の電気炉を持つカーバイド工場を完成させ、操業開始した。カーバイド工場は日産50トンのペースで生産された。生産されたカーバイドは、他社の工場が完成していないので、日本向けに出荷された。1944年に満洲合成ゴムが運転を開始すると、一部が合成ゴム用に出荷された。残りは日本向けに出荷された。小規模カーバイド工場完成に続き、本格的なカーバイド工場建設を目指して、1万5,000kWのカーバイド炉2基、300トンの石灰炉1基、日産5トンの窒化炉32基が建設工事に入った。しかし建設は遅々として進まなかった。やがて日本敗戦となり、侵入したソ連軍により工場設備は接収・撤去された（電気化学［1977］、pp.131-133）。

　日本化成は、「当社が担当したコークス事業は、オットー炉30門を建設、20年（引用者注：1945年）7月火入れにこぎつけたが、終戦となり、その設備はソ連に接収された」、と簡単に記すのみである（三菱化成［1981］、p.100）。

　ダイセルは、1941年の当初計画では航空燃料用のブタノール年産3万トン、アセトン年産1万トンであった。しかし、1942年秋にはブタノール年産1万トンのみとなった。さらに1942年末にはブタノール年産4,000トンに縮小された。最終的にはそれさえも完成せずに日本敗戦を迎えた（ダイセル化学［1981］、pp.48-49）。

　ブリヂストンは満洲電気化学と折半出資で1939年満洲合成ゴムを設立し、1940年から吉林において、自社開発のクロロプレン系合成ゴム工場建設に入った。クロロプレンゴムの生産能力は、当初、日産5トンであった。しかし、建設資材の不足から、日産5トン→2.5トン→1トンに順次縮小された。戦況と共に、日本からの機器調達はますます困難になった。しかし、総力をあげて工場

建設が推進された。その結果、1944年6月試運転に入り、12月末に良質なクロロプレンゴム生産に成功をみた。引き続いて設備の手直し増設に当たっているうちに日本敗戦となった。侵入したソ連軍により設備は解体され、ソ連に持ち去られた（ブリヂストンタイヤ［1982］、pp.75-79）。

④ 3社寄り合い所帯の弊害

満洲電気化学に出資した3社の社史における記述は、自社担当分の工場建設に関して具体的ではない。他方で、他社担当製品の記述に相対的に多くのスペースをさいている。これは企業統治機能を欠く3社寄り合い所帯の弊害のあらわれと思われる。日本化成のコークス設備に関する記述は、ないに等しい[31]。ダイセルの記述も、日本化成同様に、具体性に乏しい。

他方、ほぼ同じ時期に建設された満洲合成ゴムの場合は、工場建設と企業運営が全てブリヂストンに任されていた。満洲合成ゴムにおいては、ブリヂストンが短期間で総力をあげた工場建設を成し遂げて、1944年に工場生産を開始した。この状況をブリヂストンは社史で明瞭に記している。満洲電気化学に関する3社の不明瞭な記述と、満洲合成ゴムに関するブリヂストンの明瞭な記述は対照的である。

満洲国政府による統制経済下で化学工業政策実施に携わった佐伯[32]は、関東軍と満洲国政府が推進した一業一社主義と特殊会社制度の下では、自主的な企業経営責任が得られないとして、満洲電気化学を事例に出して批判する[33]。化学工業政策の実施責任者であった佐伯は、3社の社史記述にあらわれた3社寄り合い所帯の弊害を、現場で実感していたと思われる。佐伯［1946a］は次のように批判する。

「本制度ノ（特殊会社制度：引用者注）…（中略）…欠点ヲ如実ニ示シタ化学工業会社ハ満洲電気化学デアル。同社ハ民国28年既ニ設立サレ事業ノ重要性ニ鑑ミ政府ノ特別ノ庇護ヲ蒙リナガラ遂ニ単ニカーバイド中型炉ノ操業

---

31) 日本化成が担当した基幹製品であるコークスに関して、生産能力さえも記されていない。しかし、敗戦直前に完成したコークス設備の生産能力は年産15万トンである、と電気化学社史が記している（電気化学［1977］、p.133）。

ニ止ッタ。無論資材機械ノ入荷不円滑齟齬等モアッタガ事業会社トシテ余リニモ相違工夫ガ無イ。之ハ一ツニ特殊会社制度ノ欠陥タル経営ニ於ケル自主性責任制ノ喪失ニヨル。並ニ営利性ノ抑圧ニ基因スルモノデアル。且亦同社ガ日本関係会社3社ノ寄合世帯ナル点ニモアル」（佐伯［1946a］、pp.44-45）。

また、佐伯は3社による会社運営のみならず、3社による技術提供に関しても批判しており、次のように記している。

---

32) 日中戦争が拡大・長期化し、満洲国内の重要物資の生産増強とその配給統制が唱えられ、1939年に日満商事会社法が制定されると、日満商事は重要工業生産物資の配給統制機関としての特殊会社に改組された。日満商事は、特殊会社への改組と同時に、物動計画を中心とした配給統制実務のために企画部を設置した。佐伯は、この時に企画部に配属されて、化学品の配給統制実務を担当した。日本敗戦時は企画部副部長であった（佐伯［1978］、pp.98-100）。日満商事の前身は満鉄商事部である。その設立過程は、満鉄改組問題と密接に関連していて、複雑である。日満商事は、設立時より、関東軍の意向に大きく影響されていた（山本［2003］）。満洲国が戦時経済体制に向うにつれ、配給統制の実務を担当する日満商事と関東軍との関係は、さらに強まったと思われる。そのため、佐伯の関東軍関連の記述は具体的である。また、満洲曹達役員であった深水（勻）の回想記録によると、ソーダ灰製造の際濃度の濃い炭酸ガスが必要であり、そのために、良質のコークスが必要であった。しかし、その手配が満洲では困難であった。その時、関東軍第4課長黒川参謀の応援を得て、三菱化成から良質のコークスを調達した。その際に、日満商事が極めて有効な裏工作をしたという。このエピソードは、日満商事と関東軍の緊密な関係を知らせている（深水［1978］、p.204）。

33) 佐伯は、満洲電気化学と共に、満洲炭素をも批判している。すなわち、満洲炭素は関東軍及び満洲国政府が「一業一社ノ思想ニ基キ日本ノ一流電極会社ヲ参加セシメ当社ヲ設立セントシタガ」（佐伯［1946b］、p.22）、本命の東海電極は単独進出を希望して実現しなかった。そこで、やむなく日本カーボン／昭和電極／満洲電業／満洲軽金属／満洲電気化学が出資して、合弁事業となった。満洲炭素の工場は、鴨緑江水力発電所の安価な電力を得るために、安東に立地した。資材機器入手困難のため建設が進まなかったが、会社設立後満2年たって、ようやく一部製品を出荷するようになった。そのため佐伯は、「電極ノ對日取得困難ニ伴ヒ政府ガ汎ユル手段ヲ講ジ同社ノ生産増強ニ努メタニ不拘遂ニソノ効果ヲ見ルコトガ出来ナカッタ」、と満洲炭素を批判する。他方で、関東軍及び満洲国政府の希望にそわなかった満洲炭素とは対照的に、日本の代表的な電極企業であった東海電極による満洲電極は、関東軍の全面的なバックアップにより順調に工事が進捗した：「工事ハ関東軍直接当リ竣工後当社ニ払下ゲスル形式ヲ採リ為ニ建設モ順調ニ進ミ早クヨリ設立サレタ満洲炭素工業株式会社ヨリモ大キク期待サレテキタ」。しかし大約80％程度の完成で敗戦となった。

「本会社（満洲電気化学：引用者注）ノ技術ハ各部門毎ニ日本ノ既成会社ヨリ左ノ如ク導入シタルモ之カ方針ハ必ズシモ成功セルトハ云ヒ難ク…」（佐伯［1946b］、p.6)。

4）人造石油

人造石油工場は撫順・四平街・奉天・錦州・吉林と5箇所で建設された。日本で最初に人造石油の技術開発を始めたのは海軍である。海軍は直接液化法で開発を進めていた。満鉄はその技術を継承して直接液化法で技術開発した。オイルシェールからの石油製品は主力が重油であった。重油は徳山海軍燃料廠に納入され（満鉄会［1986］、pp.377-378)、満鉄技術陣はオイルシェール事業の成功で、海軍との関係が緊密になった。海軍は軍艦の燃料が石炭から重油に転換すると共に、早くも1921年には海軍燃料廠を創設して石油精製事業を直営した。それと同時に石炭液化による人造石油製造の研究を始めていた（燃料懇話会［1972］、pp.53-54)。

満鉄は山本総裁時代の1928年に徳山海軍燃料廠に石炭液化の研究費を提供し、自らも石炭液化の触媒研究を始めた（満史会［1964］、p.170)。人造石油の技術には、すでにあった石炭低温乾留法、石炭を高温高圧下（200-300気圧、400-450度）で水素添加により直接液化する法（IG法：IGがベルギウス法を買い取って技術改良を加えた)、石炭から水素と一酸化炭素が2：1の割合の水生ガスを作りこの水性ガスを触媒を利用して常圧高温（約200度）下で液化する合成法（フィッシャー法）の3種類があった[34]。石炭低温乾留法は、技術的には容易なものの、製品用途が限られる。したがって、事実上の技術の選択は、直接液化法か合成法だった。海軍は直接液化法で技術開発を進めていた。満鉄もまた技術としては直接液化法を選んだ。1936年満鉄は撫順に工場を建設して1939年より試運転に入り、1941年から航空機用ガソリン生産を開始した[35]（四条

34）阿部［1938］による（ベルギウス法はpp.12-13、フィッシャー法はp.11)。
35）撫順ではドイツからの技術導入により石炭乾留法でモンドガス発電工場が1915年より稼動していた（宮本［1937］、p.378)。先行研究は、このモンドガスでの技術蓄積がオイルシェール技術開発成功につながったとしている（飯塚［2003］、p.27)。それと同様に、モンドガス／オイルシェール／石炭液化とつながる技術蓄積が、撫順での人造石油生産成功の要因の一つと考えられるが、その解明は今後の問題である。

［1973］、p.162)。

　一方、満洲国政府は1938年四平街に満洲油化を設立し、1940年技術的に容易な低温乾留法で工場建設を完了した。しかし、販路に限界があったと思われ、試運転後資金面で行き詰まった。最終的には陸軍に買収され、陸軍四平燃料廠となった（十川［1979］、p.9）。

　また、満洲国政府は、「ハンガリー・バルガの発明による、石炭およびタールのフィアーグ式水素添加法」による人造石油工場を建設するために、1939年に株式会社満洲石炭液化研究所を設立した。満洲石炭液化研究所に参加する日系企業としては、朝鮮の日本窒素阿吾地で建設中であった人造石油工場向けに大型酸素工場を建設[36]した神戸製鋼が選ばれた[37]。神戸製鋼は海軍との関係が深く、陸軍の影響下にある石炭液化研究所への出資を一度は辞退したものの、最終的には出資に応じた。工場が奉天で建設されて1944年末から試運転に入り、少量ながら航空機用の最終製品を関東軍に納入した。しかし、間もなくして日本敗戦となり、工場設備は製品・半製品と共にソ連軍に接収された（80年史編纂委員会［1986］、pp.57-58)。

　日本国内の化学企業も、満洲で人造石油工場を建設した。三井グループは、満洲国からの強い要請を受けて、満鉄の協力の下で、1937年に錦州で満洲合成燃料を設立した[38]。満洲合成燃料は、ドイツのルールヘミーより導入した合成法（フィッシャー法）により工場建設した（三井東圧化学［1994］、p.185）。工

36）日本窒素の石炭液化技術では、ルルギ式低温石炭乾留によりコーライトを製造し、酸素装置から得た酸素をコーライト層の下から直接吹き込んで水素を発生させる。日本窒素阿吾地の酸素装置は、日本最初の最低圧の電気節約型であった。寒冷地である阿吾地の気象条件もあって、日本窒素は神戸製鋼と苦労しながら酸素工場を完成させた（安部［1980］、p.43、p.52)。

37）満洲石炭液化研究所は、丸沢によると、満洲国政府がドイツ技術の流れをくむハンガリー人技術者セッシッヒ博士を支援して設立された。セッシッヒは「ドイツのある化学会社」の研究者であり、「彼の発明した石炭液化に関する特許を日本または満洲で実施するために来朝した化学者」で、丸沢を含む関係者を訪問して事業協力を要請した。満洲国政府はセッシッヒの希望を容れ、満洲石炭液化研究所を設立した（丸沢［1979］、pp.17-18)。日系企業として神戸製鋼が選ばれたのは、セッシッヒの技術への配慮であったと思われる。なお、直接液化法はドイツのIGにより開発され、戦前、ドイツ国外ではドイツ帝国内で企業化されていた（工藤［1999］、p.244)。丸沢のいう「ドイツのある化学会社」とはIGと思われる。

場は1945年完工したが、コバルト触媒の入手難と建設資材不足から、生産実績を出さぬまま日本敗戦となった（阿久根［1988］、p.82；阿久根［1988］、pp.103-104）。

日本窒素は、1939年に吉林で満洲国政府と合弁で吉林人造石油を設立して、直接液化法で工場建設に入った[39]。しかし、日本窒素は、原料炭および技術上の行き詰まりから、1943年に事業撤退した。残された吉林の人造石油工場は、満鉄が1943年に満洲人造石油を設立して、撫順の人造石油工場と併せて経営管理した。満鉄は、吉林の人造石油工場の一部設備をメタノール生産に転用した（満鉄会［1986］、pp.390-391）。

このように満洲国で建設された人造石油5工場のうちでは、生産実績をあげたのは撫順のみであった。

次に、人造石油との関連で石油精製の状況も述べる。満洲の石油精製工場は、撫順（オイルシェール及び人造石油）、大連（満洲石油）、錦西（陸軍燃料廠）の3箇所に建設された。時期的に最も早いのは撫順である。オイルシェールからの頁岩粗油から、主として重油が生産された。後になって、付加価値を高めるために、頁岩粗油を分解して自動車用揮発油とコークスを製造した（満鉄会［1986］、pp.375-381）。大連の満洲石油は、満洲国成立後国内石油需要を満たす目的で関東軍と満洲国政府により推進され、1933年に設立されて34年から生産活動に入った[40]。陸軍は石油問題に関心を持つのが遅く、陸軍燃料廠が発足したのが1940年であった。この年に陸軍最初の燃料廠が岩国で建設開始された。満洲国では資金面で行き詰まった四平街の満洲油化を買収し、同時に錦西で燃料廠を建設した（陸燃史編纂委員会［1979a］、p.2；高橋［1979］、p.1）。

---

38) 三井鉱山が1919年より低温乾留法による試験研究を始めており、三井グループは1936年に、ドイツのルールヘミーとフィッシャー法技術の導入契約を締結した（三井東圧化学［1994］、p.101）。なお、戦後、三井グループの石油化学への進出は、このフィッシャー法による人造石油技術が柱になった。
39) アンモニア事業で成功した日本窒素は、その高温高圧技術の延長として、人造石油への進出を目論んだ。工場としては、朝鮮永安炭田を利用してまず低温乾留工場を建設し、次いで、図満江の阿吾地炭田を開発し、そこに本格的な人造石油工場を建設した（宗像［1989］、pp.189-190）。
40) 満洲石油の出資構成は満洲国政府20％、満鉄40％、日本石油10％、小倉石油10％、三井物産10％、三菱商事10％（日本石油［1988］、p.314）。

5) 安東軽金属ほかアルミ関連

　カーバイドからの有機合成化学と並んで、重要な電気化学分野はアルミ製錬事業である。撫順で生産されたアルミは一部超高圧送電用に使用されたが（峰[2006]、pp.3-4）、需要の大半は航空機であった。戦時体制への移行と共に、アルミ増設が計画された。具体的には、1941年に完成した水豊発電所電力を利用した、安東における生産増強が計画された。そして1944年に安東軽金属が設立され、満洲重工業の要請に応じて、住友化学が事業を推進した。自社技術[41]で礬土頁岩からの製法を確立していた住友化学は、第2期最終目標を年産4万トンとした。建設は関東軍及び満洲国政府・満洲重工業の支援を受けて、鉄鋼・木材・セメント等の資材が優先的に配分された。また、内地のみならず朝鮮各地から集められた建設労働者は1万人を超えた。それにもかかわらず、第1期工事が85％程度完成した時点で、日本敗戦を迎えた（住友化学［1981］、p.120）。

　航空機生産にはマグネシウムも必要である。営口に満洲マグネシウムの工場があったが、これに加えて、三菱グループが関東州石河に三菱関東州マグネシウムを設立した。三菱関東州マグネシウムは1945年に工場を完成した（三菱化成［1981］、p.104）。

　また、満洲国政府は各種の電気化学の企業化に対応して電極の自給化を図った。日本カーボン・昭和電極・満洲軽金属・満洲電業・満洲電気化学により満洲炭素が1940年設立され、1944年に安東で生産を開始した[42]（日本カーボン［1967］、pp.40-41）。別途、関東軍の要請で、1944年に東海電極（現東海カーボン）が満洲電極を設立し、直ちに湯崗子で建設に入った。しかし、試運転直前で敗戦となった[43]（東海カーボン［1993］、p.211）。

---

41) 満鉄の技術は乾式湿式併用法。住友化学の技術はソーダ石灰法で礬土頁岩からアルミナを生産する（住友化学［1981］、p.113）。
42) 佐伯［1946b］はこの満洲炭素設立経緯について、関東軍及び満洲国政府は「1業1社ノ思想ニ基キ日本ノ一流電極会社ヲ参加セシメ当社ヲ設立セントシタガ」、本命の東海電極は単独進出を希望して実現せず、やむなく日本カーボン・昭和電極・満洲電業・満洲軽金属・満洲電気化学の合弁事業となったと述べる（佐伯［1946a］、p.45）。

図2-1 「軍火薬廠ト化学工業トノ関連図」

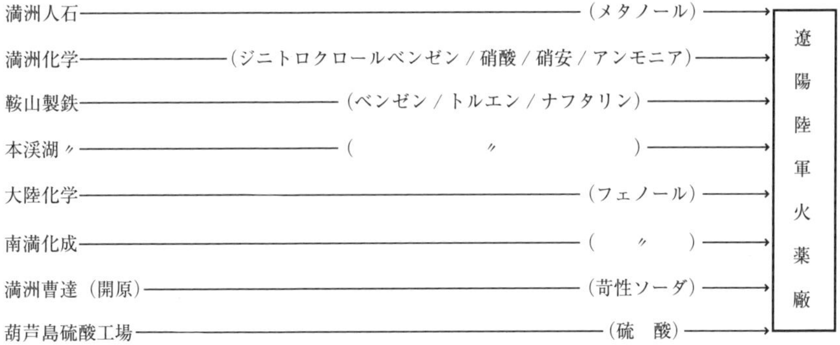

```
満洲人石 ──────────────────── (メタノール) ─────┐
満洲化学 ──────── (ジニトロクロールベンゼン／硝酸／硝安／アンモニア) ──┤ 遼
鞍山製鉄 ──────────── (ベンゼン／トルエン／ナフタリン) ─────┤ 陽
本渓湖〃 ──────────── (       〃        ) ─────┤ 陸
大陸化学 ──────────────────── (フェノール) ─────┤ 軍
南満化成 ──────────────────── (   〃   ) ─────┤ 火
満洲曹達（開原）─────────────────── (苛性ソーダ) ─────┤ 薬
葫芦島硫酸工場 ────────────────── (硫　酸)    ─────┘ 廠
```

出所：佐伯［1946a］、p.49。

6) 遼陽陸軍火薬廠

満洲国の化学工業積極化政策の下で、遼陽に陸軍火薬製造所が設置された。昭和期に入ってから、軍用火薬の製造技術には多くの改良と発達があり、そのため各種の化学製品を必要とした（渡辺［1968］、p.112）。佐伯［1946a］は、遼陽の陸軍火薬製造所が原料として必要とした化学製品と、それを供給した日系化学企業を、次の図2-1のとおり纏めている[44]。

図2-1は、満洲に進出した日系化学企業の、戦争とのかかわりを示している。満洲に進出した多くの有力企業が、遼陽陸軍火薬製造所に原料を納入している。最初の満洲人石とは吉林の満洲人造石油のことである。吉林の人造石油工場は日本窒素が建設した。しかし日本窒素は途中で手を引き、その経営を満鉄が引き受けた。満鉄はこの人造石油工場に見切りをつけ、メタノール工場に

---

43) 佐伯［1946b］はこの満洲電極設立経緯については、関東軍が満洲電極の工場建設を全面的にバックアップし、「工事ハ関東軍直接当リ竣工後当社ニ払下ゲスル形式ヲ採リ為ニ建設モ順調ニ進」んだが敗戦で80％程度完成で終わったと記している。

44) 佐伯はその背景を次のようにいう：「日本全土ニ対スル米空軍ノ爆撃日ニ増シ軍需工場相ツイデ倒レ日満間ノ交通遮断ノ懼レアルニ至リ在満日本軍用爆薬ノ現地生産自給化ノ必要ニ迫ラレ之カ原料増産ニ関シ軍部ヨリ満洲国政府ニ対シ強力ナル要請サレルニ至ッタノデ政府トシテモ化学工業行政ノ急速強化ヲ計ルタメ従来ノ経済部化学工業科ヲ一躍化学司ニ拡大シ有機科無機科軽金属科ノ3科ヲ置キ態勢ヲ整ヘルト同時ニ本要綱（引用者注：「火薬原料緊急増産対策要綱」）ヲ立案化学工業ノ全般的ナ推進ヲ見ルニ至ッタ」（佐伯（1946a）pp.47-49）。

転用した（満史会［1964］、pp.173-174）。メタノールはおそらく大半が幅広い用途を持つホルマリンにされ、工場内での火薬生産を含めた軍需に使用されたと考えられる。

次の満洲化学で重要なことは、設立当初は肥料会社だった満洲化学が、火薬原料会社に変身したことである。基本的にアンモニアメーカーである満洲化学が、爆薬原料の硝酸・硝安を遼陽に納入しているのは当然である。しかし、当初の生産品目にはないジニトロクロールベンゼンが入っているのは注意を要する。ジニトロクロールベンゼンは、ベンゼンを塩酸でクロール化し、さらに、硝酸でニトロ化したものである。これは火薬原料のピクリン酸の原料になる。この記述は、満洲化学大連が原料硝酸の生産基地、満洲曹達開原が原料塩素の生産基地、そして、遼陽が最終製品爆薬の生産基地、という分業関係を示している。佐伯［1946a］の付属説明資料と思われる佐伯［1946b］は、満洲化学の経営が「満洲国政府並ニ関東軍ノ指導監督下ニ置カレ」たとし、1944年からは肥料製造会社ではなく「純然タル硝酸製造工業会社ニ進展シ今日ニ至ッタ」（佐伯［1946b］、pp.1-2）と記している。ここに明らかなように、満洲化学は戦争経済を支える支柱になっている。ジニトロクロールベンゼンはまた硫化染料の原料になる。したがって、満洲化学染料部として吸収合併した旧大和染料の硫化染料用にも使用されたと思われる。

鞍山と本渓湖の製鉄所では従来からベンゼン／トルエン／ナフタリンが生産されており、満洲国経済に中間原料を供給してきた。この時期になると、これらの基礎化学製品が、軍需として納められていた。

大陸化学のフェノールは表2-1の三井化学の計画であり（三井東圧化学［1994］、p.172)、南満化成のフェノールは表2-1の三菱化成の計画である（三菱化成［1981］、pp.100-101)。三井化学も三菱化成も表2-1の「進出要請先」はブランクなので、両社のフェノール計画はそれぞれの経営戦略から満洲での企業化がなされたことがわかる。しかし、進出後は軍部の火薬製造に貢献した。このようなフェノール計画の背景は、日本国内での原料調達難であった。「日本ノ化学工業会社ハ直接軍需工場ハ別トシテ本次戦争ノ推移ト共ニ主要原料（ベンゾール、ナフタリン等）ノ入手難ニ落チ入リ生産挙ガラズ之ガ切抜策トシテ満洲ヘノ進出策ニ出ントスル傾向ガ現ハレ」たのである（佐伯［1946b］、 p.7)[45]。

次の満洲曹達（開原）を読み解くには佐伯［1946b］が必要である。満洲曹達は、大連の分工場として、開原に電解法による工場を建設した。開原は水銀法で電解設備が作られ、能力は苛性ソーダで年産4,000トンであった（佐伯［1946b］、pp.3-4）。通常、電解法では苛性ソーダとほぼ同量の塩素が併産される。満洲曹達の本社工場である大連は、アンモニアソーダ法である。これは、ソーダ灰経由で苛性ソーダを作るので塩素は出てこない。経済発展が初期のうちは、塩素の用途がない。そこで、塩素が出てこないアンモニアソーダ法が好まれる。しかし、この頃になると軍需用に塩素が必要になったことを示している。開原に電解法の分工場を作った背景は、この塩素だったと考えられる。こうして開原ではモノクロールベンゼンの生産に注力し、満洲曹達開原工場はソーダ工場というよりも、爆薬中間体製造工場に変わった[46]。こうして満洲曹達も、満洲化学と並んで、戦争経済を支える中核企業となった。

最後の葫芦島硫酸工場は、元来は、亜鉛精錬工場の附属工場であった。亜鉛精錬設備はアメリカからの技術導入が不成功になり、建設半ばで放置されていた。それを、硫酸増産の必要性から、亜鉛精錬所とは切り離して硫酸工場のみを完成させたものである[47]。住友化学は、満洲国政府及び陸軍の要請に基づき、この葫炉島の硫酸とドイツIG社からのアンモニア技術導入で満洲硫安を設立し、

---

45) また佐伯［1946b］は「日産化学ソノ希望ヲ明カニシタガ時ノ関東軍ニ入レラレズ」とも記し、同じ計画を最初に出したのが日産化学だったが関東軍が日産化学を拒否したことを明らかにしている。日産グループに属する日産化学が何故関東軍に拒否されたかは書かれてないが、満洲国政府や関東軍は満洲に進出する会社が日本を代表する会社であることを要求したという話（佐伯［1946b］、p.22）から推測すると、日本の化学業界における日産化学の格と実績を問題にしたのかもしれない。また、住友化学も日産化学に次いで計画を出した。しかし、資材調達がうまくいかずにギブアップしたと書かれている：「住友化学ハ軍政府両者ノ了解ノ下ニ鞍山製鉄トタイアップシテ新会社設立セントシタガ資材関係デ中絶セリ」（佐伯［1946b］、p.7）。

46)「開原工場ハ本次戦争末期ニ至リ軍用火薬原料自給策ヨリモノクロールベンゾールノ生産ニ主力ヲ注ギ曹達会社ト云フヨリモ爆薬中間体ノ製造工場ニ性格ヲ一変スルニ至リタリ」（佐伯［1946b］、p.4）。

47) これも軍部からの強い要請で進められた：「同工場モ火薬原料緊急増産対策ノ一環トシテ之ガ建設ニハ軍並政府ヨリ絶大ナル支援ヲ受ケツツアッタ」（佐伯［1946b］、pp.11-12）。

硫安年産20万トン生産計画を立てた。しかし、実行段階になって、独ソ開戦のため機器の入手が困難となった。その結果、計画は頓挫した（住友化学［1981］、p.73）。

4. 満洲国における毒ガス生産に関する考察[48]

満洲国後半期の検証を終えるに際して、最近の毒ガスの先行研究が指摘する満洲における毒ガス生産問題を、現状利用できる資料を使用して、検討してみたい。最近発表された毒ガス研究は、遼陽における毒ガス生産計画と、奉天における毒ガス生産を指摘している。満洲化学工業が、毒ガス生産に関与したことを示す資料の発見は、目下のところ、ほとんどないに等しい。しかしながら、戦時体制下で急速に発展したした満洲化学工業を論ずるには、先行研究が指摘する毒ガス生産への言及が必要と思われる。満洲化学工業の一部を構成していたソーダ工業と染料工業を分析することにより、毒ガス先行研究が指摘する満洲における毒ガス生産問題を、現状で入手できる資料を利用して、以下において検討する。

1）検討の基礎資料

旧日本軍の毒ガスに関する既往の研究は、日本軍が毒ガスを生産したか否か或いはまたどのように使用したか、また旧日本軍が遺棄した化学兵器に関するものが主である。生産に関するものは皆無といってよい。旧日本軍の毒ガス関連の解明が未だに不充分なのは、極東国際軍事裁判（東京裁判）でアメリカが、冷戦下の国益を考えて日本の毒ガス関係者を免責としたのが最大の要因といわ

48）この考察「満洲国における毒ガス生産に関する考察」は、対外発表を試みながら今日に至るまで実現していない論文「『満洲』における日系化学企業の活動」（峰［2006e］）の一部である。対外発表が実現していないのは、毒ガス関連資料が入手できていないことによる。満洲における毒ガス生産に言及した資料が皆無に近いため、論旨が推論を超えることができず、結局、対外発表できぬまま未発表私稿で今日に至っている。しかしながら、満洲国後半期の満洲化学工業の考察に際しては、満洲ソーダ工業と満州染料工業の毒ガス生産への関与の可能性を言及する必要性があるのではないかと考えて、その大筋をここに紹介する。筆者の推論あるいは分析に読者からご批判いただけると幸いである。

れる（吉見［2004］、pp.261-270）。旧日本軍の毒ガス関連の解明が未だに不充分な状況は、毒ガスに関する国会答弁に現れている。国会における旧日本軍の毒ガスに関する政府答弁は、これまで4回なされている。しかし、国会での論点は日本軍が毒ガスを使用したか否か、敗戦の際に遺棄した毒ガスに関するものが主である（粟屋［2002］、pp.261-278）。毒ガス製造に関する答弁はほとんどない。1995年11月の参議院外務委員会では、毒ガス製造に関する部分がある。政府答弁の内容は曖昧である。答弁に立った政府委員は、防衛研究所に残されている戦史資料によって答弁すると前置きして、旧日本軍の毒ガスは「広島県大久野島に建設された工場で製造が行われたものと推定して」いると述べるのみである。旧日本軍の文献・書類は、多くが敗戦時に焼却されていて、断片的な状況しかわからないとしている（粟屋［2002］、p.269）。

　しかし、最近の毒ガス研究は、満洲における毒ガス生産に言及した。一つは、関東軍が遼陽で毒ガス製造を計画していたというものである（村田ほか［1996］、p.36；松野［2005］、p.85）。もう一つは、日本軍捕虜が「『奉天工廠』にも毒ガス工場が存在した」と述べたというものである（松野［2005］、p.85）。しかしながら、いずれの研究も、関東軍が遼陽火薬製造所で毒ガス製造計画を持っていた、あるいは、東京裁判の検察側資料を引用して「『奉天工廠』にも毒ガス工場が存在したとの情報が日本軍捕虜から得た」と述べるのみである。実際に満洲で毒ガスが製造されたかどうかは、全く検討されていない。目下のところ、満洲における毒ガス生産に関して得られる情報は、この2点に限られている。ただし、筆者は瀋陽档案館で新資料を発見した。そこで、この2つの情報と新たに発見された資料を中心にして、満洲化学工業が毒ガス生産に関与した可能性を分析する。資料の絶対数が少ないので、一部は留用技術者の回顧録からの推論で補う。

2）毒ガス生産とソーダ工業・染料工業の関係

　毒ガス生産と化学工業の関係を考察する切り口として、戦前の化学業界誌『工業化学雑誌』に掲載されている、毒ガス関連の講演記録を利用する。それにより当時の状況を整理する。『工業化学雑誌』の講演記録には、毒ガスに関連するものが6回ある。講演記録の内容は次のとおりである。

最初は1928年7月号で講師は陸軍中将の吉田豊彦[49]である。吉田はこの講演で陸軍が化学業界に対して期待するものを述べている（吉田［1928］）。吉田によると戦時経済体制には資源と並んで平時の工業力が必要で、「戦時工業力、平時工業力及び資源の間には鳥の両翼、車の車輪の如く不即不離の関係にある」とし、「毒瓦斯は染料を基調」としていること、爆薬や衛生材料の医薬品の生産に「最も密接なる関係を有するものは染料工業」であることから、「吾人は軍事上の見地より染料工業の益盛運に向かわんことを希望せざるをえない」と、日本における染料工業発展の期待を述べている（吉田［1928］、pp.674-675）。掲載されたのが1928年7月号なので内容は1927-28年頃の状況を反映しているのであろう。満洲事変や日中戦争の大分前になるので、戦争と化学工業という視点からするとやや生々しさを欠くが、一般論として陸軍首脳が化学工業に期待していたものがわかる。

2番目の掲載は1934年6月号で、陸軍科学研究所の山田桜が活性炭を利用した毒ガス防御方法について講演している（山田［1934］）。第1次世界大戦ではドイツも連合国側も防毒マスクによる毒ガス攻撃対策を練っていた（ハーバー［2001］、p.302、pp.317-321）。仮想敵国からの毒ガス攻撃に対する防御策を陸軍科学研究所が準備していたことがわかる。なお、この毒ガス防御方法に関連しては、北京大学で「植民地科学史と近代化」を研究している日本人研究者が、満鉄中央試験所の試験研究月報に「毒ガスノ簡単ナル検知ニ関スル研究」と題した研究があり、それを長春の吉林省社会科学院満鉄資料館で発見したと報告している[50]。この研究は、講演内容が現実の状況と整合的であることを示している。

3番目の掲載は1935年6月号で、鹿島孝三が第1次世界大戦で使用された毒ガスの基本原料が塩素であることを示し、ドイツ・イギリス・フランス・アメ

---

49) 吉田はその後満鉄顧問となり満洲ソーダ計画実現に動く。
50) この報告によると「毒ガスノ簡単ナル検知ニ関スル研究」は「満洲国防化学協会の委託」により行われ研究期間は1939年5月-1940年4月担当箇所は満鉄中央試験所有機化学課が担当した研究室は一般有機化学研究室。また研究目的は「毒ガスノ簡単ナル検知ニ関スル研究ニ関シテハ日本及満洲ノ民間ニオケル研究僅少ナル現状ニ鑑ミ満洲国防化学協会ノ委託ニヨリ一層組織立テル研究ヲ行ヒ民間ノ毒ガスニ関スル認識ヲ深メ且ツ検知器ノ実際使用ニアタルベンギニ資セントス」る為だった（山口［2005a］、pp.28-30）。

リカで毒ガス用に生産された塩素の量を試算している（鹿島［1935］）。そして日本の塩素工業にふれ、平時におけるソーダ工業の発展が重要であると結んでいる。

4番目は1937年7月号で、陸軍科学研究所の山田桜が再度登場し、第1次世界大戦で使用された毒ガスを作るために各国が生産した個別の毒ガス生産量と使用原料を試算している（山田［1937］）。ここでは毒ガス生産実績のあるドイツ・フランス・イギリス・アメリカ以外に、ソ連が毒ガス生産の可能性ありとして分析対象に入っている。2番目での仮想敵国からの毒ガス攻撃とはこのソ連を想定したものと思われる。

5番目は1941年2月号で、牧鋭夫東大教授が「総力戦と染料工業」と題して、染料工業と近代の総力戦争との関係を講演している（牧［1941］）。牧教授によると、爆薬製造の化学反応は取りも直さず染料中間体におけるニトロ置換すなわち硝化反応であり、その原料も多くは染料生産に日常的に使用されるとし、また染料中間体におけるハロゲン化すなわち塩素化並びに臭素化等の化学反応は、毒ガス合成と極めて密接なる関係がありまた原料方面でも幾多の共通性を持っている、として総力戦における染料工業とソーダ工業の重要性を述べている（牧［1941］、p.173）。

6番目は1942年2月号で、林茂が毒ガスの中から代表的な3つの毒ガスを選び（イペリット、ヂフェニルシアンアルシン、フォスゲン）、それぞれの化学物質としての説明をすると共に、毒ガスが短期間に大量使用されることから、平時より化学設備や技術者を養成しておく必要を唱えている（林［1942］）。

このように1928-1942年の6回の講演で、染料工業やソーダ工業の毒ガス生産との関係が、繰返して述べられている。化学工業の中で、第1次世界大戦を契機に、特に重要視されたのが染料工業であった。染料企業の生産設備は、爆薬・毒ガスへの生産転換が、比較的容易だったからである[51]。6つの講演は14年間にわたる。しかし、バラバラになされた講演にもかかわらず、論調には一種の整合性がみられる。日本における毒ガス生産が主張され、同時に、染料工業及びソーダ工業の毒ガス生産の関係が繰り返し述べられている。それゆえ、

51）個々の毒ガス生産にドイツ化学工業のどの染料設備が利用されたかを具体的に論じた研究もある（米川［1970］、pp.599-600）。

日本の染料工業及びソーダ工業は毒ガス製造には関与したのではないか、と推測するのに十分な根拠がある。

3) 満洲におけるソーダ工業・染料工業

ここで、満洲化学工業におけるソーダ工業と染料工業の状況を整理する。関東軍のバックアップにより設立された満洲曹達の大連工場は、ソーダ灰から苛性ソーダを生産する工場であった。満洲曹達大連工場には、毒ガス基礎原料である塩素工場はなかった。しかし、満洲国後半期になり、すでにみたように、塩素を生産する電解ソーダ工場が奉天と開原に建設された。奉天の塩素は、味の素原料が主な用途であった。開原の塩素は、ジニトロクロールベンゼンを経由した爆薬原料用であった。他方、満洲の染料企業は大和染料1社であった。大和染料の工場は大連にあった。大和染料は、大連工場のほかに、奉天に原料工場を有していた（福田［1978］、p.198）。

ここで注目すべきは、佐伯が「三社ノ関連図」と表現した、奉天における3社の関係である（佐伯［1946b］、p.39）。3社とは味の素社が設立した味の素を製造する満洲農産化学、電解法で苛性ソーダと塩素を製造する満洲曹達、満鉄気筒油工場をさす。この3社は原料としての塩素・塩酸供給で結ばれ、3社は一種のコンビナートを形成していた。満洲農産化学は味の素生産に大量の塩素・塩酸を必要とする。そこで、工場は満洲曹達電解工場に隣接して建設された。満鉄気筒油工場は、アメリカから輸入していた機関車用潤滑油が戦争と共に輸入不能となったので、満鉄が技術開発をして、奉天の満鉄化学工場で生産したものであった。気筒油生産はオイルシェール副生の蝋を塩素化する。この時に使用した塩素が塩酸となって副生され、その塩酸が味の素の原料になった。3社は、奉天立地でこのような塩素・塩酸供給で結ばれた、一種のコンビナートを結成した。図2-2はその関係を図示したものである。

満洲農産化学は、味の素社が満洲での事業強化のため、既存の昭和工業や現地法人を統合して1939年に設立したものである（味の素［1971］、pp.434-437）。味の素生産には大量の塩素・塩酸を必要とする。そのため、満洲農産化学は満洲曹達奉天工場の電解ソーダ工場に隣接して工場建設した。満洲曹達は大連にソーダ灰及びソーダ灰を経由する苛性ソーダ工場を持つが、奉天に電解法によ

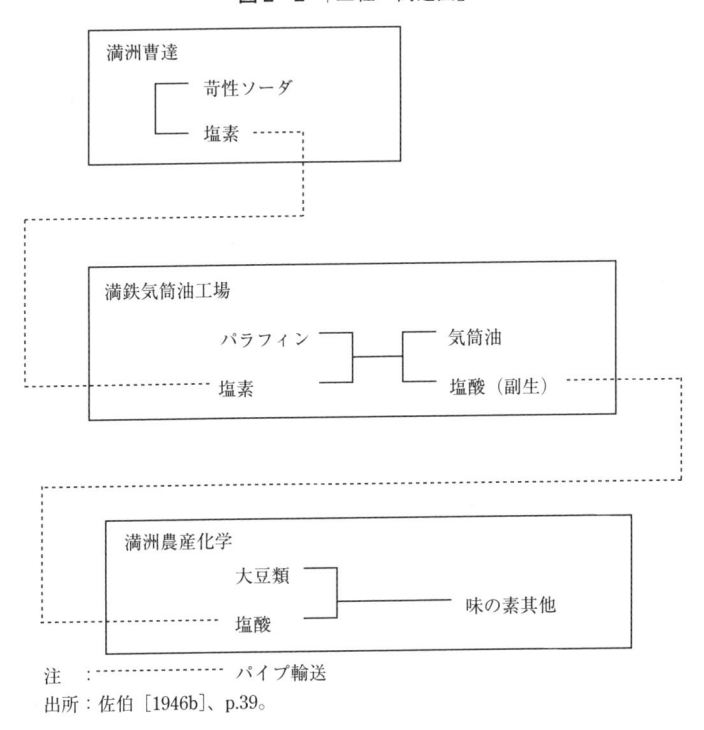

図2-2 「三社ノ関連図」

```
┌─────────────────────────┐
│ 満洲曹達                │
│    ┌─ 苛性ソーダ        │
│    └─ 塩素  ┄┄┄┄┄┄┄┄┐
└─────────────────────────┘  ┆
                              ┆
┌─────────────────────────┐  ┆
│ 満鉄気筒油工場          │  ┆
│    パラフィン ─┬─ 気筒油│  ┆
│    塩素       └─ 塩酸（副生）┆
└─────────────────────────┘  ┆
                              ┆
┌─────────────────────────┐  ┆
│ 満洲農産化学            │  ┆
│    大豆類 ─┬─ 味の素其他│
│    塩酸   ┘             │
└─────────────────────────┘
```

注：┄┄┄┄┄ パイプ輸送
出所：佐伯 [1946b]、p.39。

り直接苛性ソーダと塩素を製造する工場を建設した。当初は水銀法による苛性ソーダ年産2,500トンであった。その後、旭電化の技術で隔膜法で年産5,000トンに増強された（旭電化［1989］、pp.308-309）。満鉄気筒油工場は、アメリカから輸入していた機関車用の潤滑油が戦争と共に輸入できなくなったので、満鉄が技術開発したものである。その製造技術は、撫順オイルシェール副生の蠟を塩素により塩素化して製造する。その際に塩素化に使用した塩素が塩酸となって副生される。その副生塩酸が味の素の原料になるので、味の素の奉天工場は満洲では歓迎された[52]。

---

52) 現在では、塩素は塩ビ生産用を始めとし、不可欠の重要原料として大量に生産される。しかし、この当時は塩素の需要家はごく限られていた。その意味で、味の素社の奉天進出は、満鉄や満洲曹達から歓迎された。

4) 毒ガス生産に言及した福田講演

次に、瀋陽の档案館で発見した新資料に関して述べる。新資料は、大和染料の福田熊治郎による、満洲化学工業協会の「戦時の場合の関係」と題した講演である。福田は、満洲化学工業協会の月例講演会において、満洲における染料工業の状況を述べた後に、次のように語って満洲での毒ガス生産の可能性を暗示している（福田［1943］、p.21）：

「素人考へとしましても毒ガス戦は弾薬戦よりも有効で人道的であるように思います。弾薬では当ったものだけが被害を受けるだけで、作用も瞬間であり、掩護物が完全であれば防がれるのでありますが、毒瓦斯の方はバアッと広がりますから防御が六ケ敷い、作用も持続的であり、弾薬よりも戦争には有効な場合が多いと思います。毒ガスはガスマスクという防害器があります。それでどんなマスクでも通過するようなガスが研究されねばなりません。今一つ肝要なことは戦争の目的は敵を殺すのでなく、敵を降伏せしめるのではないでせうか。弾薬では欧州大戦の実績によりましても負傷者百人中30乃至40人の死亡者を出して居り、毒瓦斯では負傷者百人中2乃至4人の死亡でありまして、戦闘力を殺ぐ点では両者、同様であります。毒瓦斯は残酷で、人道上の問題だと一般に言われて居るは、其の名前に戦慄して居るので、実際は此方が人道的ではないでしょうか？」

福田は何故このような話を講演会でしたのか。全くの民間企業人だった福田の名前は、満鉄関連資料には出てこない。ところが、笹倉正夫・丸沢常哉・廣田孝蔵等の留用技術者による回顧録には、かなりの頻度で出てくる。日本敗戦後在満洲の日本人技術者は、国共内戦時から、特に中国共産党側から強い残留工作を受けた。その中には、山東省や黒竜江省で当初の約束と異なる不幸な体験をした留用技術者もおり、福田はその中の一人であった。福田は共産党からの残留要請に応じて黒龍江省ハルビンで留用生活に入った。ハルビンでは、鉱工処研究室に属して現地で調達できる原料を用いて兵士服染料の生産に成功して信頼を得ると同時に、敗戦国の技術者でありながら留用技術者の待遇に関して現地責任者の鉱工処長[53]と対等の交渉をしている（笹倉［1973］、pp.53-54）。

留用技術者による数少なくない回想記録から福田の人物像を描くと、福田は中国大陸における染料事業に強い愛着を持つ技術者・市場開拓者であり、独特の宗教に基づいた独自の強い信念を持ち、さらに個性の強い会社経営者として満洲社会で大きな存在感を持つ人物であった（丸沢［1961］、pp.161-162、pp.178-179；笹倉［1973］、pp.53-54；梶ヶ谷［1978］、pp.193-194；丸沢［1979］、pp.68-70；廣田［1990］、p.215）。

5) 原料塩素バランスに関するくい違い

ここで、図2-2で述べた、奉天における満洲農産化学・満洲曹達・満鉄による「三社ノ関連図」の塩素バランスを検討する。なぜならば、「三社ノ関連図」の関係者の語る塩素バランスにはくい違いがあるからである。「三社ノ関連図」における塩素バランスは、満洲曹達の塩素が毒ガスに使用されたことを示唆する。

この3社の生産状況に関しては、この「三社ノ関連図」を「今日云うところのコンビナート計画の立案の一人として、曲がりなりにも実行し得た」と自賛する佐伯の言（佐伯［1978］、p.289）にもかかわらず、当事者である満鉄側と味の素社にくい違いがある。「三社ノ関連図」にもかかわらず、味の素社は原料の塩酸が得られなかった。味の素社史は「満洲曹達、満鉄両工場とも、ついに塩酸の製造は軌道に乗らなかった」と記している。そのため、味の素社は日本窒素朝鮮に塩酸供給を乞い、また、大連の旧式ルブラン法設備を稼動させることで塩酸を調達した。そして、細々と味の素生産を継続してきた。さらに、1944年春からは、関東軍及び満洲国からの要請で、味の素生産そのものをやめて酒石酸等に生産転換している（味の素［1971］、pp.416-418）。最終的には、満洲農産化学は味の素生産をやめた。そして工場は満洲化学に売却された。

留意すべきは、満洲が寒冷地という事情はあるにせよ、電解設備の操業は特別に困難なものではなかったということである[54]。当時の各社の社史をみても、電解設備の操業で苦労した記述はみあたらない。特別の事情で満洲曹達の電解

---

53) 当時のハルビン鉱工処長は後に燃料副部長を経て電力工業部長になった劉瀾波。
54) 味の素社史は、電解設備が稼動しなかった理由は、寒冷地であるためとしている（味の素［1971］、p.417）。

工場の操業が順調でなかったら、佐伯［1946b］に記されたはずである。しかし、そのような記述はない。さらに、人民共和国の資料によると、日本敗戦後の混乱の中で、この電解工場は最初に操業を再開している。具体的には、第3章第4節で述べるように、国民党政府はこの電解工場を早くも1947年に生産を再開している。ただし、国民党は内戦激化のため運転人員を確保できず、1948年に入ると生産を再停止した。しかし、1948年11月に瀋陽における共産党の支配が確立すると、運転要員を投入し、1948年末には生産を再開している。

　他方、気筒油生産は順調であった。廣田は、「満鉄ばかりか、朝鮮鉄道と華北の鉄道用の気筒油から一部は本土鉄道の需要分まで供給可能」だった、と述べている（廣田［1990］、p.166）。したがって、満鉄側資料からは味の素社への塩酸供給ができなかった理由がみあたらない。このようなくい違いが意味するものは何か。事情が変わって、何らかの理由により、味の素社に塩素・塩酸が供給できなくなったと考えるのが自然である。

　そこで、この食い違いを、東京裁判での検察側資料にある「『奉天工廠』にも毒ガス工場が存在したとの情報が日本軍捕虜から得た」という情報と結びつけると、どうなるか。毒ガス生産には大量の塩素が必要である。仮に、日本軍捕虜が述べたとおり、奉天で毒ガスが製造されたなら、塩素はもはや味の素社に供給することはむずかしい。塩素は、味の素用ではなく、毒ガス用に使用されたことになる。味の素社史が、満洲国政府が味の素社の製品を全て買い取って味の素生産を停止させ、関東軍と満洲国政府は替わりに酒石酸等の生産を要請した、と記している（味の素［1971］、p.418）。これは、そのように考えると、よく理解できる話である。

　また満洲曹達の役員だった深水は、「奉天」工場の「液体塩素は関東軍の奉天火薬廠の要請に応えたもの」と述べる（深水［1978］、p.205）。これは佐伯が満洲化学は「満洲国政府並ニ関東軍ノ指導監督下ニ置カレ」たと述べる箇所と調和する表現である（佐伯［1946b］、p.2）。奉天の塩素は、軍需として利用されたことを示すとみてよい。そして、奉天における大量の塩素需要とは、毒ガス以外には考えられない[55]。

6）満洲における毒ガス生産に関する考察の要約

　以上、満洲のソーダ工業と染料工業から、毒ガス先行研究が指摘する奉天における毒ガス生産を述べた東京裁判の日本軍捕虜情報を、検討した。依拠した資料の絶対数が少なく、事実検証は十分ではない。しかしながら、満洲のソーダ工業と染料工業の分析により、日本軍捕虜の情報とおり、奉天では毒ガスが生産され、満洲化学工業が毒ガス生産に関与した可能性が強い、との結論に至った[56]。他方、毒ガス先行研究が指摘する遼陽での毒ガス生産計画は、おそらく実行されなかったと思われる。奉天と遼陽という至近の場所で、2つの毒ガス工場が建設されたとは考えにくい。奉天で毒ガスが製造されたのであれば、遼陽計画は実行されなかったであろう。何故ならば、遼陽で毒ガスが生産されるなら塩素源は開原になる。しかし、開原では、すでにみたように、爆薬原料としてクロールベンゼンが企業化されていた。関東軍は、クロールベンゼン生

---

[55] 仮に、そうように奉天で毒ガスが生産されたとすると、福田が染料技術者として技術的な協力をした可能性は大いにありうる。というのは福田の戦後回想録は不自然である。満洲時代の話がほとんど出てこない。福田は大和染料の創立期の中国大陸での苦労話しをするのみで、留用時代を含め満洲時代のことをほとんど語らない。福田は会社創立後のことは「それから昭和18年満鉄傍系満洲化学工業株式会社と合併するまでの歴史は省略する」として語らない（福田［1978］、p.198）。満洲時代のことは短く「合併当時は大連は汐見町に分工場、奉天では原料工場としての塩素廠」を発展させたと語るのみである。そしてこの福田の短い回想部分すらも毒ガスにつなげて読める。大和染料が「奉天では原料工場としての塩素廠」を持ったというのは不自然である。すでに述べたように、大和染料は満洲化学に吸収され満洲化学染料部となった。ほぼ同じ頃に、満洲化学は肥料製造会社より爆薬原料製造会社に変わった。それゆえ、従来の染料生産は新しい立地にする必要があったであろう。それが「汐見町に分工場」を持った背景と思われる。だが繊維産業の未発達の満洲でさらに染料工場が必要とは考えにくい。そもそも大和染料は原料に塩素を直接使うような工程を持たず、中間原料のクロールベンゼンを購入していた。したがって、福田が「奉天では原料工場としての塩素廠」を持ったというのは、毒ガス製造を意味することになる。もしそうであれば、福田の月例講演会での毒ガスの話は、毒ガス製造に関与した染料事業責任者としての自己弁護論とみるべきかもしれない。自ら信ずる宗教を持ち、また独特の人生観を持つ福田は、その罪悪感から希望して留用生活に入り、そして、回顧録では満洲時代の話を語らなかったとの推論が可能である。

[56] 仮に奉天で毒ガスが生産されたとしても、満洲では有機化学が未発達であり、高級な毒ガス生産は難しい。奉天で毒ガスが生産されたとすると、恐らく液体塩素とホスゲン程度であろう。

産が最優先にされる開原／遼陽立地を、嫌ったはずである。それゆえに、遼陽は計画で終わって立地としては奉天が選ばれ、味の素社がその犠牲になったのではないか、という結論を得た。繰り返しになるが、仮にこのような推論が可能であるとしても、事実関係が不明なことばかりの現状では、何よりもまず今後の事実検証を待つことが必要である。

第5節　まとめ

　満洲における化学事業の投資活動は、満洲国成立後に本格化した。日本業界の反対で実現せずにいた肥料計画とソーダ計画は、満洲国成立後間もなく実行されて、満洲化学と満洲曹達として生産活動を開始した。生産開始した後の満洲化学と満洲曹達は、日本業界と融合して事業基盤を固めた。太平洋戦争が始まると、満洲化学と満洲曹達は爆薬工場に変身して関東軍の軍事活動を支えた。第1次5ヵ年計画に続く第2次5ヵ年計画は、全体としてみるなら、事実上実施されなかった計画であった。しかし、化学工業には大きな影響を与えた。第2次5ヵ年計画の下で、満洲電気化学や安東軽金属等の電力多消費型の工場が建設に入った。しかしながら、日系化学企業の進出は、時々の軍事・政治情勢の影響を受けた。また、進出が本格化したのは満洲国後半期とすでに遅かった。その結果、大半は設備完工後間もなく、或いは未完成のまま、終戦を迎えた。5ヵ所で建設された人造石油工場もわずかな実績を残したのみで終戦を迎えた。戦争末期に建設された遼陽の陸軍火薬製造所には、満洲に進出した有力企業の多くが、原料用の化学製品を納入していた。

　満洲国への化学企業の進出は、満洲国成立以前においては、各社独自の経営方針により満洲の資源や市場に対する経営戦略から、軽工業分野を中心になされた。満洲国が成立すると、戦時経済を想定した重化学工業振興策の下に、懸案の満洲化学と満洲曹達の企業化計画が実行に移され、さらに典型的な軍需物質であるアルミが企業化された。満洲国後半期には、戦時経済への移行と共に日系化学企業は戦争体制に組み込まれ、人造石油・アルミ・合成ゴム等の軍事物資の生産が推進された。このような満洲における企業化における意思決定の主体は日本政府・満洲国政府・日本企業であり、それを具体的に現地で推進し

たのは満鉄・満洲重工業であり、技術の主役は日本企業・満鉄中央試験所・大陸科学院であった。工場建設も多くを日本に依存した。そして満洲の現地企業は、もっぱら生産活動に従事していた。

第Ⅱ部
人民共和国への継承

第3章

日本敗戦と国共内戦期

第1節 本章の目的

　本章は日本敗戦とその後の国共内戦期を検討する。本章は、第2節で、太平洋戦争の当事者であるアメリカ・中国・日本の各国政府がそれぞれの立場から記述した満洲国の化学工業を整理する。次いで、第3節で、ソ連軍の東北進攻と「戦利品問題」、「中ソ合作工業公司」及びソ連軍による設備破壊状況を整理する。最後に、第4節で、ソ連軍撤退後の満洲化学工業の状況を検証する。

第2節 日本敗戦と各国政府報告書

1. 中国

　ソ連軍の東北撤退後、旧満洲国時代の大連を除く主要な化学工場を接収したのは、国民政府であった。国民政府は、1946年7月に東北行営委員会を設置し、戦後東北復興のための準備体制整備を図った。東北行営委員会は、その下部組織として東北物資調節委員会を設け、物資調達と生活必需品産業の復興を目的として末期満洲国の産業調査をした。その調査結果が東北物資調節委員会［1948］である。編纂にあたっては、満洲国の各産業を熟知した日本人留用者が協力したと思われる。各巻の記述は制度的政策的な部分は簡単であるが、資

源・技術・生産統計は詳細である。東北物資調節委員会にとっては、産業構造・生産能力・技術水準の解明に必要だったと思われる（井村［1997c］、p.251）。

東北物資調節委員会報告書の第11巻が化学工業である。東北地区における硫酸・ソーダ・硫安・硝酸・爆薬・油脂・アルミ・電極・合成ゴム・コークス・オイルシェール・人造石油・気筒油等々の状況が、その発展経過と共に、上巻・下巻と2冊に分かれて詳細に叙述されている。また、ソ連軍による設備の破壊状況を、国民党支配地域に関しては、破壊による損失度を百分比で示している[1]。

2. アメリカ

アメリカ政府は旧満洲国の産業設備を対外賠償に当てる方針をたて、その為にポーレーを団長とする調査団を満洲に派遣した。その報告書がPauley［1946］である。ポーレー調査団には、国民政府の東北行営委員会が全面協力した。調査団は日本企業の進出先を訪問して投資額・生産能力・設備の状況を調べ、またソ連による設備破壊の状況を明らかにしている。しかし、ポーレー調査団が国民政府支配地域しか訪問していない。当時国民政府が支配していた撫順・奉天・錦西・錦州・吉林など訪問地の状況は詳細に記述されているものの、ソ連軍が駐留していた大連に関する記述はない。また、遼寧省の丹東や吉林省の延吉も、共産党の支配下にあったため、訪問できなかった（Pauley［1946］、pp.vi-x）。Pauley［1946］には、調査団が訪問した工場について、1ページから数ページの記述がある。そのため、個別企業の終戦時の状況をみるには、価値のある数字が記載されている。本書においても、奉天の満洲曹達電解工場、吉林の人造石油、満洲電気化学の敗戦時の状況の検証に、その記述を利用した。

なお、ポーレー調査団には留用日本人も協力した（井村［1997b］、p.223）。

---

1) 例えば、満洲人造石油（吉林）100％、満洲人造石油（撫順）、満洲石炭液化研究所（瀋陽）30％、満洲合成燃料（錦州）100％、陸軍南満燃料廠（錦西）15％、酸・アルカリ（6工場）25％、油脂・塗料（34工場）50％、電熱化学（7工場）80％、石炭ガス（5工場）20％、染料・火薬・マッチ（7工場）20％、ガラス（10工場）20％、皮革（7工場）45％、ゴム（25工場）10％（東北物資調節委員会［1948］、pp.47-49）。

ポーレー調査団に先立って、1945年末に東北行営経済委員会が、瀋陽の東北工業会と日本人の自治機関を前身とする東北日僑善後連絡総処[2]に、ソ連軍による被害の初歩的な予備調査を依頼していた。ポーレー調査団はこの予備調査を参考して報告書を作成した（山本［1986］、p.25）。しかしポーレー調査団は、調査期間が短い上に国共内戦のため十分な調査ができなかった。そのためポーレー調査団は、米国領事館を通じて極秘裏に、東北行営顧問でもあった高碕に対し留用日本人による再調査を依頼した。高碕はこの米国領事館からの再調査要請に応えた。高碕は、満洲炭鉱開発の中心人物で、元満鉄理事でもあった久保孚を主任に選定した。鉄道・電力以下12部門にわたる20名の留用技術者の協力により、『蘇聯軍進駐期間内ニ於ケル東北産業施設被害調査書』が作成された（佐伯［1978b］、p.291）。

3．日本

日本政府による記録が大蔵省管理局［1985a］である。序文によると、直接的には連合国に対する賠償責任に対応する必要性から執筆された。調査は満洲で事業活動した企業調査から始まっている。日本及び日本人の海外事業の最終段階における状態と、その評価に関する基礎調査が主である。序文は引続いて、「侵略とか略奪の結果ではなく、日本及び日本人の在外資産は、原則としては、多年の正常な経済活動の成果であったことを明らかにする」ことを心がけた、と述べる。そのために、経済史的見地から、旧領土やその他所謂外地と本国との経済的な関連性が記述され、人口の動き・貿易・文化・現地産業の状況等広い視野から記録されている。全巻35冊のうち通巻22冊―25冊が満洲篇である。満洲についても、人口・自然・政治・経済・産業等が幅広く記述されている。通巻23冊第6章が鉱工業であり、満洲化学工業はここで述べられている。

大蔵省管理局［1985a］の記述は、アメリカ政府によるPauley［1946］や国民政府による東北物資調節委員会［1948］と比べると、個別産業に関する内容は

---

2) 日本敗戦後、国民政府は、在満日本人と捕虜の管理ならびに送還機関として、瀋陽に東北保安指令長官部直属の日僑俘管理処を置いた。そして、日本側の機関として、瀋陽に東北日僑連絡総処が置かれた。東北日僑連絡総処の主任は高碕達之助であった（渡辺［1956］、pp.221-223）。

豊富ではない。満洲に成立した化学工業に関しては、その概況が通巻23冊第6章の鉱工業で、単に5ページを使用して書かれているのみである。満洲化学工業のごく一部が書かれているに過ぎない。その記述内容は、人造石油・オイルシェール・アンモニア・タール・酸・ソーダ等の概説である。ただし、主要化学製品の需給や硝酸、硫安生産におけるアンモニア原単位数字など、一部に貴重な情報もある。そのため、特定の目的を持った化学工業の分析作業には有意義である。本書でも、第1章においてその数字を一部使用した。また、設備能力・需給等に関しては、系統だってないが詳細な数字がある。しかし、需給数字にはいくつか不整合もある。

第3節　ソ連による中国東北支配

1. ソ連軍の東北進攻と「戦利品」問題

ソ連軍は1945年8月9日未明から満洲国に侵入を開始した。そして、2週間後の8月23日には、中国東北の全地域占領を宣言した。東北を支配下においたソ連軍は、やがて主要工場の設備を接収した。同時に、その大部分を撤去してソ連領土内に搬送を始め、国民政府を大いに驚かせた。中ソ友好同盟条約に基づく限り、そのような権利をソ連が持つとは考えなかったからである（山本［1986］、p.20）。そもそもソ連の対日参戦は、1945年2月ヤルタで開催された米英ソ3国首脳会談で決定されたものであった。ヤルタ会談では、対日参戦の見返りとして、ソ連の中国東北における権益を認めた秘密協定が結ばれていた。そのため、ソ連はヤルタ会談及びこの秘密協定に基づき国民政府と急いで交渉を行った。こうして、8月14日にモスクワにおいて中ソ友好同盟条約が締結された。しかしながら、日本と満洲国が作り上げた産業設備のソ連軍による撤去・搬出・破壊は、ヤルタ会談と中ソ友好同盟条約が規定する内容を越えるものであった（井村［2005］、pp.274-275）。

ソ連軍がこのような設備の接収・撤去をした根拠は、日本が満洲で経営していた工場や企業をソ連の「戦利品」とみなしたからである。蒋介石の回想によると、ソ連は10月17日に「戦利品」問題に関して、①日本が満洲で経営してい

た工場や企業はソ連の戦利品とみなす、②満洲国及び中国人が経営せる工場・企業は中国政府に引き渡す、③日満合弁の工場・企業は中ソ両国政府の交渉で解決する、との提案をした（香島［1980］、p.101）。また、アメリカのケナン代理大使は、1946年3月5日付国務長官あて公電の中でソ連外相モロトフの言葉を引用して、ソ連の主張する「戦利品」とは、①関東軍の「役に立った」（"served the needs"）一切の資産を意味しており、これらの資産は賠償問題とは無関係である、②いかなる資産が「戦利品」かを判断する権利はソ連のみが持つ、③交渉中の排他的な中ソ合弁会社である「中ソ合作工業公司」は満洲企業の全部ではなく一部を含むに過ぎない、と述べている（香島［1980］、p.104）。

2.「中ソ合作工業公司」計画

　ソ連は、このような設備接収・撤去に続いて、日本の在満工業は中国ではなくソ連に対する軍事目的のために投資されたものであるとして、ソ連の安全保障のため在満軍需工業を手放すことはできないと主張した。そして、国民政府に対して、在満の産業資産をもとにした経済合作を求めた（香島［1985］、p.11）。これがいわゆる「中ソ合作工業公司」計画である。ロシアの本格的な満洲進出に伴って締結された1896年の露清同盟条約以来、1945年の中ソ友好同盟条約、1950年の中ソ友好同盟相互援助条約と3つの条約が結ばれた。いずれの条約でも仮想敵国は日本であった。1945年夏の中ソ友好同盟条約交渉においても、スターリンは日本の再起に備えた国防計画の必要性を説明している（石井［1990］、pp. 1-4）。スターリンの論理によれば、将来復活するであろう日本を仮想敵国とみなすことが、ソ連の対日対策計画であった。それを具体化したものが「中ソ合作工業公司」計画であった。

　中ソ友好同盟条約においては、日露戦争当時にロシアが所有した在満鉄道は、中ソ両国の共同経営の下におくことで合意されていた。そのため、中ソ合弁の中国長春鉄道公司を設立することは問題ではなかった（山本［1986］、p.20）。しかし、鉱工業を主体とした在満産業の取扱いについては、全くふれられていなかった（香島［1985］、p. 3）。それゆえ、中国長春鉄道公司を除く「中ソ合作工業公司」計画交渉は、中ソ間の大きな問題となった。数次の予備交渉を経て、ソ連軍経済顧問スラドコフスキー大佐は、1945年11月正式に「中ソ合作工

業公司」の提案を行った（山本［1986］、p.21）。ソ連は中ソ合弁を希望する事業として81企業単位を含む一覧表を国府側に送付した。その中には、オイルシェール・石油精製を含む化学工場8ヵ所、及びアルミ工場が含まれていた。ソ連の提案に対して、重慶国民政府は1946年1月対策をまとめた。これによると、中国東北領土内の旧日本鉱工業資産は全て中国の所有物であるものの、中ソ友好の観点から、本渓湖鋼鉄廠と一部の機械製造廠等に関してはソ連政府と合弁について協議する用意がある、としている。交渉はこうして具体化した。しかし、ソ連の要求は大きく、中国の対応は小さく、交渉は進展しなかった（山本［1986］、pp.23-24）。なお、1945年12月時点においては、国民政府側は安東のアルミ工場及び本渓湖製鉄所のコークス工場を譲歩することを考慮していたという（香島［1985］、pp.13-14）。

しかし、1946年2月11日に米英ソが同時にヤルタ秘密協定を公表すると、中国は政府当局も含め、中国の関与しない秘密協定の存在に大きな衝撃を受けた。そして非難はソ連に集中した。中ソ友好のシンボルとされた中ソ友好同盟条約が、実は、中国抜きで取り決められた秘密協定を確認するための、屈辱外交であることが暴露されたからである。満洲でのソ連参戦に続く工業設備撤去や、産業合弁に関するソ連の要求は、中国国民の敵愾心をあおった。ヤルタ協定は「精神的原爆」であるとして、中国では反ソ運動が盛り上がった。こうして2月11日を境にして、中ソ経済協力交渉は先細りとなった（香島［1985］、pp.20-21）。ソ連軍の撤退は本来1945年11月下旬であったものの、その後2次3次の撤退延期を行った上で、最終的には1946年4月にソ連軍撤退となった。それと共に中ソ交渉は自然消滅した[3]。

3）人民共和国の成立後、1950年2月調印された中ソ友好同盟相互援助条約により、中国長春鉄道公司の中ソ共同管理の現状が再確認された。それと共に、1950年3月中ソ両国政府間で3つの協定が締結され、それに基づいて、①石油開発・精製会社、②非鉄金属及び希有金属開発会社、③民間航空路線を組織・経営する会社、の3合弁会社が設立された。さらに翌年、中ソ合意の下で、大連に船の建造・修理会社が作られた。しかしこのような中ソ合弁の歴史も1954年のフルシチョフによる解消声明に基づき、ソ連の持ち株は全て中国側に移譲されて、ピリオドが打たれた（香島［1980］、pp.113-114）。

3. ソ連軍による設備撤去状況

すでに述べたとおり、1945年末に東北行営経済委員会が、ポーレー調査団に先立って、瀋陽の東北工業会と日僑善後連絡総処に、ソ連軍による被害の初歩調査を依頼していた。ポーレー調査団はこの調査を参考した。しかし、ポーレー調査団は短い期間と国共内戦のために、十分な調査ができなかった。そこで、米国領事館より内々で高碕に留用日本人の手で再調査依頼があった。高碕はこの再調査要請に応えて、東北日僑善後連絡総処・東北工業会［1947］が作成されたことを述べた。日満商事企画部で物動計画を中心とした配給統制実務に従事した佐伯は、この東北日僑善後連絡総処・東北工業会［1947］の作成において、化学工業を担当した。同時に、佐伯は主任補佐として主任の久保を全般的に補佐した（東北日僑善後連絡総処・東北工業会［1947］、総3-1；佐伯［1978b］、p.292）。主任の久保を補佐する立場にあった佐伯は、調査期間は約半年間であったこと、各専門家はポーレー報告書の原文コピーを持って現場を再調査したこと、調査書作成打ち合わせのために領事館を十数回訪問したこと、被害総額は大幅に増額されて約20億ドル[4]に修正されたことを記している（佐伯［1978b］、pp.291-292）。再調査報告は米国領事館よりワシントンに送られ、一部はワシントン経由日本政府にも届けられた。後日領事館が謝礼として高碕に15万円を渡したという。当時の15万円とは巨額であり、アメリカが留用技術者による再調査を高く評価した表れと思われる。

東北日僑善後連絡総処・東北工業会［1947］によると、ソ連軍による東北の産業設備の被害状況は表3-1のとおりであった。表3-1の留用技術者推定欄

4）佐伯が回想録で述べた20億ドルという被害総額は、1967年のアメリカ議会での中国経済報告でも使われている（Ashbrook［1967］、p.18）。しかし、表3-1の被害総額は12億ドルであり20億ドルではない。このくい違いは、「元来終戦前ニ於イテ東北全体、農業ヲ除ク全テノ経済ハ旧満洲国政府関係及満鉄関係ガ2/3ヲ占メ残余ノ1/3ハ陸軍関係」（東北日僑善後連絡総処・東北工業会［1947］、総3-2）にあったが、表3-1は旧満洲国政府関係及満鉄関係の被害総額であり、陸軍の管轄下にあった燃料廠・造兵廠・飛行機廠等を含んでいないためと思われる。また表3-1に注記されているとおり、留用技術者推定の撤去額には銀行関係が含まれていない。なお、アメリカ議会での中国経済報告については峰［2005］、p.46参照。

表 3-1　ソ連軍による東北鉱工業設備の破壊推定額

	ポーレー調査団推定		留用技術者推定	
	撤去額（千米ドル）	設備能力減少（％）	撤去額（千米ドル）	設備能力減少（％）
電力	201,000	71	219,540	60
炭鉱	50,000	90	44,720	80
鉄鋼	131,260	50-100	204,052	60-100
鉄道	221,390	50-100	103,756	
機械	163,000	80	158,870	68
液体燃料・潤滑油	11,380	75	40,719	90
化学（化学）	14,000	50	74,786	34
化学（食品工業他）			59,056	50
セメント	23,000	50	23,087	54
非鉄金属（含鉱山）	10,000	75	60,815	50-100
繊維	38,000	75	135,113	50
パルプ・紙	7,000	30	13,962	80
ラジオ・電信・電話	25,000	20-100	4,588	30
合計	895,030		1,233,167	

注：留用技術者推定の撤去額の合計は銀行関係を加算せず。
出所：東北日僑善後連絡総処・東北工業会［1947］、総3-3。

によると、ソ連軍による被害が最も大きかったのは電力の2.2億ドルである。次いで鉄鋼の2億ドルがくる。化学は液体燃料・潤滑油を含めると1.8億ドルであり、鉄鋼に次ぐ。一方、非鉄金属は鉱山関係を含むもののその金額はわずかであり、大半がアルミ精錬関連である。そこで、化学に非鉄金属を加えると2.4億ドルとなる。化学は、電力の2.2億ドル及び鉄鋼の2億ドルを超えて、最大の被害部門であった[5]。国民政府の記録でも、被害の少なかったのは錦西の陸軍燃料廠と瀋陽の石炭液化研究所ぐらいであり（東北物資調節委員会［1948］、pp.47-49）、満洲化学工業の中核部分はソ連軍の設備撤去により一旦は消滅したと思われる。

　なお、東北日僑善後連絡総処・東北工業会［1947］によると、ソ連軍は、産業設備を撤去した人物名・梱包状態・輸送先等を、克明に記載している。ソ連軍の設備の接収・撤去は、「東北における産業の減殺を企図したもの」とも推

5 ）この他の化学関連設備としては東洋紡が安東に建設した化学繊維があり、繊維の1.4億ドルの相当部分を占めると思われる。

測できるが、破壊を企てたものとは考え難いと報告している（東北日僑善後連絡総処・東北工業会［1947］、総3-2）。ソ連軍の撤去目的は、自国内での再利用を目的にしたものとして間違いないであろう。

第4節　ソ連軍撤退後

　ソ連軍が1946年4月に撤退すると、南満の諸都市は国共双方の争奪の対象となった。ソ連軍撤退直後は共産党がその跡を継いだ。しかし、間もなく国民党の攻撃を受けて各地で激戦となった。共産党は、5月の四平における戦いで敗れたのを境に、松花江以北に撤退した。松花江以南は国民党が支配した。こうして、1946年初夏の東北は、松花江を境にほぼ南北に分割されて国共対立が続いた。そして、長春・吉林以南においては、国民政府による日系企業の資産接収や行政機構の整備が進み、一種の「相対的安定期」が生まれた。その結果、ソ連軍が引き続き駐留した大連を除くと、満洲化学工業の中心地である吉林・撫順・瀋陽・錦西・錦州では、国民政府による接収や行政機構の整備が進んだ。張公権を主任委員とする東北行営経済委員会も、本部を瀋陽に、分行を長春にそれぞれ設置して、経済資産の接収や経済活動の再建に本格的に取り組んだ（山本［1986］、p.25）。

　政治・軍事的に一種の「相対的安定期」となった期間は、共産党による軍事攻勢が始まる1947年4、5月まで続いた。「相対的安定期」の前半期である1946年12月頃までは、復興計画の立案・機構の整備・予備的作業が実行された。そして、1947年初からの後半期は、東北行営による産業復興が本格的に着手された。この産業復興には一定の進展があった。復興計画の中心は石炭・鉄鋼・電力であったものの（山本［1986］、pp.31-33）、化学工業においても注目すべき復興実績がいくつかある。以下において、吉林・撫順・瀋陽・錦西・錦州および大連を中心に、ソ連軍撤退後の東北の化学工業復興状況を検証する[6]。

1. 吉林

　ポーレー調査団が吉林を調査したのは1946年7月であり、これは国民政府が吉林を支配して間もない時期であった。ポーレー報告書は満洲電気化学により

建設された設備の状況を次のように記す：

　　　小規模カーバイド工場1万5,000トン
　　　カーバイド工場6万6,000トン（未着工）
　　　石灰窒素3万トン
　　　第1コークス工場15万トン
　　　第2コークス工場15万トン
　　　ブタノール4,000トン
　　　合成ゴム300トン
　　　硫化燐[7] 80トン

　1万5,000トン小規模カーバイド工場は、電気化学社史が記述する1942年完成のカーバイド工場と思われる[8]。未着工のカーバイド本工場は、'designed'と書かれている。石灰窒素3万トンは、電気化学社史の「日産5トンの窒化炉32基」と思われる。コークスは、完工した第1工場に加え、第2工場も着工済みであったと推測される[9]。ブタノールは、大日本セルロイド社史にもあるとお

---

6) 日本敗戦後接収された旧日系企業は、ソ連軍および国民党・共産党の支配下で頻繁に名称を変えた。記述上の混乱を回避するために、第2部においては、企業別ではなく都市別の化学製品名により論述する。第2部で検討する都市は、人民共和国の化学行政当局が重視した大連・吉林・錦西（含む錦州）・瀋陽（中華人民共和国化学工業部［1996］、p.75）に、撫順を加えた。

7) 硫化燐は社史にも采野［1943］にも記されていないが、Pauley［1946］のAppendix 10に満洲電気化学・満洲合成ゴムと共にマッチ生産会社吉林燐寸の設備が報告されている。吉林省はマッチ軸木材資源に恵まれ満洲マッチ生産の中心地であったが、化学原料は輸入していた。戦争が始まると輸入依存の化学原料が途絶し、満洲のマッチ生産は減少した［須永2006、129-130］。そのため、満洲国政府の判断で電力を利用して硫化燐を生産し、地場産業であるマッチ産業を支援したものと思われる。

8) 電気化学社史はカーバイド工場が日産50トンで生産したことを記しており（電気化学［1977］、p.132）、これは年換算すると1万5,000トンであり、カーバイド工場はフル生産に近い順調な運転をしていたことになる。

9) 何かの事情があったと考えられるが、当事者である三菱化成（当時は日本化成）の社史は生産能力を含めたコークス工場の詳細状況を記していない。しかし、終戦直前に完成したコークス設備1基の生産能力は年産15万トンであることを他社の社史が記している（電気化学［1977］、p.133）。また、カーバイドの場合は未着工のカーバイド（本工場）は'designed'と明記されているので、'designed'と書かれていない第2コークス工場も着工済みと推測した。

り、上記の年産4,000トン工場が未完成で日本敗戦を迎えた。ブリヂストン社史が記述する満洲合成ゴムのクロロプレン工場は、日産1トンであるが年換算すると、上記のとおり300トンである。ソ連軍撤去の状況については、満洲電気化学が、小規模カーバイドの電気炉建屋と電極ブラケットを除く全設備、未着工のカーバイド（本工場）用の電気機械類、および全ての補助機械と備品を撤去した、と報告している。満洲合成ゴムの方は、全設備が撤去されたと報告している（Pauley［1946］、Appendix 10)[10]。

1946年初夏から東北が「相対的安定期」に入ると、国民党の復興計画の下で、カーバイド復興が1947年3,000トン、1948年以降1万トンと、「東北工業総合復興5年計画」に織り込まれた［山本1986、pp.35-36］。これはポーレー調査団が報告する、小規模カーバイド工場1万5,000トンの復旧を計画したものと思われる。

1947年後半から攻勢に出た共産党軍は、1948年になると、それまでの境界線であった松花江を越えた。吉林・瀋陽・撫順・錦州・錦西は次々に共産党軍の支配下に置かれた。1948年3月に吉林での共産党軍優勢が確立すると、共産党は「吉林電気化学廠」と「永吉工廠」を統合して吉林化工廠と改称した[11]。そして、1948年10月には吉林化工廠の復興を独自に開始した。その結果、1949年10月にはカーバイド第1炉の生産を再開した［《中国国情叢書―全国百家大中型企業調査》編纂委員会1994、2］。こうして、国民党も復旧を計画した小規模カーバイド工場が、共産党の手で生産を開始した。

2. 錦西・錦州

国府軍支配下の錦西・錦州地区で注目すべきは、錦西の旧日本陸軍の燃料廠である。というのは、国民政府の統治期間に、錦西に第2章第4節で述べた満洲曹達の開原工場の水銀法電解設備が移設されたからである。錦西はこの後電解工場を中心とする化学工場に生まれ変わった。次章で論ずるように、この錦

---

10) この他、吉林燐寸の20年前に導入したスエーデン製マッチ製造機械2台が撤去されたが、この機械は1925年経営悪化した吉林燐寸が世界マッチ市場を支配したスエーデン瑞典燐寸に買収された時（工業化学会満洲支部［1933］、p.130）に導入したものと思われる。
11) 資料に明記されていないが、「吉林電気化学廠」は、満洲電気化学と思われる。また、「永吉工廠」は、満鉄が日本窒素から引継いだ満洲人造石油吉林工場を指すと思われる。なお、満洲人造石油吉林工場の住所は吉林省永吉県であった（稲富［1985］、p.79）。

西の電解工場は人民共和国に継承され、初期の人民共和国化学工業の発展に大きく貢献する。この開原の電解工場の錦西への移設に際しては、設計図を台湾のソーダ企業である台湾鹸業公司[12]から入手して水銀法電解工場が建設された（錦西化工総廠志編纂委員会［1987］、p.57）。田島は、この錦西の電解工場が台湾鹸業公司より提供された設計図により建設されたことを分析して、「1945年以降のつかの間の中国統一の時期は、製品の移出入のみならず、技術の面でも資源委員会のネットワークを通じた公営企業間の広域的な相互交流が行なわれており、これらが一種の公共財として50年代おける技術進歩の1つの源泉となった」（田島［2005］、p.6）とする。

一方、旭電化社史によると、高雄の工場長が高雄での勤務後に「奉天曹達」（満洲曹達奉天工場は一時期「奉天曹達」と称した；引用者注）に転任したことが書かれている。この高雄工場では、日本敗戦後に工場長以下が現地に残留して、ソーダ工業の復旧に技術協力していた。このような事実関係からすると、台湾と東北のソーダ工場復興に技術協力した日本人留用技術者間の情報ルートにより、設計図が資源委員会を経由して東北にもたらされたと考えられる（旭電化［1989］、p.304、pp.308-309）。言葉や食事で苦労を共にする海外生活では、日本人同士に緊密な連帯感が生まれ、情報交換が活発になる。それゆえ、田島の指摘する資源委員会のネットワークに加えて、台湾と満洲を結ぶ日系化学企業のソーダ技術者間の情報ルートが貢献したのではないかと思われる。錦西の電解工場移設に際して、台湾との協力体制が取られていた事実は、東北の復旧が国民政府の強い支持のもとになされたことを物語る。

人造石油に関しては、国民政府の統治期に復興が計画された形跡はみられない。錦州の満洲合成燃料による人造石油工場は、人民共和国に入って再建されたので、第4章において論ずる。

---

[12] 国民政府の資源委員会は台湾に進出した旧日系ソーダ企業（日本曹達他が出資した南日本化学、旭電化、鐘淵曹達；引用者注）を接収して1946年5月台湾製鹸有限公司を設立したが、これが1948年1月に改称されて台湾鹸業有限公司となった。台湾のソーダ工業の復興は早く第一廠（旧旭電化の高雄工場）は1945年末には試運転を開始し1946年から生産開始している（湊［2005b］、pp.6-7）。

3. 瀋陽

　国府政府支配下の瀋陽では、満洲曹達奉天工場・満鉄潤滑油工場・石炭液化研究所は、統合されて瀋陽化工廠となった。柱である電解工場は1947年から生産を始めた。しかし、1947年後半からの内戦の激化で、国民党は運転要員を確保できなかった。そのため、1948年には生産を停止した。しかし、1948年11月に瀋陽における共産党の支配が確立すると、1948年末から生産が回復した（遼寧省地方志編纂委員会弁公室主編［1999］、pp.357）。

4. 撫順

　撫順では、カーバイド工場の復旧が1945年になされた。撫順に建設されたカーバイド工場とは、電気化学の社史が記す1916年に建設して3.5年後に撤退したカーバイド工場と思われる[13]。しかし、生産量はわずかであり品質もよくなかった（撫順市社会科学院・撫順市人民政府地方志弁公室［2003］、p.715）。

　撫順のアルミ工場は、終戦直前においては、公称能力年1万トンを大きく上回る月1,361トンで運転していた。しかし、10月から11月初めにソ連軍が主要設備全てを撤去した（Pauley［1946］、Appendix 8）。ソ連軍撤退後しばらくは、共産党が支配した。その後国民党が優勢になり、1946年初夏から約1年間は国民党が支配している。しかし、「東北工業総合復興5年計画」にはアルミが入っていない。国民党が東北支配期間中にアルミの復興を計画した形跡はみられない。

　なお、人造石油工場が建設された旧満洲国の撫順・吉林・錦西・四平街・奉天は、日本敗戦後ソ連軍が支配しソ連軍撤退後は共産党が支配した。しかし、間もなく国民党が優勢となって、1946年初夏から約1年間国民党が支配した。5工場を訪問したポーレー調査団は、主要設備全てがソ連軍により撤去されたと報告している（Pauley［1946］、pp.170-181、Appendix 9）。国民党は、1936年立案の3ヵ年計画においてドイツ援助による人造石油工場建設を計画したが

---

13) 撫順市社会科学院・撫順市人民政府地方志弁公室［2003］は、このカーバイド工場が1938年に満洲軽金属により建設された工場と記す（撫順市社会科学院・撫順市人民政府地方志弁公室［2003］、p.715）。しかし、満洲軽金属はカーバイド工場を建設していない。

（Kirby［1984］、pp.206-207)、「東北工業総合復興5年計画」には人造石油は入っていない。国民党が東北支配期間中に人造石油の復興を計画した形跡はみられない。

5. 大連

満洲化学工業が最も発達した都市の一つである大連は、南満に位置するにもかかわらず、国民党ではなく一貫して共産党主導の下に、経済復興が進められた。そして、大連はソ連軍による接収と撤去はあったものの、内戦に直接巻き込まれることがなかった都市であった。大連で注目すべき企業は建新公司である（井村［2005］、p.288、pp.290-292)。大連の生産活動は1946年迄は停止していたが、1947年から徐々に再開された[14]。ソ連軍管轄下で次第に実権を持った共産党は、1947年7月に満洲化学・満洲曹達・大華工業（鉄鋼）等の旧日系化学工場を統合した建新公司を設立した（大連市甘井子区地方志編纂委員会［1995］、p.23；石堂［1997］、p.228)。

大連で実権を持った共産党は農村出身者がほとんどであり、一部の都市出身者も馴染みのある工業は手工業や小規模の工場制工場に過ぎなかった。そのため、大連の大規模近代工場を如何に管理運営するかが共産党の一大問題となった。中国人科学技術者の絶対数が不足していたのを熟知していた共産党は、日本人技術者に注目して活発な留用[15]工作をした（笹倉［1973]、p.8)。それに応じた日本人技術者は、復旧作業への協力のみならず、建新公司の運営においても協力した。京都大学に留学中に中国共産党に入党し、帰国後は新四軍の政治部の敵工部副部長となり、1946年からは共産党の華中建設大学校校長兼党委員会書記であった李亜農は、大連に派遣されて残留日本人技術者の留用工作にあたった（梁［2006]、pp.256-257)。李亜農は博古堂[16]という骨董商を経営して、博古堂の名前で科学研究所と改名した旧満鉄中央試験所に設備と資材を提供し、この科学研究所がエタノールやDDTの受託生産をした。エタノールや

---

14) 1947年には操業再開した公営工場は64工場になり、1948年には操業中の公営工場は75になった（董［1985]、pp.71-72)。
15) 留用に関しては第4章第2節参照。

DDTの受託生産は順調であり、そのため科学研究所の活動は資金面で余裕ができて、李亜農に対する日本人留用技術者の信頼は厚かった（丸沢［1961］、pp.80-89）。

大連における共産党の工作活動は華東局が担当していた。華東局は、李一氓を建新公司の政治委員に任命して、建新公司の円滑な運営に当たらせた。李は建新公司の副総経理でもあった。もっとも彼は、通常の業務には関与せずに政治活動に専念し、技術を持った専門家を中心とした工場運営により生産性をあげるように努めた（李［2001］、pp.372-375）。旅大地区委員会副書記兼財経委員会主任でもあった李は、大企業運営に経験のない工場責任者が専門知識を持つ技術者を尊重するように配慮した。そして、建新公司の企業運営管理を監督者として、その生産活動を支援した（葛［2002］、pp.321-325）。建新公司は内戦中は過渡的な組織であった。そのため、新政府が生まれるとその役目を終えて、1951年1月に廃止された[17]（中華人民共和国化学工業部［1996］、p.77）。

6. 共産党による東北支配の確立

日本敗戦時点では東北の共産党勢力はないに等しかった。東北における共産党の活動は1945年からである。1945年から1946年にかけては軍事作戦に追われていた。そのため、経済に関する政策はほとんど実施できなかった（塚瀬［2001］、p.63）。1946年初夏からの「相対的安定期」で北満に拠点をおいた共産党は、1947年1月にハルビンにおいて第1回財政経済会議を開催した。彭真が、この会議において、軍事情勢が不安定なため工業建設の条件が備わってないとして、工業より農業を優先すべきことを報告した。また、1947年時点では、工

---

16) 博古堂の創設者は李一氓である（葛［2002］、pp.332-333）。また、博古堂が科学研究所に生産委託したエタノールやDDTは建新公司に販売されていた（丸沢［1979］、pp.82-83、p.89）。このような事実は、李亜農の日本技術者の留用工作が、大連地区の経済運営の責任者であった李一氓と連携した政治工作であったことを示す。また李一氓は大連大学の初代校長でもあった（葛［2002］、p.333；丸沢［1979］、p.95）。
17) この間、建新公司は砲弾54万発、信管80余万個、無煙火薬5,000余トン、迫撃砲1,200余門を生産して解放戦争を支援した（董［1985］、p.74）。共産党は満洲化学を1947年に大連化学工廠と改名し、各種火薬452.61トンを生産した（遼寧省石油化学工業庁編著［1993］、p.448；中華人民共和国化学工業部［1996］、p.209）。

業に関する指導経験・人材・経費の不足から、着手しやすい炭鉱の復興を第1に行った（塚瀬［2001］、p.64）。

1948年11月の遼瀋戦役の勝利で東北は共産党の支配下に入った。これ以降、東北解放区工業の本格的回復に向かった。共産党はゼロの状態から出発し、3年間で東北を支配したが、東北はそれまでの共産党が拠点としてきた辺区とは異なっていた。東北は農業生産力に富み、大都市や大工場が存在し、鉄道網が発達しているという経済的な特徴を持っていた。そのため、人民共和国が成立すると、東北復興に経営資源が集中的に投入され、復興期における東北の早期復興が実現するのである。

第5節　まとめ

本章では第1章・第2章に述べた満洲化学工業が、日本政府のみならず中国政府やアメリカ政府により客観的に認識されていたことを最初に明らかにした。次いで日本敗戦後のソ連軍の東北進攻と、それに続く産業設備の接収・撤去を整理した。ソ連軍は日本によって建設された満洲の産業設備を戦利品とみていた。そしてソ連は、将来復活するであろう日本を意識して、「中ソ合作工業公司」計画を進めた。しかし、「中ソ合作工業公司」計画は、ヤルタ秘密協定の暴露とソ連軍の撤退により自然消滅した。ソ連軍撤退後は国共内戦が激化した。1946年春から約1年間は、松花江を境にして北は共産党、南は国民党が支配する「相対的安定期」が生まれた。この「相対的安定期」において、吉林・錦西・錦州・撫順・瀋陽等の諸都市に建設された満洲化学工業は、大連を除いて国民政府により接収され、国民政府により復興計画が部分的に実施された。やがて、共産党が内戦に勝利すると、共産党は中央新政府の成立を待つことなく、1948年から東北の化学工場の復旧作業を開始した。

第4章

計画経済時代における東北の化学工業

第1節　本章の目的

　本章では、計画経済時代における東北の化学工業を考察する。まず、第2節では、復興期において、東北の大半の化学工場が再建された状況を検証する。次に、第3節では、第1次5ヵ年計画により、東北の化学工場のほとんどが再建され、また、一部は再構築された状況を検証する。最後に、第4節では、毛沢東の指導した自力更生策により、中国の化学工業が小型化と地方分散化の道を歩んだことを検証する。そして、小型化と地方分散の道を歩んだ毛沢東時代の化学工業において、東北に残された設備と技術が果たした役割を明らかにする。

第2節　復興期

1．重視された東北の化学工業

　1948年に国共内戦における共産党の優位が確定すると、東北の各都市は個別に復興計画を開始した。その状況を、吉林のカーバイド工場を例にして、前章においてすでに指摘した。中央レベルにおいては、1949年になってから、内戦での勝利を確信した共産党の首脳陣が動きを始めた。すなわち、毛沢東・劉少

奇・周恩来等の共産党首脳陣が、民国の民族資本家を代表する范旭東・呉蘊初や化学技術者侯德榜と面会し、次々に戦後の国内経済建設への協力を要請した（中華人民共和国化学工業部［1996］、p.1）。建国後間もない1950年2月には、朱徳が全国化学工業会議において、化学工業の国防や農業生産における重要性を指摘した。朱徳はこの会議において、まず既存の工場を復興させその後に新工場を建設して生産拡大を図るべし、との基本方針を表明している。3月になると毛沢東と周恩来が瀋陽を訪問した。また、その後には朱徳が吉林を訪問し、東北の復興状況を視察した。人民共和国が成立してからは、1951年に周恩来が、1952年に宋慶齢が、大連化学廠を訪問している（同上書、pp.1-2）。共産党の首脳陣は、中国経済の復興と再建のために、東北と化学工業を重要視していた。

2. 東北工業部と重工業部の連携

こうして始まった東北の化学工業復興計画は、新政府成立前から機動的に活動していた瀋陽の東北人民政府工業部（以下、東北工業部と略記）と、新政府成立後に活動を始めた北京の重工業部による2元管理の下でなされた。しかし、初期において、東北の復興に素早く対応したのは東北工業部であった。すなわち、1948年11月に旧満洲国化学工場を接収した東北工業部は、瀋陽に化学公司[1]を設立すると同時に、東北の化学工場復興にいち早く取り組んだ。復興に貢献した旧満鉄中央試験所も、東北工業部の管轄下に入ってからは、「極めて豊富な予算が支給され、続々と新しい所員を採用した」（丸沢［1961］、p.92）。そして、留用技術者は「東北工業部の方針に即応して、東北各地の工場と密接な連絡をとり、工場で解決困難な問題を採り上げて、その解決に主力を注ぐことになった」（丸沢［1961］、p.92）。

東北以外に化学工業の発達していた地域は天津・上海・南京・四川であった。東北で国民党との内戦に勝利した共産党は、その後順次南下して、天津を中心とする華北、上海・南京地区、重慶を中心とする西南地区の化学企業を支配下においた。華北では、東北と同様に、華北人民政府が化学公司を天津に設立した。しかし、国民党の影響を強く受けた華東と西南では、人民政府は化学公司

---

1) 1949年3月に東北工業部化学工業管理局と改名。

を設立せず、公私合営[2]企業設立の工作活動に専念した。

　一方、1949年10月に成立した中央新政府は、化学工業を鉄鋼・機械・電力・国防・建材と共に重工業部（初代部長は陳雲。ただし、翌年4月李富春に交代）の管轄下においた。翌年2月になると重工業部は天津の華北人民政府の化学公司を改組し、本部を北京に移して重工業部化学工業局設立を決定した[3]。こうして、東北の復興と再建は、瀋陽の東北化学工業部と北京の重工業部の連携の下に実行された。これが一元化されるのは1952年である。すなわち、この年に東北人民政府は廃止され、これにより東北の企業は重工業部化学工業局の管轄下に入った。以後、東北の化学工業は重工業部化学工業局による一元管理下で復興と再建が図られた。

3．オイルシェールと人造石油の復旧

　人民共和国が成立すると、中央新政府は燃料工業部を新設して経済復興の基盤となる石炭・石油・電力増産体制に努めた。中でも、オイルシェールと人造石油の復興に注力した（《当代中国》叢書編輯部［1988b］、pp.15-19）。そもそも中国大陸は石油資源には恵まれず、大慶油田が開発される前の中国大陸の石油資源は乏しかった。民国期の石油需要は輸入品によりカバーされていた。米スタンダード（現エクソンモービル）・英蘭シェル・米テキサコ（現シェブロン）が、中国石油市場の争奪戦を繰り広げていた（申力生［1998］、pp.236-243）。石油の生産地は、玉門油田（甘粛）・延長油田（陝西）・独山子油田（新疆）の3箇所のみであった。1944年の生産量は約7万トンに過ぎなかった（申力生［1998］、p.138）。そのため、前節でみたとおり、資源委員会は「重工業建設5ヵ年計画」によって、穀物からの燃料メタノール工場を建設した。新政府がオイルシェールと人造石油の復興に経営資源を投入した背景は、このような

---

2) 共産党は人民共和国成立後も急速な国有化政策を取らず、民国期の資本家に対して従来からの所有権を認め、国家が出資した分のみを政府の所有とした。公私合営は復興期に発展し、さらに第1次5ヵ年計画における最初の3年間の経済建設を通じて加速された（中国工商行政管理局・中国科学院経済研究所資本主義経済改造研究室［1971a］、p.4；中国工商行政管理局・中国科学院経済研究所資本主義経済改造研究室［1972b］、pp.31-32）。
3) 正式設立は1950年6月。

人民共和国成立時の初期条件にあった。

しかしながら、オイルシェールと人造石油の復興過程を分析すると、人民共和国新政府の政策は、日本や満洲国時代の政策とは大きな相違がみられる。それは、人民共和国の初期の国情、及び戦前日本・満洲国の国情をそれぞれ反映している。すなわち、戦前日本や満洲国が、石油の代替燃料として重視したのは、技術的に困難でも量的な制約のない人造石油であった。オイルシェールは、日本には賦存しない資源である上に、量的な限度もあった。他方、初期の人民共和国新政府は、人造石油よりもオイルシェール復興に注力した。それはオイルシェールの方が、技術的に容易であったからと思われる。しかし、それに加えて、撫順以外にも、直ちに利用できるオイルシェール資源[4]があったことも大きな要因であったろう（吉林省地方志編纂委員会編［1994］、pp.20-21）。いいかえると、新政府は、オイルシェール復興により、短期間に石油の増産を期待したのである。オイルシェールを重視した政策は当を得たものといえよう。それは数字が示している。すなわち、1952年のオイルシェール石油生産は22万5,000トンに達した。この数字は同年の全中国石油生産の51.6%に相当したからである（撫順市社会科学院・撫順市人民政府地方志弁公室［2003］、p.206）。この生産量は、ほぼ満洲国時代の水準を達成した。

一方、人造石油は、撫順・錦州・吉林・四平街・奉天と5つの工場が、東北に残されていた。この5つの工場のうち、新政府が選んだのは錦州であった。人造石油には2つの異なる生産技術があって、再度述べると、一つは石炭を水添技術により石油にする（石炭に水素を添加して液化する）直接液化法であり、もう一つは石炭をまずガス化してその後にガス化された石炭を石油に合成する合成法である。5つの人造石油のうち、技術的に容易で用途が限られる低温乾留法の四平街を除くと、撫順・吉林・奉天は直接液化法であった。満鉄や日本窒素は直接液化法を採用した。合成法は三井グループがドイツから技術導入したものであった。満洲国時代においては、人造石油の生産に成功したのは、直

---

4) 戦時中に吉林省樺甸で含量20%という良質のオイルシェールが発見されてオイルシェール石油工場建設に入ったが完成をみずに敗戦となった。小金丸武登は、吉林省工業部の最高顧問の一人となって、このオイルシェール工場完成に尽力した。その結果、無事に年産6万トンの工場完成を実現して帰国した（廣田［1990］、p.212）。

接液化法の撫順のみであった。他方、ドイツ技術導入による合成法を採用した錦州は、設備は完工していた。しかし、建設資材不足やコバルト触媒の手当難から、十分な生産実績をあげることはできなかった。ところが、人民共和国政府が人造石油工場として選択したのは、生産実績のある撫順ではなく、錦州であった。錦州における人造石油の復興状況は、すぐ後に続く都市別の復興状況考察の中で検証する。

　錦州以外の工場は、人造石油工場としては再建されなかった。撫順は、大慶油田発見後にその水添技術が評価されて、水添技術基地となった[5]。吉林は、満洲電気化学と統合されて吉林化工廠となり、メタノールと肥料工場に転用された（《中国国情叢書-全国百家大中型企業調査》編纂委員会［1994］、p.2）。奉天は、瀋陽化工廠の一部となった（遼寧省石油化学工業庁［1993］、pp.448-455）。四平街は、電解工場が建設されてカーバイド・塩ビ工場に生まれ変わり、四平連合化工廠となった（吉林省地方志編纂委員会［1994］、p.3、p.398、p.427、pp.450-452）。

4．東北における都市別復興

1）大連

　大連の本格的な復興作業の開始は、1949年10月の人民共和国新政府樹立とほぼ同時期であった。アンモニア復旧に携わった元満洲化学取締役工場長であった中川鹿蔵は、新政府による復旧作業開始の時期が1950年であり、この年の1月に「ソ連軍解体部隊の残した2／5の装置」の復旧に着手したと記している（中川［1961］、p.248）。大連化学廠となった旧満洲化学のアンモニア工場が、生産を再開したのは1951年6月であった（遼寧省地方志編纂委員会［1999］、p.21）。アンモニア生産能力は年5万トンなので、年2万トン分の復旧が先行して1951年6月生産を再開したことになる。翌年の1952年アンモニア生産は、2万1,320トンであった（遼寧省地方志編纂委員会［1999］、p.29）。この間、国共

5）大慶原油は重質でパラフィンが多く石炭に近い特徴を持ち精製が難しかったが、大慶原油が撫順に持ち込まれて水添された後に精製工程にまわされ、撫順は大慶原油の加工基地として活用されたからである（撫順社会科学院撫順市人民政府地方志弁公室［2003］、pp.212-228、p.365）。

内戦期に重要な役割を果たした建新公司は、1951年1月に廃止された。引き続き中川は、ソ連が解体撤去した分の復旧工事をハーバーボッシュ法によって始めたこと[6]、機器の調達には中国人の購買部員が上海や香港に出張して建設材料を購入したこと、満洲化学が戦争中に中断していた硝酸・硝安工場を完成させたこと等を記している（中川［1961］、pp.247-249）。

また、満洲化学と統合されて大連化学廠のソーダ工場になっていた旧満洲曹達は、アンモニア工場とほぼ同じ頃に復旧されて、1951年9月から生産を開始した（遼寧省地方志編纂委員会［1999］、p.57）。

その他、大連には多くの日本人技術者が留用されており、大連の化学工業復興に技術協力している。大連の4つの油脂工場（日清製油・日本油脂大連工場・豊年製油大連工場・満洲大豆化学工業）の統合や設備改善にあたっては、油脂化学の権威者である佐藤正典が貢献した（佐藤正典［1971］、pp.235-236）。このほか、関毅は三共大連工場の再稼動で活躍し、鐘ヶ江重雄はペニシリンの培養やブドウ糖の精製技術の指導にあたった（『満鉄会報』216号、pp.14-15）。

2）吉林

一方、吉林省の復興の中心になったのは、吉林市郊外に建設された満洲電気化学と満洲人造石油の復興・再構築である。満洲電気化学の工場と満洲人造石油の工場は、共に第二松花江の北側にあって隣接していた（和田野［1980］、p.218）。1948年3月に共産党が吉林市の支配権を得ると、「吉林電気化学廠」と「永吉工廠」は統合されて吉林化工廠と改称され、1948年10月から吉林化工廠の復興が開始されたことを前章で述べた。その結果、カーバイド炉は、1年間の復興作業を経て1949年10月に稼動を始めた。1952年までには19の化学製品が生産を開始した。

6）満洲化学は、新しいアンモニア製法である（ハーバーボッシュ法を改良した）ウーデ法を採用していた。しかし、日本国内にはウーデ法によるアンモニア工場はなく、ウーデ法に関する経験は十分ではなかったと思われる。そのため、主要機器をソ連軍に撤去された結果、ウーデ法による復旧が困難であったと思われる。そのため、関連技術資料が比較的に豊富であったハーバーボッシュ法による復旧を選択したものと推察される。なお、中川は、1930年東京大学理学部卒、東京工業試験所を経て1934年に満洲化学入社（芳賀登ほか編［1999］、p.386）。

吉林の化学工業基地は、蘭州・太原と並んで、第1次5ヵ年計画でソ連援助により建設されたとされる（《当代中国》叢書編輯部［1986］、p.14）。しかし、吉林は、何もないところに建設された蘭州や太原とは事情が異なる。吉林の建設は、人民共和国が成立して間もない復興期に、旧満洲電気化学・満洲人造石油工場を利用した復興・再構築として、すでに始まっていたからである（吉林省地方志編纂委員会［1994］、pp.24-25）。すなわち、人民共和国が成立した5ヵ月後の1950年2月には、ソ連と結ばれた中華人民共和国化学工業建設援助協定に基づいて、周恩来総理の承認を得て吉林市において石炭・コークス・タールを原料とする化学工業基地建設計画がすでに始まっていた。また、1951年の姚依林を団長とする訪ソミッションには、吉林化工廠の林華廠長が参加していた。そして、ソ連の専門家の援助を得て練った化学工業基地建設計画は、その骨子が旧満洲電気化学・満洲人造石油工場を利用した復興・再構築でもあった。この復興・再構築計画が第1次5ヵ年計画として開花したといえる。詳細は次節で論ずる。

3）錦西・錦州

錦西・錦州地区の復興も、人民共和国における化学工業の発展に大きな意義を持った。まず、旧日本陸軍の燃料廠であった錦西には、第3章第4節で述べたように、満洲曹達の開原工場の水銀法電解設備が錦西に移され、また、台湾のソーダ企業である台湾鹼業公司から設計図を入手して水銀法電解工場が建設された。錦西は、この電解工場が中心になって、以後は、化学工場として発展した。その後、塩化メタン・メチレンクロライド等々の化学製品が生産された。錦西のもう一つの柱になったのは有機化学である。

錦西における最初の有機化学は、フェノールである。フェノール生産は1952年に始まった。このフェノール工場は、表2-1にある1945年に完成した、大陸化学のフェノール工場の復旧であったと思われる。ただし、錦西のフェノール工場の前身が、大陸化学のフェノール工場であることを明示した資料は、目下のところ発見されていない。新政府がフェノール生産を急いだのは、朝鮮戦争開始に伴う消毒液の必要性であった（錦西化工総廠志編纂委員会［1987］、p.73）。続いて、このフェノールを原料に、中国科学院上海有機化学研究所で

研究されていた、ナイロン原料となるカプロラクタムの分子量や重合に関する基礎理論をもとにして、カプロラクタムの国産化が錦西で計画された。カプロラクタムの国産化に関しては、次節で述べる。

錦西化工廠の有機化学でもう一つ重要なものは、カーバイドアセチレンを出発原料とする塩ビ生産の開始である。アセチレン法による塩ビモノマー試験研究は、瀋陽化工研究院でなされていた。これが1954年に完成した。塩ビに関しても次節で述べる。

錦州の人造石油復興は、錦西で共産党の支配権が確立した1948年から、本格的な作業に入った。技術的に最も困難なのはディディエ炉の復旧であった。しかし、その復旧に成功し、また、コバルトを優先的に錦西に配分して、1951年2月から全面的な生産回復がなされた（遼寧省地方志編纂委員会［1996］、pp.31-32）。人民共和国の新政府が、人造石油の復興で錦州を選択した大きな理由は、世界化学工業の最先端技術を持つドイツ技術への信頼であったと考えられる。しかし、加えて、錦州には工業化の試験設備がほぼ無傷で残っていたこと、そのため、中国人技術者の教育環境がよかったことも大きな要因であったと思われる。さらにまた、浜井専蔵博士を始めとする人造石油の専門家が、留用技術者として現地に残留していたことも影響したであろう（丸沢［1961］、pp.109-110、pp.119-120）。新政府は、このような状況から、建設資材とコバルトを手当すれば、錦州の人造石油は復興可能と判断したと思われる。とにもかくにも、問題のディディエ炉が修復され、また、コバルト触媒が手当されて、1951年1月に錦州で人造石油の生産が始まった（遼寧省地方志編纂委員会［1996］、p.32）。この年の生産量は3,103トンであった。

その後、錦州の人造石油の生産量は増加した。1959年には生産量は5万トンにも達した[7]。しかしながら、この年に大慶油田が発見された。大慶油田の開発が進んで、大慶油田における石油生産量が増えると、コストの高い錦州の人造石油の重要性が薄れた。人造石油工場は1967年に生産を停止し、以降の錦州は大慶油田の石油の精製工場となった（同上書、p.28）。

7）しかし、人造石油はコストが高かった。そのため、大慶油田生産開始後に生産を停止した。

4) 撫順

　復興期の撫順における実績は、オイルシェール石油に集中している。オイルシェール石油の復興は、共産党が撫順での支配権を確立した1948年10月から始まった。そして、1952年にオイルシェール石油の全面復旧が完成した（撫順市社会科学院・撫順市人民政府地方志弁公室［2003］、p.206）。同時に、オイルシェール石油の蒸留装置も、復興期に復旧された。そして、ガソリン等の石油製品が生産されていた（撫順市社会科学院撫順市人民政府地方志弁公室［2003］、pp.207-208）。オイルシェール石油やその石油精製の復旧には、留用日本人技術者の森川清・高木智雄・北脇金治・小田憲三等が技術協力した。特に、森川と高木は、中国人に対して研究から工場建設までにわたり、幅広く訓練と教育をした[8]（廣田［1990］、pp.210-211）。このような撫順における復興作業の中国側責任者は、撫順鉱務局長の王新三であった（撫順市社会科学院撫順市人民政府地方志弁公室［2003］、pp.64-65）。撫順復興で実績をあげた王新三は、その後昇進を続けた。すなわち、撫順市共産党委員会書記を経て国家計画委員会副主任になり、文革中は停職の身となって苦労したものの復活し、石炭工業部副部長となった[9]（霞山会［1991］、p.130）。王新三は、1979年には中日友好代表団の団長として訪日し、撫順復興にたずさわった留用技術者と久闊を叙した。この折に王新三は、撫順の旧留用技術者の中国現代化建設への協力を要請した（伊藤［1980］、p.2）。撫順の旧留用技術者はこれに応えて東方科学技術協力会を1980年に設立し、伊藤武雄が初代会長に就任した。東方科学技術協力会は、石炭工業部との資料交換を基にエネルギー問題に関する提言をまとめ、中国側の要請に応じて1982年には森川清を団長として12名が訪中し、瀋陽・撫順で現地を視察した。この提言の中には石炭液化が含まれていた。この点は終章で再度論ずる。

　オイルシェール以外では、撫順化工廠と改名された旧撫順炭鉱化学工業所で、カーボンブラック・酸素・水素の生産が1948年に回復した（撫順市社会科学

---

[8] 森川は、撫順復興後も中国に残留し、撫順工業大学教授・瀋陽工業大学教授として、中国人学生に対する化学工業の教育活動に従事して、1953年に帰国した。

[9] 王新三は訪日した翌年の1980年に国家エネルギー委員会副主任に就任した（霞山会［1991］、p.130）。

院・撫順市人民政府地方志弁公室［2003］、p.705）。カーボンブラック工場は、第2章第3節でふれた、吉林での合成ゴム計画に先立って撫順で生産した、試作品工場と思われる。

なお、アルミの復旧は復興期にはなされなかった。アルミの復旧は、国民党のみならず共産党も、1948年に支配が確立した後もしばらくの間は実施しなかった。アルミ復旧に取り組んだのは、復興期最終年の1952年である。翌年に始まった第1次5ヵ年計画において、非鉄金属13項目の最初の項目として実行された[10]。

5) 瀋陽

満洲曹達奉天工場・満鉄潤滑油工場・石炭液化研究所は、統合されて瀋陽化工廠となった。基幹部門である電解工場は、国民党支配期の1947年から生産を始めた。しかし、内戦の激化で国民党は運転要員を確保できず、1948年には生産を一旦停止した。1948年11月に瀋陽における共産党の支配が確立すると、電解工場は1948年末から生産を再開した。1950年に入ると、潤滑油工場が生産回復した。また、同時に、クロールベンゼン工場が建設されて、瀋陽化工廠の農薬生産の基礎原料部門となった（遼寧省地方志編纂委員会［1999］、pp.356-358）。瀋陽の生産回復でも、留用日本人技術者が技術協力した。潤滑油工場の再建には、橋本国重と高木智雄が指導援助した（森川・萩原［1979］、p.225）。農薬工場の復興には、井爪清一が貢献した（丸沢［1979］、p.116）。

復興期から第1次5ヵ年計画にかけての瀋陽は、機械・飛行機・電線の生産が重視された。そのため、瀋陽には化学の重点投資プロジェクトがなかった。その代わり、化学の研究開発体制構築が図られた。1949年に1月には、瀋陽化工研究院の前身である、東北工業部化学工業局研究室が設立された。そして、中国各地から技術者が集められて、研究開発体制が強化された。1956年に化学工業部が創設されると、東北工業部化学工業局研究室は瀋陽化工研究院となっ

---

10) 早くも1954年にアルミ生産を再開した。引き続き、第2期増設計画に入り、1957年に増設工事が完成した（董・呉［2004］、pp.356-359、p.566）。その結果、1957年のアルミ生産は2万9,000トンに達した（撫順市社会科学院・撫順市人民政府地方志弁公室［2003］、p.365）。なお、未完成で終わった安東は、復旧・再建された形跡はない。

た。瀋陽化工研究院は、上海化工研究院や北京化工研究院と並んで、化学工業の研究開発に重要な役割を演じた（遼寧省地方志編纂委員会［1999］、p.258）。この間の状況は次節で論ずる。

5. 日本人留用技術者の貢献

　復興に際しては、戦争による設備破壊や資料の散失に加えて、生産現場の混乱による生産停滞が大きかった。新政府は、技術者絶対数の不足と、現場労働者の経験不足という問題に直面した。そのため、全国から人材を集めて東北復興に投入した。上海・広州・武漢・重慶等の大都市から人材が東北に投入された他、海外にいた専門家や留学生も帰国して、復興に尽力した（《当代中国》叢書編輯部［1986］、p.12）。農村を基盤としていた共産党は、経済復興のための技術者不足問題を、早くから認識していた（満蒙同胞援護会編［1962］、p.706）。そのため、国民党に比べると、より積極的に日本技術者の獲得に動いた（松本［2000］、pp.277-279、pp.289-290）。留用技術者の帰国後の記録も、共産党が内戦中から日本人技術者に対し活発な留用工作をしたことを語っている[11]。このような共産党の留用工作に応じて中国に残留し、中国経済復興に技術協力した日本人技術者は多い。

　そもそも、日本人留用者に関する法的な規定は、国民政府によって1946年2月に決定されたものである（満蒙同胞援護会編［1962］、pp.693-695）。この決定は、東北においては、東北行轅留用日籍技術員工管理処を通じて、4月22日付けで日籍技術工員徴用実施弁法として通達された。日籍技術工員徴用実施弁法は、徴用する日本人技術者について、次の4つ原則を述べていた。
① 留用は、本人の志願によるのを原則とする。
② 身分は、対外的には留華服務志願といい、対内的には徴用と称す。
③ 職務は、技術工作を担当するに止まり、経理・廠長等の行政職務には任用しない。
④ 待遇は、給与を始め、中国同等職員の待遇と同一とする。

　留用にあたってこうした根拠法を制定した背景は、軍人以外の日本人を徴用

---

11) 共産党からの積極的な働きかけにより、中国残留を決意した日本人技術者の記録は少なくない。例えば、阿部［1949］、pp.17-20。

する際、人道的見地に基づいて、特にアメリカから強い懸念が示されていたためであるといわれる（長見［2003］、p.7）。敗戦国民の日本人を中国に留めて、中国の産業・経済・文化各部門の建設に協力させることが、国際法上可能かどうかという問題は、ポツダム宣言の規定解釈の如何による。中国が東北の主権を回復した時、経済産業の運営は、日本人によってなされていた。そのため、実際の経済産業運営に従事していた日本人、特に技術関係者、を直ちに帰国させることは、爾後の復旧建設に多大の悪影響を及ぼすであろうと懸念されていた。実際上の問題解決としては、一定期間は日本人技術者を留めて、その建設復興に協力させることが必要であった。そのために、日籍技術工員徴用実施弁法が通達されたものと思われる。国民党に替わった共産党も、国民党の留用原則を踏襲した。事実、中国当局は、留用は当人の志願によるとの建前に固従して、留用者から志願書を徴している（満蒙同胞援護会編［1962］、p.693）。

　留用技術者による当時の記録は数が多いにもかかわらず、留用技術者を分析対象とする先行研究は非常に少ない。そこで、表4-1にて、留用された化学工業に従事した技術者と、その技術をまとめた。表中にある中国企業は、事業所や研究所・大学・政府機関を含む。また、出所の中国側資料は、設備のみを記述しており、留用技術者名を記述したものではない。

6. 研究開発体制

　ここで忘れてはならないのは、旧満洲国の化学工業発展を支えた研究開発体制である。大連の満鉄中央試験所や、「新京」（現長春）の大陸科学院を中心とした研究開発組織[12]は、生まれたばかりの人民共和国の化学工業発展に大きな貢献をした。1949年に人民共和国が成立すると、新政府は、接収した民国の各研究機関を改組して、直ちに中国科学院を設立した。その後、1952年に政治機関の中央集権化が行われた時に、地方行政機関に所属した研究所も、中国科学院に統括された。この時に、東北の研究機関は全て統合され、中国科学院東北分院の所管となった。この時から、旧満鉄中央試験所も旧大陸科学院も併せ

---

12) その他に旅順工科大学がある。旅順工科大学は、明治期に創設された旅順工科学堂が、大正期に大学に昇格したものである。旅順工科大学には、1936年になって化学科が創設され、化学の教育強化が図られた（廣田［1990］、p.170）。

表4-1 留用された化学技術者と留用技術

留用技術者		中国企業[1]		出所[2]	
名前	技術	名前	立地	日本	中国
中川鹿蔵	アンモニア	大連化工廠	大連	中川 [1961]	遼寧省地方志編纂委員会 [1999]
森川清	人造石油	撫順鉱務局	撫順	森川ほか [1988] 他	
森川清	化学全般	教育機関[3]	瀋陽他	森川ほか [1988] 他	
萩原定司	人造石油	科学研究所	大連	森川・萩原 [1979]	
高木智雄	人造石油	撫順鉱務局	撫順	廣田 [1990] 他	
高木智雄	潤滑油	瀋陽化工廠	瀋陽	橋本 [1991] 他	
北脇金治	オイルシェール	撫順鉱務局	撫順	廣田 [1990]	撫順市政府資料[4]
佐藤正典	油脂化学	大連油脂	大連	佐藤 [1971] 他	
福田熊治郎	染料		ハルビン	笹倉 [1973]	
小田憲三	人造石油	撫順鉱務局	撫順	丸沢 [1979]	
小金丸武登	化学全般	吉林省工業部	長春他	廣田 [1990] 他	吉林省地方志編纂委員会 [1994]
小金丸武登	オイルシェール	吉林省工業部	樺甸	丸沢 [1979]	
志方益三	有機化学	科学研究所	長春	丸沢 [1979] 他	
織田三郎	無機化学	科学研究所	長春	丸沢 [1979] 他	
石黒正知	潤滑油	瀋陽化工廠	瀋陽	廣田 [1990]	
橋本国重	潤滑油	瀋陽化工廠	瀋陽	橋本 [1991] 他	
井爪清一	農薬	綜合自然科学研究所	長春	廣田 [1990] 他	
吉村恂		教育研究機関[5]	長春	吉村 [1954] 他	
久我敏郎	写真用無機化学	大連膠廠	大連	丸沢 [1979] 他	
加地信	医薬		大連他	加地 [1957]	
遠藤外雄	潤滑油	瀋陽化工廠	瀋陽	遠藤 [1988]	
緑川林造	アルミ		(淄博)[6]	緑川 [1981] 他	
六所文三	ブタノール・アセトン		延吉	廣田 [1990] 他	
根岸良二	DDT		大連	満鉄中試会 [2004]	
浜井専造	人造石油		錦州	丸沢 [1979]	遼寧省地方志編纂委員会 [1996]
高村泰文	農薬			満鉄中試会 [2004] 他	
大竹良平	アルミ			廣田 [1990] 他	
片岡三郎	ソーダ灰	大連化工廠	大連	廣田 [1990] 他	
山岡信夫	ソーダ灰	大連化工廠	大連	廣田 [1990]	
内藤伝一	分析化学		大連	廣田 [1990] 他	
寺下清		吉林省政府	長春	満鉄中試会 [2004]	
岩本悧		吉林省政府	長春	満鉄中試会 [2004]	
岡田寛二	塩素酸カリ		長春	廣田 [1990]	
西尾義男	赤燐		長春他	廣田 [1990]	
丸沢常哉	全般	科学研究所	大連	丸沢 [1979] 他	

〃	塩素酸カリ	長寿化工廠	四川省	丸沢 [1979]	
渡辺進	炭素電極		長春	廣田 [1990]	
江森速彦	電解ソーダ	錦西化工廠	錦西	旭電化 [1989]	錦西化工総廠志編纂委員会 [1987]

注1：中国企業は事業所・研究所・大学・政府機関を含む。
注2：日本側資料は技術者と技術を記載、中国側資料は復旧された設備を記載。
注3：瀋陽工業大学教授、撫順工業大学教授。
注4：撫順市社会科学院・撫順市人民政府地方志弁公室 [2003]。
注5：東北師範大学教授、後に長春総合研究所研究員。
注6：撫順に残留していた緑川は招待されて山東省淄博でアルミナ復旧に従事。峰 [2005]、p.31参照。

て、中国科学院に統括されることになった（吉村 [1954]、pp.18-19）。

　大陸科学院は、満洲国成立と共に、満洲国の科学技術行政の一元的統制をめざして、1935年に設置された（佐藤 [1971]、p.180）。大陸科学院では、満洲国における科学技術の発展を振興させるため、農業関連や化学を始めとする工業関連の基礎研究がなされた。表4-2は、長見 [2003] から引用したもので、日本敗戦後、国民党が大陸科学院を接収した際の研究者の内訳を示している[13]。表4-2の人員構成がいつ時点のものかは明記されていない。表の最初にある院長は、未だ日本人である。本章第2節に述べたように、1946年4月に通達として出された日籍技術工具徴用実施弁法では、日本人技術者は、経理・廠長等の行政職務への就任が禁じられていた。このことから推論すると、この表は日本敗戦直後に作成されたもので、満洲国時代の組織とほぼ同じではないかと思われる。表のうち、「農産化学」から「燃料」までの11研究室、油脂工廠、膠合板工廠、臨時製薬工廠までを広義の化学に含めると、日本人研究者63名中の37名、すなわち、約6割弱が化学関連の研究者であった。

　満鉄中央試験所は、関東都督府傘下の機関として、1907年に大連に設置されたものである。その後、1910年に満鉄傘下に移管された。中央試験所設立の目的は、満洲における殖産興業と衛生に関する試験研究であった（南満洲鉄道株式会社 [1919]、pp.898）。しかし、衛生はその後関東州衛生試験所が中心となり、満鉄中央試験所の業務は殖産興業となった。1941年の満鉄中央研究所の組織図をみると、研究開発部門は無機化学課・冶金課・有機化学課・燃料化学

13) 表4-2の原資料は、国民党経済部『経済部接収大陸科学院資料』（遼寧省档案館国民党資料No.443）である。

表4-2 接収後の大陸科学院研究者の内訳（単位：人）

研究室名	留用日本人	中国人	計
院長	1	0	1
農産化学	2	0	2
林産化学	2	0	2
畜産化学	3	4	7
発酵	2 (1)	2	4 (1)
繊維	2	0	2
有機化学	3	0	3
生物化学	1	2	3
土性	2 (1)	1	3 (1)
電気化学	2	1	3
燃料	3	2	5
冶金	2	0	2
機械	2 (1)	2	4 (1)
土木	4	3	7
建築	2	1	3
電気	5	0	5
低温実験室	3 (2)	1 (1)	4 (3)
高温実験室	2	0	2
油脂工廠	2 (2)	2	4 (2)
機械工廠	5 (1)	2 (2)	7 (3)
膠合板工廠	4 (1)	1	5 (1)
臨時製薬工廠	5 (5)	0	5 (5)
合　計	63 (14)	26 (3)	89 (17)

注1：(　)内は兼務者で内数。3つ以上の研究室の兼務者あり。
出所：長見［2003］、p.8。

課・農産化学課と5つある。主要テーマは、それぞれ無機化学課はアルミ、冶金課は鉄鋼石の浮遊選鉱、有機化学課は機関車用潤滑油、燃料化学課はオイルシェール・人造石油、農産化学課は醗酵法によるアセトン・ブタノールであった（廣田［1990］、pp.126-170）。鞍山製鉄用の浮遊選鉱以外は、全て化学関連であった。

　満洲化学工業の開発においては、満鉄中央試験所が重要な貢献を果たした。当時の日本国内で、満鉄中央試験所に匹敵する組織は、理化学研究所である。満鉄中央試験所から留用技術者として残留して中国東北大学教授となり、帰国

後は東工大教授であった森川清は、満鉄中央試験所が、基礎研究のみならず、工業化研究をも併せ持っていた機能を高く評価する[14]。その点で、満鉄中央試験所は、理化学研究所とは異なっていた。また、同じく満鉄中央試験所出身の留用技術者で、人民共和国成立後は（満鉄中央試験所の後身である）中国科学院大連研究所に残留し、帰国後は日本国際貿易促進協会理事長として日中貿易に貢献した萩原定司は、この森川の談話を受けて、満鉄中央試験所が多くの会社設立に貢献し、また、数多くの特許をとっていた成果を述べている[15]。

　満鉄中央試験所の所長には、満洲国高官が国宝と呼んだ丸沢を始め、日本の化学技術開発の最高権威者が就任しており、若くて優秀な日本人技術者が数多く集まっていた。彼らの中には留用技術者として自ら希望して中国に残留し、初期の人民共和国の経済建設に貢献した者が少なくない。第1次5ヵ年計画でソ連技術者がくるまでの間、このような留用技術者は、復興経済に大いに貢献した。そして、1949年まで大連を管轄していたソ連は、満鉄中央試験所を高く評価していた。ソ連は、満鉄中央試験所を、ソ連科学アカデミーの傘下に入れることを検討していたという。人民共和国も、満鉄中央試験所を高く評価した。そのため、中国は高額の対価を支払って、満鉄中央試験所をソ連から買取っている（森川・萩原［1979］、p.194）。

　民国期において、民族資本家范旭東を技術面から支えた侯徳榜は、毛沢東以下の共産党指導部からの手厚い要請に基づいて、人民共和国における中国化学工業の研究開発行政に携わり、化学技術者として人民共和国の化学工業の発展に貢献した。侯徳榜は、大連を生産基地のみならず、研究開発基地として活用

---

14)「中央試験所は理研と違った大きな特色をもっていたんです。それは基礎研究だけでなくそうした研究成果を実際に応用するということですね。ですからパイロット・プラント部門が付設されていて工業化研究もやったわけです。そこで見通しのついたものは実際に工場を建設し生産までもっていった。いうなれば資源開発から生産まで一貫した研究をやっていたわけです。それが中央試験所のほかの研究機関と違う大きな特色でした」（森川・萩原［1979］、p.182）。

15)「…製造化学的な研究これに重点がおかれていた。その結果たくさんの会社が誕生しているんです。資料をみますと研究の結果中国の東北当時の「満洲」にできた工場は約20社に及んでいる。もちろん基礎研究も活発で1907年から終戦の1945年までの約40年間に約1000の研究報告書がだされ140件の特許をとっている。そのうち2割は外国の特許もとっている…」（森川・萩原［1979］、p.182）。

した。昌光硝子・大連油脂・満洲石油・満洲化学・満洲曹達・大和染料等数多くの化学関連企業が集まっていた大連は、人民共和国の復興期における、最も重要な化学工業都市であった。侯徳榜は、人民共和国成立間もない頃、陳雲の要請によって、大連・鞍山・瀋陽・吉林・撫順・錦西・錦州等旧満洲国の化学工場を視察した。侯徳榜は、訪問した旧満洲国の化学工場の中では大連・撫順・錦州を高く評価した。なかでも、大連の満洲化学・満洲曹達を絶賛している。満洲化学と満洲曹達は統合されて大連化工廠となって、復興期の最重要の化学生産基地であった。侯徳榜はここにソーダ研究所を置いて、自らが技術開発した侯氏法塩安併産法の完成に取組んだ（李祉川・陳歆文［2001］、pp.209-210）。大連は原料の塩とアンモニアが豊富であり、ソルベー法に理想的な条件にあったからである。

　満鉄中央試験所の組織は、大連大学科学研究所、東北科学研究所大連分所、中国科学院応用化学研究所、中国科学院石油研究所、中国科学院化学物理研究所と名前の変更が繰り返された。1961年からは、現在の中国科学院化学物理研究所（以下、大連化物所と略記）の名前が続いている。大連化物所は、人民共和国が成立してから今日まで、一貫して中国科学院の重要な研究部門であった。大連化物所から分かれた研究開発組織としては、蘭州の中国科学院石油研究所蘭州分所と中国科学院石炭化学研究所がある。その他、航空燃料・触媒・色素・イオン交換膜等々の国家技術開発の中心地になっている（中国科学院大連化学物理研究所［2003］、pp.414-416）。現在でも、大連化物所には中央政府や共産党の指導者が数多く訪問している。江沢民が1999年に、胡錦涛が2002年に訪問している（中国科学院大連化学物理研究所［2003］、pp.39-45）。

第3節　第1次5ヵ年計画

1. 化学行政と化学工業部の設立

　1952年2月に東北人民政府が廃止されると、以降は、北京の重工業部化学工業局の一元管轄下で復興と再建が進められたものの、東北の影響はなお根強く残存した。重工業部は、1951年11月民国時代の北京化工試験所と鉱冶研究所を

合併して総合試験所を発足させ、1952年9月にはさらに黄海化学工業社を総合試験所に編入し、その上で、1952年11月に総合試験所を化工研究所・鉄鋼研究所・非鉄金属研究所に分割した。こうして生まれた北京の化工研究所は、浙江省化工試験所・東北化工研究室と1953年7月に合併して、重工業部化学工業局瀋陽化工総合研究所となった。全中国の化学工業の研究開発の本部とでもいうべき組織が、短期間ながら、瀋陽に置かれたのである（中華人民共和国化学工業部［1996］、p.78)。ただし、1956年に化学工業部が創設されると、この瀋陽化工総合研究所の有機合成・合成材料部門は、北京に移されて北京化工研究院となった。そして瀋陽化工総合研究所は、瀋陽化工研究院と改組された[16]。

　重工業部化学工業管理局は、工場生産のみならず、基本建設計画や工場建設に関しても権限と責任を負った。東北は新工場建設体制整備においても中心地であった。すなわち、重工業部は化学工場の本格的な建設が始まる1953年1月に、化学工業局設計処と東北化学工業局設計人員を中心にして、化工設計公司を重工業部化学工業局の直轄組織として発足させることを決定し、1953年6月に化工設計公司が瀋陽に設立された。こうして、重工業部の直接管轄下とはいえ、全中国の新工場建設体制の本部組織が瀋陽に作られた。しかし、瀋陽が本部として機能した期間は短かった。すなわち、重工業部は1954年6月に組織改正を行い、瀋陽に設立した化工設計公司を化工設計院に改組し、再び本部を瀋陽から北京に移した（中華人民共和国化学工業部［1996］、pp.78-79)。

　第1次5ヵ年計画期間中は建設業務が重視され、建設部門が化学工場の管轄下に置かれた。1954年1月には大連化工機械廠が大連化学廠の一部門となった。また、第1次5ヵ年計画の重要項目としていち早く建設工事に入った吉林では、東北化工局技術室と工程処が吉林市に移転し、東北化工局吉林工程公司が設立された。吉林化工廠の建設のためには、吉林工程公司が新設されて工事を担当した。また、1954年には錦西化工廠の建設部門が独立して錦西化工機械廠となり、吉林や大連における工場建設を支援した（中華人民共和国化学工業部［1996］、pp.78-79；錦西化工総廠志編纂委員会［1987］、p.21)。

　1956年に入ると化学工業においても公私合営企業が数多く誕生した[17]。第1

---

[16] この組織改正で、民国期の中心であった天津には天津化工研究院、上海には上海化工研究院が設立された（中華人民共和国化学工業部［1996］、p.81)。

次5ヵ年計画の初期の項目が順調に実行に移され、中央政府は社会主義生産が軌道にのったと判断した。そこで、中央政府は、重工業部化学工業管理局と軽工業部医薬工業管理局・橡胶工業管理局を合併させ、この年の5月に化学工業部が誕生した。初代の化学工業部長には彭涛が就任した。化学工業部は6管理局[18]を設置して、化学行政を行った。化学工業部の直轄工場は、大連化学廠・永利寧廠・吉林肥料廠・太原肥料廠・蘭州肥料廠・吉林染料廠・吉林電石廠等々であり、東北の化学工場はその中心地であった。しかしながら、化学工業部は間もなく瀋陽化工総合研究所を改組し、1956年9月に有機合成部門・合成材料部門を北京に移して北京化工研究院とした。無機塩・塗料・瀋陽薬物研究所は天津に移され天津化工研究院となった。肥料関連は上海に移され上海化工研究院となった。染料・農薬部門は瀋陽に残り瀋陽化工研究院となった。なお、吉林化工廠の廠長として姚依林訪ソミッションに参加した林華は、化学工業部で生産技術局長を務めた後に冶金工業部に転じ、1981年に冶金工業部副部長となった。林華は、1984年には国家計画委員会諮詢小組副組長として産業行政に従事し、1988年には科学技術界を代表して全国政協委員となった（霞山会［1991］、pp.1854-1855）。

彭涛は1962年まで化学工業部長を務め、1962年に高揚と交替した。高揚は1970年の改組まで化学工業部長を務めた。化学工業部は、1970年に燃料化学工業部（部長は伊文）に改組され、さらに1975年には石油化学工業部（部長は康世恩）に改組された後、1978年に化学工業部（部長は孫敬文）に復帰した。1982年には秦仲達が孫敬文の後を継いで化学工業部長となった。秦仲達は若い頃に接収した大連化学工廠の廠長を務め、大連での実績がその後の昇進につながった。秦仲達は1989年まで化学工業部長として化学行政の責任者であった。1989年には顧秀蓮が秦仲達に替わって化学工業部長に就任した[19]（中華人民共和国化学工業部［1996］、pp.75-81）。

---

17) 1955年には工業生産の83.6％が国営・協同組合経営・公私合営によって占められた。通常、これをもって中国における資本主義経済の改造が基本的に終了したとされる（中国工商行政管理局・中国科学院経済研究所資本主義経済改造研究室［1972b］、pp.31-32）。

18) 基本化学工業管理局、化学肥料管理局、有機化学工業管理局、橡胶工業管理局、医薬工業管理局および建築局。

2. 復興計画と第1次5ヵ年計画の関連性

　東北の化学工業は、復興期において、撫順のアルミと人造石油及び吉林を除いて、ほぼ満洲国時代の状況に再建されたことを前節で検証した。復興期に続く第1次5ヵ年計画では、吉林と撫順に大型投資がなされ、東北における化学工業の再建・再構築が完成した。その状況を以下において検証する。

　東北工業部は、内戦の勝利がほぼ確定した1948年から、戦後復興の準備に入った。その状況は、撫順のオイルシェール、錦州の人造石油、吉林のカーバイド、瀋陽の電解工場で明らかにした。一方、共産党は1949年1月に、ソ連共産党政治局委員ミコヤンを迎えて、ソ連援助による復興計画の相談を早くも開始した。新政府が樹立されて間もない1949年12月から1950年2月にかけては、毛沢東が訪ソしてスターリンとの会談を持ち、戦後復興への協力を要請した（董志凱・呉江［2004］、p.136）。毛沢東は1950年2月に帰国したものの、モスクワには李富春以下が引続き残留して、具体的な内容に関して交渉を継続した。その後、1951年2月の共産党中央政治局拡大会議において、1953年より第1次5ヵ年計画の実施が決定された。計画の実施は、周恩来を頭とする政務院財政経済委員会が、その任に当たることになった。周恩来は1952年8月に訪ソして、重化学工業を柱とする、第1次5ヵ年計画の大綱を説明した。9月に周恩来が帰国すると、再び李富春が残留して、具体的な計画内容に関する交渉を継続した。こうして李富春がソ連側とまとめた計画内容は、1952年9月の中央人民政府委員会第26次会議で承認された（中華人民共和国化学工業部［1996］、p.2）。これ以後、個別の項目が具体化する。

　他方、東北工業部は、前節でみたとおり、共産党が内戦に勝利すると新政府成立を待たずに、直ちにアンモニア・酸・アルカリに重点を置いた復興作業に入った。その結果、遼寧省では大連・錦西・瀋陽の化学工業が急速な生産回復をみた。遼寧省の化学生産は、アンモニア・ソーダ灰・カセイソーダ・硫酸・

---

19) その後、化学工業部は1998年に始まった朱鎔基による行政改革で解体された。日本の通産省をモデルにしたといわれる国家経済貿易委員会の外局として、新たに国家石油和化学工業局が設けられ、中央政府は個別の案件には直接関与せず、産業政策に専念することになった。

硫安・硝酸・硝安・潤滑油・染料・塗料等で、顕著に回復した。こうして第1次5ヵ年計画に入る準備が整えられた（遼寧省石油化工志編輯室［1989］、pp.9-13）。吉林省でも同様であった。3年間の復興期間中に、吉林や四平街の設備の復旧が進められた（吉林省地方志編纂委員会［1994］、pp.24-25）。そして、1953年を初年とする第1次5ヵ年計画の本格的な産業建設が始まった。

第1次5ヵ年計画の工場建設立地は、中央政府による管理統制による経済建設方式で決定された。遼寧省は復興期から第1次5ヵ年計画にかけて投資が集中した。その結果、遼寧省は、1984年においてもなお全国工業生産の7％を占め、遼寧省は上海、江蘇省、に続く第3位の工業生産をしていた（胡欣・邵秦・李夫珍［1993］、p.111）。尾上［1971］は、当局資料（中国科学院中華地理志編集部［1959］、p.12）を引用し、東北は第1次5ヵ年計画において156の重点建設項目の数において3分の1を占め、東北が重点投資されたことを指摘している（尾上［1971］、p.237）。

しかしながら、その具体的な状況は156項目を分析せねばならない。156項目は、1950年時点ですでに確定していた50項目、1953年に合意に達して追加された91項目、さらに1954年に合意に達し追加された15項目と区分できる。このうち、実際に実行された項目は150項目である[20]（劉国光［2006］、p.75）。表4-4は、初期に確定した50項目と実際に実行された150項目を、東北とそれ以外に分け、さらにそれを産業別に区分したものである。50項目でみると、東北のウェイトは74％もある。初期の計画は、東北が中心であったことが明らかである。50項目における東北のこの重要性は、初期の計画が、東北復興計画の延長線上で生まれたことを現している。次に、150項目全体でみると、東北のウェイトは37％に低下する。第1次5ヵ年計画の進展と共に、初期の東北偏重が修正に向かったことを示している。尾上［1971］が中国科学院中華地理志編集部

---

20) その後1955年に合意に達して追加されたものが16項目、さらに追加されたものが2項目あるので総計は174項目である。しかし実施の段階で取消されたり、延期になったり、他の計画と統合されたり、分割等もあったりして、最終的に確定したのは154項目であった。しかし第1次5ヵ年計画公布時は156項目であったので通常は156項目と称される。しかしながら、156項目のうち現実に実行されたのは150項目であり、第1次5ヵ年計画期間中に実行されたのは146項目である（劉国光［2006］、pp.75-76）。本書でも通常使用される意味で156項目を使用する。

表4-3 第1次5ヵ年計画における東北の地位

	50項目			150項目		
	全中国	東北	%	全中国	東北	%
鉄鋼	4	4	100	7	4	57
化学	6	5	83	11	5	45
電力	11	6	55	25	8	32
非鉄	3	2	67	11	2	18
石炭	9	7	78	25	15	60
石油	0	0		2	1	50
飛行機	6	4	67	14	5	36
自動車	1	1	100	1	1	100
電子	1	0	0	10	0	0
兵器	0	0		17	0	0
船舶	0	0		3	1	33
一般機械	7	7	100	23	12	52
製紙	2	1	50	1	1	100
合計	50	37	74	150	55	37

注1:化学はアルミ精錬及び医薬を含む。
注2:150項目にある山西省侯馬の山西874廠は兵器とみなした。
出所:董志凱・呉江[2004]、pp.136-159及び劉国光[2006]、pp.75-80より筆者作成。

[1959]を引用して指摘した、第1次5ヵ年計画における東北は「重点建設項目」の数において3分の1を占め東北が重点投資されたというのは、この低下した37%を指していると思われる。

第1次5ヵ年計画により生まれた中国産業構造の分析には、劉の表現を借りるならば、次の3つの視点が必要である(劉国光[2006]、p.76):
① 朝鮮戦争勃発という国際情勢に対応して国家安全対策が緊急の課題であったこと、
② 人民共和国成立時においては中国の重化学工業の基盤が脆弱であったこと、
③ その上で第1次5ヵ年計画では元来の工業基礎の上に地域的なバランスを配慮する必要があったこと。

3.「ソ連一辺倒」と留用技術者の帰国

　第1次5ヵ年計画におけるソ連の技術協力については、中国側資料によると、ソ連は第1次5ヵ年計画の個別の項目に多くの意見を述べている（例えば、劉国光［2006］、pp.57-58）。そもそも東北の工業化の歴史は、帝政ロシアによる東清鉄道の建設から始まっていた。ソ連にとって東北は、中国大陸で最も馴染みのある地域の1つであったといえる。日本敗戦後は、東北地方を一時的にせよ軍事支配下において、大量の工場設備を戦利品として自国に持ち帰った。ソ連は東北の工業化された状況を相当程度に認識していたと考えてよい。そのため、第1次5ヵ年計画による重工業を柱とした中国経済建設において、ソ連が中国に与えた意見や助言に東北立地が多いのは自然なことであろう。さらに、訪ソした毛沢東がスターリンに対して、豊満水力発電所に専門家を派遣して破壊の状況を調べ復旧協力するよう要請したことも、初期の項目が東北に集中した一つの要因と思われる。

　第1次5ヵ年計画はソ連に多くを依存した。それにより、中国は「ソ連一辺倒」の道を歩んだ。この「ソ連一辺倒」政策により、共産党による日本人技術者優遇策は終了した。ソ連は、技術援助の条件として、数多く残留していた日本人技術者の帰国を要求したと考えて間違いないであろう。東北の旧日系化学工場の復興は、撫順のアルミ工場を除いて、1952年には全て完了していた。そして1953年に、留用技術者には帰国命令が出たのである。丸沢はこの間の事情を次のように分析する：

　「中央政府は昭和28年（1953年：引用者注）から第1次5ヵ年計画を実施する方針を定め、ソ連の援助によって重工業を主とする多数の工場建設を開始し、ソ連の技術者が続々と招聘された。ソ連の技術を導入した工場に日本人が勤務して、その実際を見聞することはおそらくソ連の好まぬところであろう」（丸沢［1961］、p.141）。

4. 第1次5ヵ年計画で重視された産業

　ここで、第1次5ヶ年計画の各項目を産業別に考察する。重視された産業は、

初期の50項目では、鉄鋼・石炭・電力・化学・非鉄金属・航空機・機械であった。初期の項目は、立地が黒竜江省と吉林省に集中しており、また、都市別では特に吉林市に集中している。50項目のうち、火力発電所・カーバイド工場・窒素肥料工場・染料工場・電極工場・豊満水力発電所と6項目が吉林（市）立地である。この吉林（市）への投資の集中は、中央政府と東北工業部の連携が、大きく貢献したと思われる。すなわち、1949年12月から1950年2月にかけて、毛沢東が訪ソしてスターリンとの会談を持ち戦後復興への協力を要請したが、すでにこの時において、毛沢東がスターリンに、豊満水力発電所に専門家を派遣して破壊の状況を調べて復旧協力するよう要請している（董志凱・呉江 [2004]、p.136）。同時に、東北工業部は中央政府との連携により、1951年初めに姚依林を団長とする訪ソ団がモスクワを訪問して技術援助交渉がなされた際には、吉林化工廠の林華廠長を交渉団メンバーに入れた。訪ソ団は、この時に、吉林化学工業基地の再構築と拡大案を、いち早くソ連側と交渉開始した（吉林省地方志編纂委員会 [1994]、pp.24-25）。

50項目における吉林以外で重要なものは、瀋陽の航空機・機械・電線、ハルビンの航空機・機械・アルミ（加工）、撫順の電力・アルミ（精錬）、阜新の石炭・電力、鶴崗の石炭、大連の電力、鞍山及び本渓湖の鉄鋼であった。いずれも東北の復興計画の再構築であった。このような初期の計画の大半は、東北復興の延長であった。旧満洲国では、1943年頃から、航空機生産用資材は満洲国内部の自製に切替わっていた（閉鎖機関整理委員会 [1954]、pp.422-423）。このことから、ハルビンの航空機修理工場・航空機エンジン工場・アルミ（加工）工場は、満洲飛行機工場との関連があったと思われる。また、鶴崗を始めとする黒竜江省石炭資源開発は、満洲国後半から本格的な開発がなされた（満洲炭鉱株式会社 [1937]、pp.21-22）。石炭開発は、炭鉱関連機械工場や電力を必要とする。吉林における6つの項目に加え、黒竜江省の初期の項目も、満洲国時代に源を持つと思われる。しかし、その検証は今後の課題である。

一方、当局資料（中国科学院中華地理志編集部 [1959]、p.13）は、東北北部に新工業基地が建設され、第1次5ヵ年計画の重点建設項目の5分の3は、黒竜江省と吉林省が占めたと述べている。尾上はこれを引用して、東北南部への地域的偏在を改めるために、東北北部（吉林省及び黒竜江省）の開発に重点が

置かれたとする（尾上［1971］、p.235）。しかし、上記の劉国光が指摘する視点①からすると、この時期に朝鮮国境と近い吉林への集中投資を説明するのは難しい。劉国光が指摘する視点③の地域的なバランスへ配慮とは、東北のウェイトが、50項目で74％から150項目で37％に低下したことを指していると思われる。新政府が配慮した地域的なバランスとは、東北内部での地域バランス修正ではなく、東北から中部・西部等中国内陸部への修正と考えるべきであろう。このような第１次５ヵ年計画における初期の黒竜江省及び吉林省への投資集中は、満洲国時代に源を持った可能性がある[21]。

150項目全体でみると、石炭・電力・機械が最も重視された部門であった。150項目には、50項目にはなかった石油・電子・兵器・船舶が追加された。しかし、東北は石油と造船でそれぞれ1項目あるのみである。電子・兵器の東北立地はゼロである。石油は150項目で２項目が計画された。それは撫順と蘭州の石油精製工場であった（董志凱・呉江［2004］、p.140；劉国光［2006］、pp.76-78）。

5. 都市別の建設状況

1) 吉林

1950年２月に、ソ連との間で、中華人民共和国化学工業建設援助協定が調印された。この協定に基づき、吉林市の石炭を原料とする化学工業基地建設計画が作成された。吉林市の石炭を原料とする化学工業基地建設計画とは、前章でみた吉林化学廠の再構築に他ならない。この計画は周恩来総理の承認を得て、1951年３月に建設が開始された（吉林省地方志編纂委員会［1994］、pp.24-25）。この間、1951年初めには、すでに述べたとおり、吉林化工廠の林華廠長が姚依林を団長とする訪ソ団に参加した。そして、ソ連からの技術援助による、吉林化学工業基地の再構築と拡大案を交渉した（《中国国情叢書−全国百家大中型企

---

21) 復興期には、すでに生産体制が確立されていた遼寧省の生産設備復旧に投資が集中した。その結果、短期間で東北の生産が回復した。第１次５ヵ年計画では、満洲国時代に構想され、一部が建設開始されたものの未完で終わった吉林省・黒竜江省の計画に投資が集中し、その際に新政府は、ソ連から援助を得て満洲国時代の計画を再構築した、という仮説が可能と思われる。しかし、その検証は今後の課題である。

業調査》編纂委員会［1994］、p.2）。

こうして生まれた吉林化学工業基地は、カーバイド工場・肥料工場・染料工場からなる。また、安定した電力の安定供給のため、大規模火力発電所が建設された。すでにみたとおり、吉林でのカーバイド生産は、1948年から始まった復興作業の結果、1949年より一部が再開されていた。第1次5ヵ年計画では、年産能力6万トンのカーバイドが完成した。このソ連援助により建設された年6万トンの生産能力は、第3章第4節でみたとおり、満洲電気化学が計画したものとほぼ同じである。肥料工場には、アンモニア年産5万トン設備を柱に、硝酸・硝安設備が建設された。染料工場では、酸性染料・分散染料等の7種の合計で、年産2,900トンの染料設備が建設された。

それぞれの工場は、1953年初から構想が練られ、1954年に工事が開始され、1957年に完成をみた。この間の投資額は2.3億元であった（《中国国情叢書-全国百家大中型企業調査》編纂委員会［1994］、pp.2-5）。その後、1958年から1964年にかけて、ほぼ同額の2.3億元が投資されて設備拡張された。

第1次5ヵ年計画により誕生した吉林の化学工業基地建設においては、ソ連援助の貢献が大きいのは無論である。しかし、それと同時に、満洲国時代に計画され、建設途中で日本敗戦を迎えた満洲電気化学や人造石油工場の影響も大きかった。ソ連軍は、工場設備の撤去に際しては、撤去した人物名・梱包状態・輸送先を克明に記載しており（東北日僑善後連絡総処・東北工業会［1947］、総3-2）、ソ連は撤去した設備の管理を、しっかりと行っていたと思われる。また、ソ連は、旧満洲国の化学工業に関して相当程度の知識を有していたとみてよい。一方、1981年に吉林を再訪問した旧日本窒素社員は、カーバイド工場はそのままカーバイド工場であり、また、肥料工場は人造石油工場跡地に、染料工場はコークス跡地にあったことを記している（稲富［1985］、pp.131-133）。先行研究は、この旧日本窒素社員の記述を基に、肥料工場は満洲国時代の人造石油工場の転用であり、染料工場は満洲電気化学のコークス工場の転用であるとしている（峰［2006］、pp.37-38）。また、装置産業であるカーバイド工場が、同一場所で設備能力がほぼ同じ、という事実の意味は大きい。第1次5ヵ年計画のカーバイド工場は、満洲電気化学の計画を踏襲したと思われる。人民共和国新政府及びソ連人技術者は、撤去した満洲電気化学のカーバ

表4-4　1936年世界主力カーバイド生産国（生産数量：1000トン／年）

ドイツ	日本	カナダ	イタリア	アメリカ	フランス	ソ連
712	325	210	156	145	125	60

出所：カーバイド工業会［1968］、pp.414-415。

イド設備と同じ工場が、最も経済合理性があるとして、満洲電気化学とほぼ同規模のカーバイド設備を建設したのであろう。なお、先行研究は、戦前のソ連のカーバイド生産は、日本より大幅に低水準にあったことを指摘している（峰［2005］、p.28）。1936年におけるソ連のカーバイド生産数量は、表4-4のとおり、日本の5分の1以下であった。

　他方で、1944年から順調な操業をしていたクロロプレン工場は、吉林では復旧されなかった。人民共和国のクロロプレンは、旧大陸科学院の後身である長春の中国科学院応用科学研究所における研究から始まった。クロロプレン工場は、この長春における研究を基に、長春ではなく、四川省長寿県に建設された（《当代中国》叢書編輯部編［1986］、p.199）。また、その後、長春の研究は蘭州に移管された。重要な軍需物質であるクロロプレンゴムの生産と研究は、当時の逼迫した政治・軍事情勢により、朝鮮国境に近い吉林・長春ではなく、安全な内陸部である長寿・蘭州が選択されたのであろう。そして、吉林では人造石油工場を利用して肥料工場が建設され、コークス工場を利用して染料工場が建設されたと思われる。このような状況を整理すると、吉林は、満洲電気化学と満洲人造石油の再建であり、かつ再構築であったと思われる[22]。

　ここで、これまでに論じた満洲電気化学と満洲人造石油の変遷をまとめて表4-5とした。

2）撫順

　撫順では、第1次5ヵ年計画によって、人造石油工場が石油精製工場に転用された[23]。第1次5ヵ年計画では石油精製が重視され、2つの石油精製工場が

22）その他、第1次5ヵ年計画で建設された吉林の電極工場は、第2章第4節で述べた、満洲国末期に稼動を始めた湯崗子の満洲電極の移設・転用の可能性がある。しかし、その検証は今後の課題である。

表4-5　満洲電気化学・吉林人造石油の変遷

1938年	満洲電気化学設立。吉林人造石油設立。
1942年	満洲電気化学生産開始。
1943年	日本窒素が吉林人造石油から撤退。満鉄が満鉄人造石油を設立して経営肩代わり。
1945年	日本敗戦と共に生産及び建設を停止し、ソ連軍支配下に。
1948年	東北工業部化学が接収。満洲電気化学と人造石油工場を統合し吉林化工廠と改名。
1949年	小規模カーバイド工場生産開始。
1951年	林華吉林化工廠長訪ソ。
1954年	肥料工場・染料工場・カーバイド工場建設開始。
1956年	(化学工業部設立)
1957年	肥料工場・染料工場・カーバイド工場生産開始。
1958年	吉林化学工業公司に改名。
1965年	吉林化学工業公司が解体される。
	染料工場・カーバイド工場が化学工業部天津化工原料公司の管轄下に。
	肥料工場が化学工業部南京化学肥料公司の管轄下に。
1970年	吉林化学工業公司に復帰。

出所:《吉林化学工業公司》編委会［1994］、pp.1-6；(本書) 第2章第4節、第3章第4節、第4章第2節、第4章第3節。

建設された。1つは撫順、もう1つは蘭州である。撫順と蘭州の2項目合計で年産170万トンの石油精製設備が建設された。撫順は、人造石油工場を改造したオイルシェール石油年産70万トンの精製工場であった。蘭州は、新設で年産100万トンであった。撫順も蘭州も共に1956年に着工された。完工はいずれも1959年である（董志凱・呉江［2004］、pp.374-377)。

中国のアルミ生産は、1936年に撫順で始まった（董志凱・呉江［2004］、pp.566-567)。満洲国時代のアルミは、主として満洲飛行機に供給されており、復興期ではアルミの復旧優先度は低かった[24]。人民共和国のアルミ生産は第1次5ヵ年計画で始まった。設備を復旧して生産を再開した1954年は1,889トンの

---

23) 撫順の人造石油技術が評価されるのは、大慶油田の発見後であった。重質である大慶油田の石油は、石炭に近い性状を持っていた。重質の石油の処理には水素の添加が必要である。そのため、撫順の直接液化法による水素添加技術が、大慶油田の石油精製に応用された。当局は、撫順の人造石油技術を、中国における高圧水添技術の基地と位置付けた（撫順市社会科学院・撫順市人民政府地方志弁公室［2003］、p.212)。
24) アルミ精錬には大量の電力を消費する。撫順の電力復旧は復興期においては充分ではなく、第1次5ヵ年計画まで待たねばならなかった。

生産実績をあげ、その後は急速に生産増加して1957年には2万8,933トンに達した（撫順市社会科学院・撫順市人民政府地方志弁公室［2003］、pp.365-366）。満洲国時代のアルミ年間生産量は7,000トン程度であり、第1次5ヵ年計画中にアルミ生産が急速に増加した[25]。撫順のアルミ生産は、第1期、第2期と分かれて増産が図られた。それに合わせて、第1次5ヵ年計画ではハルビンで第1期、第2期と連動したアルミ加工工場が建設された。こうして、圧延加工されたアルミ製品は、中国国内で広く使用されるようになった（董志凱・呉江［2004］、pp.358-362）。

その他、カーボンブラックの生産が、第1次5ヵ年計画中に本格的な工場に再構築された。改質材としてゴム生産に必須のカーボンブラックは、小規模な生産が、復興期間中に始まったことを前節で述べた。しかし、本格的なカーボンブラックの生産は、第1次5ヵ年計画による（撫順市社会科学院・撫順市人民政府地方志弁公室［2003］、p.707）。ただし、第1次5ヵ年計画のいわゆる156項目には、カーボンブラック生産は含まれていない。撫順で第1次5ヵ年計画の項目になったのは、アルミと石油精製の2項目である。おそらく、現在でもよくあるように、予算上は石油精製の項目として、カーボンブラック工場建設を開始したと思われる。

カーボンブラックの本格的な生産開始と同様に、満洲国時代の爆薬・火工品の生産も、第1次5ヵ年計画で始まった。硝安をベースとする爆薬の生産は1958年に、火工品生産は1956年に、それぞれ始まった（撫順市社会科学院・撫順市人民政府地方志弁公室［2003］、p.721）。なお、爆薬や火工品も、156項目には含まれていない。爆薬や火工品も、カーボンブラックと同様の状況であった

---

25) 大規模電力工場建設には超高圧送電網が必須である。増強された電力工場では送電量が多くなる。送電量が増えると、送電ロスが大きな問題になる。電圧を10倍にすると送電ロスは100分の1ですので、送電ロスを抑えるには高圧送電が必要になる。電源開発の進んだ満洲では、日本に先駆けて22万ボルトの超高圧送電線が建設された。また、送電ロスを抑えるためには、電気抵抗の小さい材質を使用せねばならない。当時の世界の送電線は、強度を持たせるために鋼材を芯にしてその上に銅線を巻いたものを使用していた。しかし、満洲は銅資源に恵まれなかった。そこで、満洲ではアルミの使用が開発された。1941年から1942年にかけてアルミ電線が全満洲で使用されるようになった（峰［2006］、p.2）。この満洲国時代の22万ボルト超高圧送電線が復旧するのは、アルミ生産が再開した1954年からである（峰［2006］、p.5）。

表4-6 撫順オイルシェール・人造石油工場の変遷

1928年	オイルシェール工場建設開始。
1930年	オイルシェール石油生産開始。
1936年	人造石油工場建設開始。
1939年	オイルシェール新工場建設開始。
1941年	人造石油工場開始。
1945年	日本敗戦に伴い生産停止。
1949年	石油一廠（旧オイルシェール西工場）生産再開。
1951年	石油三廠（旧人造石油工場）生産再開。
1954年	石油二廠（旧オイルシェール東工場）生産再開。

出所：遼寧省地方志編纂委員会弁公室主編［1996］、pp.304-305、p.309；（本書）第2章第2節、第2章第3節、第2章第4節、第4章第2節、第4章第3節。

と思われる。

　ここで、これまでに論じた撫順のオイルシェール・人造石油工場の変遷を表4-6にまとめた。なお、旧撫順炭鉱の化学工業所に関しては情報量が少ないため割愛した。

3) 大連

　大連では、アンモニアやソーダを始め多くの化学製品が、1951年から生産を回復していた。大連は復興期の最も重要な化学工業都市であった。しかし、第1次5ヵ年計画における大連は、大型火力発電所が建設されたのみであった。化学関連の大連における大型投資の項目は、第1次5ヵ年計画ではなかった。これまでに論じた満洲化学と満洲曹達の変遷をまとめて表4-7を作成した。なお、人民共和国に入って大連染料廠となった大和染料、大連油脂化学廠となった大連油脂、大連油漆廠となった満洲ペイント等は情報量が少ないため、満洲化学と満洲曹達以外の企業は割愛した。

4) 錦西

　旧陸軍燃料廠であった錦西は、復興期に、電解設備が開原から移設されて電解工場が新しい柱になり、錦西化工廠として化学工場に生まれ変わった。そして、錦西ではフェノール生産が復興期に始まっており、前節においては、錦西

表4-7　満洲化学・満洲曹達の変遷

1933年	満洲化学設立。
1935年	満洲化学生産開始。
1936年	満洲曹達設立。
1937年	満洲曹達生産開始。
1945年	日本敗戦と共に生産停止。
1947年	満洲化学は大連化学工廠、満洲曹達は大連曹達工廠と改名して新設の建新公司が管轄。
1951年	建新公司は解散し東北工業部が管轄。それぞれ大連化学廠、大連鹼廠と改名した。アンモニア工場・ソーダ工場の復旧が始まる。
1956年	(化学工業部設立)
1957年	化学工業部の管轄下で大連化学廠と大連鹼廠は統合され、大連化工廠と改名。

出所：遼寧省石油化学工業庁編著［1993］、pp.448-449；(本書) 第2章第3節、第3章第4節、第4章第3節。

のフェノールを原料にしたカプロラクタム国産化が計画されたことを述べた。この国産化計画のために、上海有機化学研究所において、ナイロン原料となるカプロラクタムの分子量や重合に関する基礎理論の研究がなされた。1954年には、瀋陽化工院が、カプロラクタム工業化の基礎研究を開始した。また、化学工業部第一設計院は、ソ連の年産1,000トンカプロラクタム設備資料[26]に基づき、錦西における年産1,000トン設備のエンジニアリングを請け負った。こうして、錦西化工廠は、上海有機化学研究所や瀋陽化工院や北京第一設計院からの支援を受け、1958年にカプロラクタム工業生産を成功した (錦西化工総廠志編纂委員会［1987］、pp.81-82)。しかし、その後の人民共和国におけるフェノールやカプロラクタムの生産は、錦西では発展しなかった[27]。

錦西で重要なものは、カーバイドアセチレンを出発原料とする塩ビ生産の開始である。瀋陽化工研究院が、アセチレン法による塩ビモノマーの試験研究を

26) 第2次世界大戦におけるソ連の対独勝利により、多くのドイツ人科学技術者と技術資料がソ連に持ち込まれた。錦西化工総廠志編纂委員会［1987］が記すソ連の技術資料は、ドイツ技術と思われる。
27) 人民共和国では、合繊としてのナイロンの使用が発展しなかった。計画経済時代の人民共和国の合成繊維は、次章で述べるように、ビニロンに依存した。また、その後の化学工業部の方針により、フェノールは蘭州・北京・上海が、カプロラクタムは南京・岳陽が生産拠点となった。

表4-8 錦西・錦州地区化学工場の変遷

1937年	満洲合成燃料設立
1940年	日本陸軍燃料廠建設開始。
1944年	大陸化学設立。
1945年	日本敗戦と共に生産停止。
1946年	資源委員会に接収され東北煉油廠に改名。
1947年	満洲曹達開原工場水銀法電解設備を錦西に移設。
1948年	共産党が管轄し、錦西煉油廠に改名。
1950年	錦西化工廠に改名。
1951年	人造石油生産開始。
1952年	旧日本陸軍燃料廠が石油五廠として独立して東北工業部管轄下に。フェノール生産開始。
1960年	錦西化学工業公司に改名。
1965年	錦西化工廠に改名。

出所:錦西化工総廠志編纂委員会［1987］、前言、pp.17-22;(本書)第2章第4節、第3章第4節。

始めており、これが1954年に成功した。この瀋陽化工研究院での研究成果をもとに、重工業部化学工業管理局は、塩ビポリマーの中間試験を錦西で実施することを決定した。錦西は、ドイツIG社のRheinfelden工場の技術資料[28]によって、ポリマー重合の中間試験を成功させた。そして、旧日本陸軍の潤滑油工場を活用して、年生産能力3,000トンの塩ビ工場を建設し、1958年に工業生産に成功した[29](錦西化工総廠志編纂委員会［1987］、pp.88-89)。

ここで、これまでに論じた満洲合成燃料・日本陸軍燃料廠・大陸化学の変遷を表4-8としてまとめた。

5) 瀋陽

瀋陽も、化学工業への投資は復興期で終わっていた。第1次5ヶ年計画における瀋陽では、個別産業でみると、機械・航空機・電線が重視された。その代

---

28) 錦西で使用されたIG社のRheinfelden工場の技術資料は、カプロラクタムと同様に、ソ連経由で人民共和国に入ったものと思われる。
29) この塩ビ生産技術の確立により、計画経済時代の中国の合成樹脂は、塩ビが中心になった。この錦西で確立された新しい生産体系をもとに、第1次5ヵ年計画の後、各地で塩ビ工場が建設された。その状況は次章で述べる。

わり、第1次5ヵ年計画における化学工業では、瀋陽が全国の研究開発の中心地になった。すなわち、1953年に東北工業部化工局研究室は、北京化工研究所、浙江省化工試験所を合併して、重工業部化学工業管理局瀋陽化工総合研究所となり、全中国化学工業の研究開発活動の中心地になった（中華人民共和国化学工業部［1996］、p.78）。このように瀋陽が研究開発の中心地になった要因の一つには、東北工業部が新設した化学公司に研究室を設け、民国期の技術的な蓄積が皆無に近かった染料を始めとする有機化学研究にいち早く取り組んだことがある（中華人民共和国化学工業部［1996］、p.75）。新政府が戦後の経済建設における有機化学の重要性を認識し、そのために技術的な蓄積のある東北において研究を開始した結果と思われる。このような有機化学の重視政策が、錦西における瀋陽化工研究院の協力の下での、カプロラクタムや塩ビの技術開発の成功につながったのであろう。

1956年に化学工業部が創設されると、この瀋陽化工総合研究所の有機合成・合成材料部門が北京に移されて北京化工研究院となり、瀋陽化工総合研究所は瀋陽化工研究院と改組された。なお、この組織改正では、民国期の中心であった天津には天津化工研究院、上海には上海化工研究院が設立された（中華人民共和国化学工業部［1996］、p.81）。瀋陽は、北京・天津・上海とならんで、中国化学工業の研究開発の中心都市であったことを示している。しかしながら、第1次5ヵ年計画においては、瀋陽を立地とした化学の項目はゼロであった。

ここで、これまでに論じた満洲曹達奉天工場・満鉄潤滑油工場・石炭液化研究所の変遷を表4-9にまとめた。

6) その他の都市

安東では、安東軽金属のアルミ工場が85％程度完成しており、また、満洲炭素の電極工場が1944年から稼動していた。しかし、いずれの工場も、復興期及び第1次5ヵ年計画を通じて、復旧も再建・再構築もなかった。

一方で、第1次5ヵ年計画により大規模な化学工業基地となった蘭州[30]は、満洲化学工業の影響を受けている。新政府は、蘭州を石油化学工業展開のための戦略的な新立地と位置付けした。そのため、蘭州は、単に石油化学の生産基地であるばかりでなく、石油・石油化学関連の研究開発基地でもあった。新政

表 4-9 満洲曹達奉天工場・満鉄潤滑油工場・石炭液化研究所の変遷

1940年	満洲曹達奉天工場開始。
1941年	満鉄潤滑工場生産開始。
1945年	石炭液化研究所完工。
1946年	国民党が満洲曹達奉天工場・満鉄潤滑油工場・石炭液化研究所を接収。瀋陽化工総廠に改名。その後資源委員会管轄下となり、資源委員会瀋陽化工廠に改名。
1948年	瀋陽化工廠は東北人民政府重工業部化学工業管理局の管轄下に。
1952年	瀋陽化工廠は中央人民政府重工業部の管轄下に。
1956年	(化学工業部設立)
	瀋陽化工廠は新設の化学工業部管轄下に。

出所:遼寧省石油化学工業庁編著［1993］、p.455;（本書）第2章第3節、第3章第4節、第4章第3節。

府は、石油・石油化学関連の研究開発を重視し、1954年に中国科学院工業化学研究所（旧満鉄中央試験所）に対してその任務を与え、組織名を中国科学院石油研究所と改称した。それと同時に、蘭州にその分所を設置して、大連と蘭州において、石油・石油化学に関する研究開発体制をしいた（中国科学院大連化学物理研究所［2003］、iv、p.52）。長春で始まったクロロプレンの研究も、やがて蘭州に集約された。また、蘭州は石油化学の研究開発センターと位置付けされて、多くの石油化学技術者が蘭州に配属された[31]。また、第1次5ヵ年計画では、吉林・蘭州のほか、太原に大規模化学工業基地がソ連の援助で建設され

---

30) 化学工業基地としての蘭州は、火力発電所を中心に肥料工場・合成ゴム工場からなる。蘭州は全く新しい立地として建設された。重工業部が専門家を蘭州に派遣して立地調査を始めたのは1952年秋であった。その後、国家計画委員会主任李富春が、1953年11月に中央政府の関連部門責任者及びソ連人技術者を帯同して蘭州を訪問し、蘭州立地が正式に確定した。そのため蘭州の建設開始は、吉林や太原からかなり遅れた1956年であった。肥料工場と合成ゴム工場は同時に建設に入った。肥料工場は、1958年に完成して順調に生産を開始した。肥料工場では、アンモニア5万t／yを柱として、硝酸・硝安・メタノール・ヘキサミンが作られた。しかし、合成ゴム工場は、1960年に完工したものの、生産は順調ではなかった（《当代中国》叢書編輯部［1986］、p.15;《当代中国》叢書編輯部［1987］、pp.404-406）。詳細は次章で述べる。
31) 蘭州で育った化学技術者はその後各地に配属され、蘭州で開発研究された技術の応用開発に従事した。また化学行政にかかわった者も少なくない。中国化学工業中枢部には、特に石油化学分野では、蘭州出身者が多いといわれる。

た[32]。

第4節　小型化と地方分散への道

本節では、復興期と第1次5ヵ年計画を経て成立した中国化学工業が、毛沢東の指導する自力更生策の下で、小型化と地方分散の道を歩んだ状況を考察する。計画経済時代の中国経済は農業が主であり、肥料工業が中国化学工業を代表するとされた（神原［1970］、p.36）。そして、同時に、小規模の肥料工場を全国の需要地に建設した特異な生産体系は、西側の中国研究者も評価した（Sigurdson［1977］、pp.1-6）。アメリカ議会の中国経済報告においても、毛沢東時代の5小工業の中でも、最も成功した事例として肥料工業が報告されている。そこで、まず、肥料工業を中心にして、小型化と地方分散への道を検証する。次いで、民国期には世界水準にあったソーダ工業が、小型化と地方分散を志向した政策の下で、停滞に向かった状況を検証する。最後に、毛沢東時代の有機合成化学を担ったカーバイド工業においても、小型化と地方分散が志向された状況を考察する。あわせて、このような毛沢東時代の技術開発において、満洲化学工業に起源を持つ設備と技術が果たした役割を明らかにする。

1. 肥料

表4-10は、大型・中型・小型別アンモニア生産状況を示す。大型は、1972年の米中和解後になされた、西側技術を導入して建設された13基のアンモニア工場である。肥料としては尿素が主である。中型は、国産技術（ソ連援助を含む）で建設された1万トン以上のアンモニア工場を指し、肥料としては硫安・尿素・硝安が主であった。小型は、年産800トンをモデルとするアンモニア工場を指し、肥料としては重炭安（別名、重炭酸アンモニアともいう。以下、

---

32) 太原の化学工業基地は大型発電所を柱に肥料工場・化学工場・医薬工場からなる。肥料工場は、アンモニア年産5万2,000トン設備を中心に、硝酸・硝安・メタノール・ホルマリンが作られた。化学工場は、電解設備が作られて塩素系の農薬・爆薬が作られた。医薬工場は、主要な医薬品はスルファミンであった。1958年には燐酸工場も作られた（《当代中国》叢書編輯部［1986］、pp.15-16）。

表4-10　大型・中型・小型別アンモニア生産状況

年	大型 工場数	大型 生産数量 1000t	大型 %	中型 工場数	中型 生産数量 1000t	中型 %	小型 工場数	小型 生産数量 1000t	小型 %	全国生産数量
1952				2	37	97	7	7	3	38
1957				3	153	100				153
1962				8	455	94	45	28	6	483
1965				22	1,301	88		185	12	1,484
1970				30	1,445	59	300	1,000	41	2,445
1973				38	2,155	45	961	2,589	55	4,744
1974				42	2,074	44	1,078	2,651	56	4,725
1975				45	2,533	42	1,199	3,544	58	6,077
1976	4	170	3	47	2,334	38	1,319	3,681	59	6,185
1977	5	1,245	14	49	2,579	30	1,450	4,880	56	8,704
1978	8	2,061	17	53	3,190	27	1,533	6,584	56	11,835
1979	10	2,706	20	54	3,518	26	1,539	7,257	54	13,481
1980	13	3,127	21	56	3,655	24	1,439	8,194	55	14,975
1981	13	3,359	23	56	3,667	25	1,357	7,808	52	14,833
1982	13	3,448	22	56	3,637	24	1,279	8,378	54	15,464
1983	13	3,631	21	56	3,683	22	1,244	9,457	57	16,771

注：大型は西側技術、中型は年産1万トン以上の国産（含むソ連援助）、小型は年産1万トン以下。
出所：《当代中国》叢書編輯部編［1986］、付表、表5より筆者作成。

「重炭安」と記して「　」を付さない）である。第1次5ヵ年計画開始前の1952年における中型2工場とは、(満洲化学の後身である) 大連化工廠及び(永利化学の後身である) 南京化学工業公司であり、小型1工場とは上海の天原化工廠である。1950年代後半には、第1次5ヵ年計画により中型の工場が建設され、1960年代は中型が国内アンモニア生産の中心であった。ところが、1960年代後半から1970年代の初めには、年産800トンをモデルとする小型工場が各地で建設された。1973年からは、小型が国内アンモニア生産の最大になった。小型工場の数は1979年をピークとして減少しているものの、生産量はその後も増加を続けており、小型工場の生産性が向上していったことがわかる。

　この1960年代後半から急増した小型工場は、肥料行政を受け持った化学工業部が、共産党中央の指示により、1958年から小型窒素工場建設を推進した結果であった。この小型窒素肥料工場とは、小規模のアンモニアから炭酸水素アンモニアを生産して、重炭安を窒素肥料として利用するものである。当時の窒素肥料生産は、民国や満洲国時代からの硫安や、第1次5ヵ年計画によりソ連か

ら導入された硝安が中心であった。しかし、硫安生産には硫酸を要し、硝安生産には硝酸を要する。硫酸工場には鉛が、硝酸工場にはステンレスが必要である。そのため、硫安や硝安による肥料供給は、建設費増大に加えて、鉛やステンレス不足による制約を受ける。また、中国は硫酸原料の硫黄資源も恵まれていなかった。このような制約を受けない窒素肥料として選ばれたのが重炭安であった（《当代中国》叢書編輯部編［1986］、p.54-55）。

重炭安は、小額の投資で容易に建設でき、石炭を原料に生産方法もむずかしくない。ただし、重炭安は物質的に不安定であり、窒素成分が容易に流亡する。そのため、世界中に重炭安を肥料として使用する国はなかった。しかし、中国の場合には、輸送中や保管中の損失が大きくとも、全国で産出する石炭を原料にして、需要地である農村地帯に工場を建設することで損失を軽減できる。また、米ソ2強大国から強力な封じ込め政策を受けた中国としては、小型工場を全土に分散して建設するのは、軍事上・政治上からも意味のある国策であった。その結果、需要地である農村に建設される小型の肥料工場は、当時の中国の国情に適うものとして、共産党中央から強い支持を受けて推進された。その技術開発の責任者には侯徳榜が選ばれた（《当代中国》叢書編輯部編［1986］、p.54）。

侯徳榜自身は、化学技術者として小型肥料工場計画を評価しなかった。しかし、侯徳榜は共産党中央の方針にしたがって、その技術開発に取り組んだ。満洲国時代の化学工業を高く評価していた侯徳榜は、大連に拠点を置いて技術開発を行った。旧満洲曹達工場を利用して炭酸化技術を応用し、他方で、上海化工研究院や北京化工実験廠の協力を受けて、重炭安を肥料として利用する方法を確立した。そして、アンモニア年産800トンという小規模工場によるモデル生産体系を大連で1958年に確立した（李祉川・陳歆文［2001］、pp.247-252）。この生産モデルによって、1959年以降に各地に重炭安工場が建設された（遼寧省地方志編纂委員会［1999］、pp.22-24）。毛沢東時代の中国における窒素肥料は、重炭安が主であった。西側技術導入で大型肥料工場が建設されてからも、なお、重炭安は最大の窒素肥料であった。尿素が重炭安に替わって最大の窒素肥料になるのは、1990年代半ば以降のことである。

2. ソーダ

人民共和国におけるソーダ工業の柱になったのは、民国期に范旭東と侯德榜の手により建設された天津鹼廠（旧永利鹼廠）と、旧満洲国の満洲曹達を前身とする大連化工廠である。范旭東の死後その後継者となった侯德榜は、陳雲からの要請を受けて、大連・鞍山・瀋陽・四平・吉林・撫順・錦州・錦西等東北の主な化学工場を、人民共和国成立直後の1949年11月に見学した。その際、原料の塩とアンモニアの供給体制が完備している大連に注目した。侯德榜は、この大連を拠点にして、塩安を併産するソーダ灰生産方法の完成を政府に提案した。この侯德榜の提案は新政府により承認された。この提案の実施により、紆余曲折を経て、侯德榜はこの「侯氏ソーダ法」と呼ばれる製法を完成させた（李祉川・陳歆文［2001］、pp.205-206、pp.210-211）。

「侯氏ソーダ法」は連合ソーダ法とも呼ばれ、1930年代に侯德榜が研究を開始したものである。「侯氏ソーダ法」は、侯德榜の名前を世界に知らせた技術であった。侯德榜は、1943年時点で、日本軍の侵攻で避難していた四川の研究室において、すでに実験室生産を成功させていた。しかし、四川の地は原料塩に恵まれず、またアンモニア供給も充分でなかった。そのため、その後の工業化生産への移行研究が中断されていた。侯德榜の提案は、最初は、復旧作業の一過程として実行に移された。そして、1951年に中間設備が建設された。しかし、この中間設備は成功をみなかった。この間、ソ連技術者が、副産物である塩安の肥料としての肥効を疑問視したこともあって、工業化実験は停止となった（李祉川・陳歆文［2001］、pp.211-212）。その後、工業化実験が再開され、工業化の目途を得た。そして、1958年から工場建設が始まった。そして、1961年に年産16万トンの工場が運転を開始した。この「侯氏ソーダ法」の生産技術は、1964年末に完成された（遼寧省地方志編纂委員会［1999］、pp.58-59）。このように、人民共和国におけるソーダ生産は、大連が一つの中心であった。その他に、山東省青島・四川省自貢・湖北省応城・浙江省杭州等でも、「侯氏ソーダ法」による新工場が建設された。

一方、地方の需要の増加に対応すべく、1970年代初めからは、小型の窒素肥料工場を改造して、「侯氏ソーダ法」による小型ソーダ工場が各地に建設され

表4-11 ソーダ生産推移（数量：1000トン）

	1952	1957	1965	1978	1980	1983
ソーダ灰	192	506	882	1,329	1,613	1,793
苛性ソーダ	79	198	556	1,640	1,923	2,122

出所：《当代中国》叢書編輯部編［1986］、付表、表4より筆者作成。

た。投資額が少ないことに加え、建設も短期間で可能なことから、小型ソーダ工場の建設が相次いだのである。これも、毛沢東の指導した自力更生方針の下では、中国の国情にあった生産体系であった。ただし、小型工場のソーダ生産は順調ではなかった。33工場建設されたうち、28工場のみが実際に生産を開始したに過ぎない。また、生産開始した工場も、多くは生産が順調ではなかった。しかしながら、小型工場によるソーダ灰生産は、1983年では18万3,000トンになった。これは全国ソーダ灰生産の10％以上を占めた（《当代中国》叢書編輯部［1986］、pp.131-133）。

　人民共和国の経済活動が多様になると共に、液体塩素・塩酸・塩ビ・農薬等の塩素需要も増大した。中小規模の電解工場が、ソーダ灰からの苛性ソーダ生産に加えて、全中国各地で建設された。この電解法によるソーダ工場は、復興期に瀋陽や錦西においていち早く復旧されたのを本章第2節でみた。特に、錦西の電解工場は、1958年に開発された塩ビ生産技術モデルの基盤となり、初期の人民共和国の重要な生産拠点であった。しかし、電解法によるソーダ生産は、その後中心が上海ほかに変わって、全国各地で電解工場が建設された。

　中国各地で建設された電解工場の設備能力は、同様に、概して小さかった。上海や北京等の主要工場でも、年産7,500トンから3万トンであった。しかし、塩素需要が増加したこともあって、生産数量は急速に増大した。また、地方政府は、小型の電解工場を数多く建設した。小型の電解工場の中には、年産1,000トンの小規模生産から始めて、年産2万5,000トンにまで規模拡大に成功した工場もあった。しかし、技術改造や経営管理に失敗して、生産を中止した工場が多かった（《当代中国》叢書編輯部［1986］、pp.136-142）。ソーダ灰生産及び電解法苛性ソーダ生産の推移は、表4-11のとおりである。また、塩素需要構成は、1983年で、表4-12のとおりである。

表4-12　1983年塩素需要内訳

液体塩素	25%
塩酸	20%
塩ビ	20%
農薬原料	7%
その他	28%
合　　計	100%

出所：《当代中国》叢書編輯部編［1986］、付表、表7より筆者作成。

3. カーバイド

　中国におけるカーバイドアセチレンを出発原料とする有機合成化学は、満洲電気化学のカーバイド生産を嚆矢とする。満洲国では、1942年に小規模の年産1万5,000トン設備が生産を開始した。そして、引き続き6万6,000トンの本格的な工場建設に入った。しかし、建設工事が進捗しないまま、日本敗戦となった。そしてソ連軍が侵入し、稼動中の小規模設備も、本格的な6万6,000トン工場用の機械類も撤去した。人民共和国に入ると、第1次5ヵ年計画によるソ連の援助により[33]、満洲電気化学の本格工場とほぼ同じ規模の年産6万トンのカーバイド工場が建設された。しかしながら、その後、中国が選択した生産モデルは、この年産6万トンではなかった。

　中国が、国情に合わせて選択した生産モデルは、年産1万8,000トンの工場であった。第2次5ヵ年計画以降に、カーバイド年産1万8,000トンの工場が、各地で建設されたのである（《当代中国》叢書編輯部［1986］、pp.176-177）。ここで注目すべきは、年産1万8,000トンという生産能力が、満洲電気化学が試験的に建設した小規模の年産1万5,000トン工場とほぼ同規模という点である。装置産業である化学工業においては、生産規模は大きな意味を持つ。満洲電気化学の小規模カーバイド工場は、第2章第4節でみたとおり、本格生産に先立っての試験生産の目的で建設された。そのため、建設も運転も容易であった。この

---

[33] ソ連援助による年産6万トンのカーバイド工場の原型は、未完成に終わった満洲電気化学の、年産6万6,000トンのカーバイド工場と思われる。詳しくは、本章第3節を参照のこと。

小規模工場は、第3章第4節でみたとおり、国民党も復興計画に組み込んでいた。国民党に替わって吉林を支配した共産党は、本章第2節でみたとおり、1948年10月からその復旧に取り組み、1949年10月にはカーバイド生産を開始した。新政府樹立と同時に完成したこの復旧工事の成功は、満洲電気化学の年産1万5,000トンの小型工場が、建設も運転も容易であったことを示している。この点が、人民共和国で普及した年産1万8,000トン工場の原型が、満洲電気化学の年産1万5,000トン工場とする所以である。

中国が、小型の年産1万8,000トンというカーバイド生産モデルを推進したのは、小型肥料工場や小型ソーダ工場と同様に、戦時経済を想定した国防上の見地からなされたものであろう。小型のカーバイド生産は、技術的に容易であった。また、建設資金も少なかった。工場運転には、電力需要のピーク時を避けて、余剰電力が利用できるときだけ運転するという小回りもきく。そして、原料コークスは、各地で豊富に産出する石炭から得られる。世界の趨勢が石油化学にある時、中国はこの小型工場を各地に建設して、自力でカーバイド工業を発展させた。そして、アセチレンを原料として、有機合成化学製品を中国経済社会に供給したのである。

第5節　まとめ

本章においては、最初に、復興期において、東北の化学工業が全国の人的資源や資金の投入を受けて最優先で復興された状況をみた。東北の化学工場を接収した東北工業部は、新政府成立前から積極的に復旧作業に取り組み、新政府成立後は重工業部と緊密な連携の下に東北の復興と再建に貢献した後、重工業部に一元化されたことを指摘した。新政府はオイルシェールと人造石油の復興・再建を特に重要視し、撫順のオイルシェールと錦州の人造石油が復旧した状況を検証した。次いで、大連・吉林・錦西・錦州・瀋陽の復興状況を考察した。このような東北の復興作業には日本人技術者が大きな貢献をしたことを明らかにした。また、満洲国の化学工業発展を支えた満鉄中央試験所や大陸科学院が、中国科学院の下に統合されて中国科学院化学物理研究所となり、人民共和国においても引き続き重要な役割を果たしたことを述べた。

次いで、第1次5ヵ年計画期には、重工業部化学工業管理局の下にあった化学行政組織が、軽工業部の化学関連部門を統合して化学工業部として独立し、以後、中国化学工業を指導する部門となった状況を考察した。そして、第1次5ヵ年計画の初期の多くの項目は、その計画がすでに復興期に始まっており、復興期と第1次5ヵ年計画の初期の項目には連続性がみられることを明らかにした。第1次5ヵ年計画では数多くのソ連人技術者が訪中し、それと共に、それまで共産党から強い残留要請を受けていた日本人技術者が帰国したことを指摘した。化学工業は第1次5ヵ年計画で重視された産業の一つであり、初期は特に吉林に化学関連の投資が集中した。しかし、第1次5ヵ年計画全体としては、東北の化学工業への投資比率は低下した。第1次5ヵ年計画における化学関連の項目は吉林と撫順のみであり、復興期に顕著な実績をあげた大連・錦州・錦西・瀋陽には、化学関連の大きな投資はなされなかった。ただし、瀋陽は化学工業部の重要な研究開発拠点となり、瀋陽化工研究院が塩ビやカプロラクタムの技術開発に貢献したことを述べた。

　最後に、復興期と第1次5ヵ年計画を経て成立した中国化学工業が、自力更生政策の下で、小型化と地方分散の道を歩んだ状況を考察した。その具体的な状況を肥料・ソーダ・カーバイドで検証した。小型肥料工場は侯徳榜が大連で開発し、1960年代後半から全国に急速に普及した。小型ソーダ工場も侯徳榜が大連で開発し、全国に建設された。小型肥料工場は生産実績をあげて西側先進国からも注目された。しかし、小型ソーダ工場は十分な実績をあげなかった。有機合成化学の原料部門となるカーバイドでも、小型工場による生産が指向された。中国が全国に建設したカーバイド工場は、復興期に復旧された満洲電気化学の小型カーバイド工場の生産能力と同じであることを述べ、小型カーバイド工場が満洲電気化学の技術を基盤としていることを指摘した。

第5章

改革開放と東北の化学工業

第1節　本章の目的

　本章の目的は、改革開放政策下における東北の化学工業を考察することである。まず、第2節において、中国経済社会の発展と共に、人民共和国の化学工業の分野別構成がどのように変化したかをみる。次に、第3節で、中国が石油化学技術開発では自力更生に失敗した状況を分析し、合繊・合成樹脂・合成ゴムの技術開発において東北の化学工業が果たした役割を検証する。第4節では、自力更生政策の下で、中国化学工業は世界の技術進歩から大きく後退したことを指摘する。そして、改革開放政策の下で大規模な西側技術導入が実施され、東北の化学工業の役割が低下した状況を述べる。最後に、満洲国の主要な化学企業の変遷を都市別にまとめる。

第2節　化学工業の分野構成

　表5-1は、中国化学工業の主要分野の生産額構成比率の推移を、第1次5ヵ年計画の始まる前年の1952年から、改革開放が始まって間もない1983年までを示したものである。出典は《当代中国》叢書編輯部［1986］本文末添付「表2-2」である。個々の数字は問題が多いものの[1]、一方で重要な当時の状況を語る。まず肥料のウェイトが意外と小さい。これは、中国化学工業の中心は肥

表 5-1 化学工業主要分野生産額構成の推移（単位：％）

	1952年	1957年	1965年	1978年	1980年	1983年
鉱業化学品	3.1	6.7	1.2	0.9	0.9	1.1
酸アルカリ	17.7	14.8	13.1	12.1	12.6	16.4
肥　　料	5.2	5.4	17.1	19.5	24.9	24.5
農　　薬				4.1	4.2	4.1
有機化学		19.7	19	25.6	26.1	25.9
医　　薬	19.8	30.6	29.9	14.5		
ゴ　　ム	22.8	16.4	18.3	17.2	19.9	19.6
プラント				1.6	1.8	1.2
その他				4.4	10.8	10.7
合計	68.6	93.6	98.6	99.9	101.2	103.5

出所：《当代中国》叢書編輯部編［1986］、本文末添付「表 2-2」より筆者作成。
注 1 ：1965年の肥料は窒素肥料のみ。農薬は1972年までは肥料に含まれる。
注 2 ：その他は主として石油化学。合計欄は筆者計算。

料であったとする既存研究の定説に反する数字である。吉林・太原・蘭州に大型肥料工場ができあがる1957年以前は、肥料はわずか 5 ％台である。ただし、その後の農業危機で、1965年には17.1％、1978年では19.5％と急速に伸びている。1980年には24.9％、1983年で24.5％と比率はさらに上がる。しかし、全時期を通して、肥料が最大の生産分野であった時はない。肥料を中国化学工業の最大部門としてきた従来の見方は、若干の修正が必要と思われる。この点に関しては、肥料の相対価格を中心にして、問題を再吟味する。

　表 5-1 でウェイトが大きい分野は、医薬とゴムである。そして、有機化学が1957年から突如大きく顔を出す。1980年から表中から消える医薬[2]を除くと、有機化学が1957年から一貫して最大の分野である。また、ゴムの相当部分が合

---

1 ）《当代中国》叢書編輯部［1986］は、化学工業部系統の文献であって、必ずしも中国化学工業全体をカバーするものではない。化学工業部が管轄していた医薬が、化学工業部の管轄からはずれると、医薬の数字は出てこなくなる。石油化学は、基本的には石油化学工業部／シノペックが管轄していた。したがって、石油化学という分野はない。化学工業部が管轄する吉林化学が石油化学の生産を始めると、石油化学は「その他」に入っている。また、化学工業部が管轄する化学プラント類が含まれている。その他、数字を縦に足しても100にならない等の問題がある。
2 ）化学工業部が医薬を担当しなくなったことによる。

成ゴムであって、これも有機化学の1部門とみなせる。有機化学とゴムを単純合計すると、1957年で36.1％、1965年で37.3％、1978年で42.8％、1980年で46％、1983年では45.5％となる。このように、有機合成化学は、1983年では中国化学工業の4割を超える巨大な部門であった。全般的に数字の変化が不自然で大きすぎるので、統計整理上の変更によるものがあると思われる。この表から軽々しく結論を出すべきではないであろう。しかしながら、中国化学工業の分析は肥料のみでは不十分である。中国化学工業の分析には、肥料とならんで、有機化学の考察が不可欠なことを表5-1は示している。そこで、次節では、人民共和国における有機合成化学の発展と、その産業構造を分析する。

次節で有機合成化学を分析する前に、本節では、以下において、肥料工業の重要性を再吟味してみたい。それは、中国の肥料価格が、当局によって人為的に低く抑えられていた可能性があるからである。具体的な分析方法としては、肥料と有機合成化学の相対価格を検討する。計画経済時代に中国農業が使用した肥料は、前章の表4-4が示すように、小型アンモニアによる重炭安であった。しかし、世界で中国のみが肥料として使用する重炭安は、相対価格の検討が困難である。そこで、相対価格分析をする肥料としては、重炭安ではなく価格データが比較的豊富な尿素を選ぶ。他方、計画経済時代を代表する有機合成化学は、合成樹脂では塩ビ、合成ゴムではクロロプレンゴム、合成繊維ではビニロンであった。この中から塩ビを選ぶ。このように、肥料の代表としての尿素と、有機合成化学の代表としての塩ビを材料にして、次のような相対価格の分析を試みた。

まず、肥料価格は国連のFAO統計を利用して、中国の肥料を、価格が高い日本、及び価格の安いアメリカと比較した。具体的には、FAOの肥料統計に掲載されている尿素・硫安・硝安の3品目の農家使用価格から、尿素価格を選んだ。ただし、FAOの肥料統計で中国の肥料価格が登場するのは、1991肥料年度（1991年7月-1992年6月）からである。計画経済時代の数字は得られない。しかし、計画経済時代の価格変動は小さかったこと、及び、中国が市場経済を指向するのは1992年以降であることを勘案し、数字の得られる最も早い年度である1991肥料年度を選んだ。

肥料と比較する有機合成化学の代表である塩ビでは、まず中国の価格に関し

表5-2 肥料の相対価格検討

	尿素1トン当たり価格			塩ビ1トン当たり価格		
	現地通貨	US＄換算	価格比	現地通貨	US＄換算	価格比
中国	1,754	466	100	5,100	1355	100
日本	119,565	866	186	85,985	623	46
アメリカ		474	98		596	44

注1：尿素価格は1991年肥料年度農家購入価格（FAO Fertilizer Yearbook［2001］、pp.190-193）。
注2：塩ビ価格は生産者価格。但し、中国は国家物価局重工商品価格司［1990］、p.17、日本は通商産業大臣調査統計部［1993］、p.115、アメリカはChemical Week, December 18／25, 1991、p.48。
注3：US＄換算は国際連合統計局［1994］、p.1011、p.1015。

て、(目下のところ）入手できた最も古い資料は、国家物価局重工商品価格司［1990］である。その後しばらくは、数字が公表されていない。国家物価局重工商品価格司［1990］は、1990年12月に編纂された生産者価格である。公表価格は、1989年から1990年頃の国内価格と思われる。しかし、市場経済を明確に指向する以前の価格変動は小さいと再び想定して、中国に関してはこの価格を用いた。日本の塩ビ価格は、1991年度の通商産業省の生産者価格を選んだ。アメリカに関しては、業界紙であるChemical Week誌に掲載されている、1991年末の長期契約ベースのアメリカ生産者価格を選んだ。

尿素は農家購入価格、塩ビは生産者価格と異次元の価格比較ではあるが、大まかな相対価格の検討には堪えうるとみなした。また、人民元及び日本円の米ドルへの換算レートは国連統計によった。検討結果は表5-2のとおりである。

表5-2の意味するところは次のとおりである。1991肥料年度において、中国農民が使用した肥料価格は、肥料価格の高い日本より大幅に安かった。中国農民が使用する肥料価格は、国際価格を反映した安いアメリカの肥料とほぼ同じであった。他方、中国の塩ビ価格は、国際価格にリンクしている日本やアメリカに比べ、2倍以上の高価格水準にあった。したがって、表5-2により、計画経済時代の肥料価格は、相対的に安く設定されていたと推定される。それゆえに、肥料工業の重要性は否定されてはならない。しかしながら、最大部門は有機化学であるので、中国化学工業の分析には、肥料工業とならんで、有機合成化学の分析が不可欠である。

第3節　有機合成化学の発展

　中国化学工業は、1962年-1963年頃から、有機合成化学をめざすようになったといわれる。有機合成化学が発展した背景としては、第1次5ヵ年計画を経て国内経済建設が進んだ結果、中国経済は多様な化学製品を必要とするようになったことが大きい。また、農業生産の低迷も大きな要因であった。当時、軽工業原料の70％は農業に依存していたといわれる。この軽工業向けの原料生産が中国農業にとって負担になっていた。これを化学生産で代替して農業を支えようとしたのが、有機合成化学の技術開発に対する大きな推進力であった。

　先行研究も有機合成化学の重要性は指摘している。「有機合成化学工業は1962年頃から急速に発達し始めた」と述べる（神原［1970］、p.34）。しかしながら、「有機化学が発達したとはいえ、建国以降今日まで肥料工業が中心であることに変わりがない」としている（神原［1970］、p.36）。この表現にはやや問題がある。「建国以降今日まで肥料工業が中心」であったというより、「肥料と並んで、有機合成化学が中心にあった」というべきである。そこで、以下において、中国における有機合成化学の発展とその構造を検討する。

1. 有機化学の系譜

　通常、経済社会が発展すると、有機化学の重要性が増す[3]。有機化学には4

---

3) 化学工業の発展は無機化学から出発した。経済発展が初期段階においては、化学工業は酸・アルカリ工業で足りる、といわれる。無機化学工業とは、この酸・アルカリ工業である。動植物の体（すなわち有機体）の活動から出てくる化合物（例えば体の組織とか排泄物）は、実験室では製造できないと考えられていた。有機化合物は、人間が製造できないものとして、無機化合物と区分されてきた。ところが、19世紀になって有機化合物が無機化合物からも合成される発明があった。これにより、従来の化学工業が大きく変化した。そして、その後の技術革新の中で、有機化学が支配的になった。無機化合物は種類が数万程度である。しかし、有機化合物は100万もある。複雑な現代社会の要求に応えるには、有機化合物に頼らざるを得ないのである。また、原料面でみると、無機化学が鉱産物を原料とする。それに対し、有機化学は石炭・石油・天然ガス等の炭化水素を原料とするので、多様な工業生産が可能である。このような事情から、現代の化学工業では有機化学のウェイトが圧倒的に大きい。

つの流れがある。近代経済社会で、最初に登場する有機化学は、石炭からコークスを製造する際の副生タールを原料とするものである。このタールは有機化学原料の宝の山である。2番目の流れは、農産物（例えばとうもろこしやサトウキビ等）の発酵によるアセトン、ブタノール、エタノール類の製造である。アセトンは火薬製造上に必要な物資である。ブタノールからは航空ガソリンができる。エタノールからはエチレン、酢酸、スチレン、ブタジエンが生産できる他、ガソリンの代替物として自動車燃料にもなる。第3番目の流れがカーバイドアセチレンからの酢酸、ブタノール、クロロプレン、アクリルニトリル、塩ビ等の有機合成化学である。このうち、第2番目と第3番目の流れは、石油資源の乏しい国で特に研究された。最後に、第4番目として登場するのが石油化学である。石油化学は、石油資源が豊かで自動車ガソリン需要の強いアメリカにおいて、第2次世界大戦後に開花した。石油化学が登場しても第1の流れは残存したが、第2、第3の流れはあっという間に石油化学の波にのまれた。その結果、第2、第3の流れはほとんどの国で姿を消した。他方、石油化学は次々に技術革新が生まれて、短い間に各国に広まった。多くの主要な化学分野が、石油化学コンビナートに組み込まれた。いわゆる「化学工業の石油化学化」が進んだ。

　では、中国ではどうであったか。第1と第2の流れは、民国と満洲国の双方にあった。第3の流れは満洲国時代に生まれていた。そして、共に、人民共和国成立時の初期条件となっていた。第3の流れに関しては、人民共和国では、第1次5ヵ年計画によりソ連の技術も流入した。その後、中国は自力更生路線の道を歩んだ。中国は、国際社会から閉鎖され、西側諸国の新しい技術にはごく例外的にしか触れることができなかった。その中で、第3の流れが大きく育った。しかし、結論を先にいうなら、自力更生下の中国化学工業は、第3の流れ以上には進まなかった。毛沢東の指導した自力更生路線の下では、第4の流れである石油化学には進むことはできなかったのである。そして、石油化学の代わりとして、中国経済産業を支えたのが、カーバイドアセチレンを出発原料とする有機合成化学であった。世界の趨勢が石油化学に向かってからも、中国は国産技術と国産原料によってカーバイドアセチレンを出発原料とし、合繊ではビニロン、合成ゴムではクロロプレン、合成樹脂では塩ビによって、混乱期

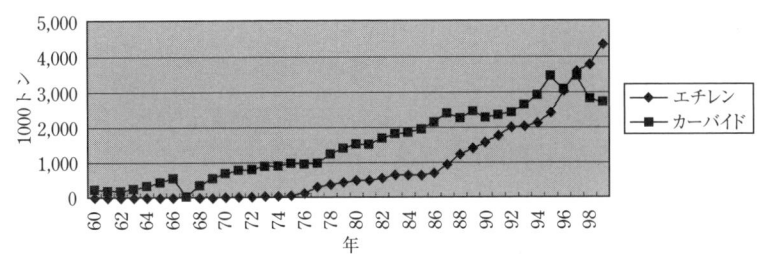

図5-1 エチレンおよびカーバイド生産量推移

出所：中国国家統計局工業交通物資統計司編［1987］、p.148、及び、中華人民共和国化学工業部［各年版］。

の中国経済を支えたのである。以下において順次その状況を検証する。

2. 石油化学における自力更生の失敗

図5-1は中国のエチレンとカーバイド生産を図にしたものである。

最初に指摘すべきは、毛沢東時代の中国は、石油化学の基礎原料エチレンの技術開発を、達成できなかったという事実である。第2次世界大戦後から石油危機までの期間、世界の化学工業には、「化学工業の石油化学化」という大きな潮流があった。多くの化学生産が石油化学コンビナートに組み込まれ、その中で技術革新が生まれ、化学の生産体系が大きく変化した。しかし、中国はこの世界の潮流に乗ることができなかった。表現を変えるなら、中国は石油化学技術の自主開発に失敗したのである。人民共和国政府は、多額の資金と多くの研究者を投入して、自力更正政策により、蘭州と上海で国産のエチレン技術開発を行った。その技術により、各地でエチレン設備を建設した。しかし、結果は惨憺たる失敗に終わっている。以下においてその間の状況を検証する。

まず、中国の化学行政当局は、「わが国の石油化学工業の始まりは、世界の先進諸国と比べて、特に遅いというほどのことはなかった。…ただ現実の進展は緩慢であった…」、と自ら述べる（《当代中国》叢書編輯部［1986］、p.181；《当代中国》叢書編輯部［1987］、p.159）。事実、中国の石油化学のスタートは特に遅くはなかった。

図5-1からわかるように、中国のエチレン生産は1960年から始まった。ただし、1970年代前半までの生産量は、目盛りからはほとんど読み取れない。中

国が1960年にエチレン生産を開始したのは、時期的には決して遅くはない。日本は遅かった。日本のエチレン生産開始は1959年であり、中国と1年しか違わない。日本は石油資源に恵まれず、また敗戦で産業界の研究開発に余力がなく、エチレン生産開始は遅かった。日本の場合は、間もなくエチレン生産は急速拡大し、しばらくすると技術的にも欧米に追いついた。しかし、中国の場合は、エチレン生産は10年後の1970年でも、わずかに2万トンであった。この間、1963-64年には西欧にミッションを派遣し、原料オレフィンやポリエチレン、ポリプロピレン設備を蘭州にプラント輸入している。それまでの技術供給先であったソ連との関係が悪化したために、石油化学技術を西欧諸国から吸収し、国内経済建設のスピードを図るべく、早期の石油化学の国産化を計画したと思われる。しかし、このようなプラント導入にもかかわらず、国産技術開発には成功をみなかった。中国におけるエチレン生産は、西側技術導入による燕山石油化学が稼動する1976年までは、最高で6万トン程度に過ぎない。

蘭州とは別に、上海高橋化工廠でも、石油化学の自主開発がなされた。穀物からのエタノールを原料にし、エチレンとベンゼンを原料とする年産500トンの小型スチレン設備が、1958年に建設されている。その後、食糧不作で、1959年に原料を穀物によるエタノールから、石油精製工場の排ガスに転換した。そして、1964年からスチレン・ポリスチレン・エチレンオキサイドの生産が始まっている。その後、1970年からようやく生産体制が確立し、合成樹脂、合成ゴム各種誘導品工場が建設された。しかし、1983年でも上海高橋化工廠の生産は、エチレン1万1,000トン、プロピレン1万8,000トン、ブタジエン1万7,000トンに過ぎなかった（《当代中国》叢書編輯部［1986］、p.185）。

国交回復25周年を記念してなされた中国日本人商工会議所の産業調査によると、蘭州や上海で開発された年産能力5,000トンから2万トンの小型エチレン工場が、中国全土で60基も建設されている（中国日本人商工会議所調査委員会［1999］、p.63）。仮に60基の年産平均能力を1万トンとすると、エチレン能力合計は60万トン程度になる。生産量が6万トンなので、稼働率はわずか10％という計算になる。エチレンのような典型的な装置産業では、稼働率が10％の工場はまともな設備とはいえない。これは明らかにエチレン自力更生策の失敗を意味する。多大な国家エネルギー注入にもかかわらず、その成果はほとんどなか

ったに等しい。この間、中国の有機合成化学工業は、前章で考察したとおり、カーバイドからのアセチレンが担った。

3. 個別分野の状況

1) 合成繊維

中国化学工業が有機合成化学を志向した状況を考察する最初の分野として繊維工業を選ぶ。中国繊維工業は、中国農業に大きな負担をかけていた。そのため、合繊は、有機合成化学の最大の牽引部門であったからである。繊維工業は建設が容易な上に投資額が少ない。他方で、中国繊維工業は、利潤や税金面で中国政府に大きな貢献をしていた（日本紡績協会調査部［1959a］、pp.13-14）。また、繊維製品は対外債務返済の原資として輸出され、国民経済に大きな貢献をしていた。それにもかかわらず、繊維工業の発展は不安定であった。それは、主要製品の綿糸・綿布の原料である綿花の生産不足が、中国繊維工業の発展に問題を与えていたからである。中国繊維工業の最大の問題点は、原料不足であった（小島［1968b］、p.30）。通常、化学の後発国が石油化学を計画する場合、最初はポリエチレンやポリプロピレン等の合成樹脂を計画する。しかし、中国の場合は異なっていた。石油化学への移行に最も影響を与えたのは、繊維工業であった。

世界の繊維工業は、第1次世界大戦前は、綿製品を中心に発達してきた。第1次世界大戦後にはレーヨンが登場した。しかし、レーヨンは、木材パルプを原料にして苛性ソーダや硫酸等の化学薬品を使用して生産される。レーヨン生産は、綿花同様に、原料を農業に依存する。それゆえに原料問題を克服できない（三菱経済研究所［1956］、pp.172-176）。人民共和国においても、初期は、レーヨンの工業化が検討された。旧満洲国で東洋紡が安東（現丹東）で企業化したレーヨン工場が、留用技術者の協力で復興された[4]。また、北京近郊の保定には、東独援助で、レーヨン1期工事が1959年に完成している（神原［1970］、p.134）。

---

4) 旧東洋紡のレーヨン工場復興には、旧大陸科学院副院長であった志方益三が貢献した。また、1951年春時点で、旧大陸科学院にはレーヨンの研究室があり、日本人技術者が研究に従事していた（丸沢［1961］、pp.95-97）。

しかし、レーヨンは原料にパルプを必要とする。当局は、レーヨンは木材資源の乏しい中国の国情には合わないと判断した。当局の関心は合成繊維に移った。小島［1968b］は、1957年10月に発表された論文[5]を引用して、肥料と合繊が、第2次5ヵ年計画の化学工業の2本の柱になったと分析する。さらに、この方針によって書かれた論文[6]を引用して、「深刻な原料綿花の不足の解消のため合成繊維も積極的に発展させる提案がされた」とし、具体的な合繊としてナイロン・アクリル・ビニロン・塩ビ系をあげて、外国援助により合繊工場を建設して、早期自給に努めることが提案されたことを述べている（小島［1968b］、pp.33-34）。このような中国繊維工業の合繊指向が、中国の有機合成化学の一つの大きな流れを作ったと思われる。

　人民共和国になって、中国が最初に取り組んだ合繊はナイロンであった。第4章第2節では、1952年にフェノールが錦西で生産されたことをみた。そして、第4章第3節では、このフェノールを原料に、瀋陽化工研究院はカプロラクタムの実験生産に成功し、1958年には錦西化工廠がカプロラクタムの工業生産をなしとげたのをみた[7]。錦西のカプロラクタムは錦州合成繊維廠に送られ、錦州合成繊維廠はナイロン繊維生産に成功した。中国ではナイロンを「錦綸」ともいう。これは、化学工業部副部長であった侯徳榜が、錦西・錦州の名前をとって命名したものである（《当代中国》叢書編輯部編［1987］、p.253）。

　ただし、カプロラクタムの合成技術は難しい。工業生産としては、1969年に岳陽化工総廠で、年産5,000トンの本格的なカプロラクタム設備が作られた。しかし、十分な生産実績をあげなかった。また、中国はその後の世界の合繊技術進歩にもついていくことはできなかった。中国化学工業は、結局、初期のフ

---

5) 「我們要建設強大的化学工業」『新華半月刊』（1957年）No.22、p.147。
6) 張秉珠左煥鈴「積極地発展我国化学繊維工業」『計画経済』1958年No.2。
7) フェノールは、その後、当局の方針で、蘭州・北京・上海が生産拠点となった。また、カプロラクタムは、南京・岳陽が生産拠点となった。しかしながら、人民共和国においては、フェノールもカプロラクタムも、その後の技術開発に進歩はなかった。世界のフェノール生産は、ベンゼンスルフォン酸法からキュメン法に変わった。他方、中国は、西側技術が導入されるまで、初期のベンゼンスルフォン酸法によった。ベンゼンスルフォン酸法は生産効率が悪く環境汚染問題を抱える。それにもかかわらず、計画経済時代の中国は、初期の製法をそのまま踏襲した。また、ナイロンの用途開発も進まなかった。そのため、計画経済時代の人民共和国の合成繊維は、ビニロンが主役であった。

表5-3 主要合成繊維生産量推移

	ナイロン		ポリエステル		アクリル		ビニロン		全合成繊維	
	千㌧	%	千㌧	%	千㌧	%	千㌧	%	千㌧	%
1965	3	60	0.1	2	0.2	4	2	40	5	100
1970	7	19	1	3	5	14	19	53	36	100
1975	15	23	18	27	10	15	19	29	66	100
1978	25	15	51	30	41	24	48	28	169	100
1980	32	10	118	38	58	18	97	31	314	100
1984	58	10	359	62	69	12	70	12	576	100
1985	71	9	516	67	73	9	80	10	771	100

出所：《当代中国》叢書編輯部編［1986］、p.505。

ェノール法を超えることはできなかった。中国はナイロン価格が高かった。ナイロン価格が高いため、用途も限られて、その後の発展は小さかったと思われる。合繊の主役は、やがて、ビニロンが取って代わる。ビニロンは投資額も少なく、また、生産費も安い。技術的にも、比較的容易にカーバイドアセチレンから生産できる。そのため、当時の中国の国情にあった合繊としては、ビニロンが選ばれたのである。

すでに1957年において、まず、アセチレンから酢酸を作り、酢酸ビニル・ポバールを経て、ビニロン繊維を生産する開発研究が進んでいた（《当代中国》叢書編輯部［1986］、p.218）。そのパイロットプラントが1958年に天津に作られた。そして、旧満洲油化を前身とする四平連合化工廠で、1965年に年産1,000トン設備が工業化された。丁度この頃、日本との間で日中覚書貿易が始まった。日中関係者の熱意と奔走により、日本の輸銀資金を使った倉敷レーヨン（現クラレ）のポバール年産1万トンおよびビニロンプラントが、1963年に輸出契約された（日中輸出入組合［1967］、pp.16-17）。このビニロン工場は、北京化工廠で1965年完成した。この後、中国は倉敷レーヨンの導入技術をもとに技術改造を加えて、貴州等9つの省で同規模の工場を建設した（《当代中国》叢書編輯部［1986］、pp.218-219）。日本側は、この中国各地に建設された工場はコピープラントであると抗議して、当時の日中貿易の大きな問題となった[8]。

表5-3は、中国の主要合成繊維生産量の推移を示したものである。表5-3で明らかなとおり、ビニロンは改革開放前の最大の合繊であった。ビニロン技

術を世界最初に確立したのは、日本の繊維メーカーである。ビニロンの本格的な工業化は、1946年に倉敷レーヨンによって開始された。ついで、大日本紡績・鐘紡もビニロン技術を作り上げている。しかし、その後間もなく世界の合繊の技術革新は、より優れた特質を持つナイロン・アクリル・ポリエステルに向かった。これらはいずれもビニロンより高度の化学技術を必要とし、繊維メーカーの手ではできなかった。いずれも欧米化学メーカーが技術開発した。このような高度の合繊生産には、広範囲の石油化学基礎製品を必要とする。自力更生路線下の中国では、ポリエステル・アクリル等の自主開発はできなかったのである。

2) 合成樹脂

表5-4は合成樹脂の生産推移を示す。合成樹脂には熱硬化性樹脂と熱可塑性樹脂がある。熱硬化性樹脂とは、フェノール樹脂・尿素樹脂等で熱を加えても形が崩れないものである。最初に市場に出たのは熱硬化性樹脂であった。中国でも最初の合成樹脂は、フェノール樹脂であった。民国期に、上海を中心に広州・天津・漢口・重慶等において、原料フェノールを輸入して、少量ながら生産された。人民共和国の最初の合成樹脂開発も、フェノール樹脂であった

8）筆者の最初の研究発表では、中国のポバール・ビニロン生産体制が「吉林省四平の国産1,000トン／年設備での国産技術蓄積と、北京の輸入1万トン／年の運転ノウハウから作り上げられた」（峰［2006a］、p.35）とした。この研究発表に対して、小島麗逸大東文化大学名誉教授から、中国のビニロンプラントは基本的にコピープラントであることを明記すべきではないか、との批判を受けた。また、元クラレ社員藤本雅之氏からも同様な問合わせを受けた。本書では、主として中国政府の公式見解を示す《当代中国》叢書編輯部［1986］に依拠し、また、クラレほか当時の日本産業界の声をも念頭に置きつつ改稿した。改稿に際しては、《当代中国》叢書編輯部［1986］が、1958年3月に天津有機化工試験廠でビニロンの試作に成功したこと、1960年に年産60トンの中間試験設備をカーバイドアセチレンを原料として気相法により建設したこと、1962年化学工業部は天津で全国ビニロン会議を開催してビニロン国産化方針を固めたこと、1965年5月吉林省四平連合化工廠で年産1,000トンのポバール生産を開始し、人民日報が中国最初のビニロン設備の完成を祝福して報道したこと《当代中国》叢書編輯部［1986］、p.218）を参考にした。なお、国会図書館に所蔵されている1965年分の人民日報により、人民日報のビニロン国産化報道記事を探したが、小さな記事の可能性もあり、また、調査のための十分な時間が取れず、2008年6月末時点では未発見である。

表5-4　主要樹脂生産量推移

	塩ビ		ポリエチ		ポリプロ		ポリスチ		全合成樹脂	
	1000トン	%	1000トン	%	1000トン	%	1000トン	%	1000トン	%
1965	74	76	0.1	0	0	0	3	3	97	100
1970	128	73	5	3	0	0	5	3	176	100
1975	217	66	30	9	6	2	9	3	330	100
1978	256	38	243	36	72	11	12	2	679	100
1980	378	42	302	34	95	11	17	2	898	100
1984	504	43	337	29	120	10	26	2	1,180	100
1985	508	41	335	27	132	11	32	3	1,232	100

出所：《当代中国》叢書編輯部編［1987］、p.505。

(《当代中国》叢書編輯部［1986］、p.229)。フェノール樹脂はベークライトとも呼ばれる。用途は電気絶縁材料などである。フェノールとホルマリンが主原料であり、その国産化に貢献したのは、錦西と吉林である。ホルマリンはメタノールから作られるので、フェノール樹脂生産にはフェノールとメタノールが必要である。すでに述べたとおり、主原料フェノールの生産は1952年錦西で始まっていた。そして、石炭を原料とした大型メタノール工場が、吉林の人造石油工場の跡地に1957年に建設された。こうして、本格的なフェノールとメタノール供給体制が、東北において、成立した。このフェノールとメタノールの国産化により、フェノール樹脂生産が中国に定着した。

　もう一方の熱可塑性樹脂とは、塩ビ・ポリエチレン・ポリプロピレン・ポリスチレン等で、熱を加えると簡単に形が変わるものである。熱可塑性樹脂は、やがて市民の日常生活に定着して大量に使用されるようになり、熱硬化性樹脂に替わって合成樹脂の主流となった。熱可塑性樹脂は、民国期にはなく、人民共和国になって登場した。中国では塩ビが、長年にわたり熱可塑性樹脂の中心であった。表5-4にあるとおり、1985年時点でも、なお塩ビが最大である。この塩ビの研究は、1954年に瀋陽化工研究院で始まった。生産は1958年に錦西で始まった。錦西で3,000t／yの生産体系が確立され、全国に同規模の工場が作られた。チベットを除くすべての省、自治区、直轄市で作られ、塩ビ生産は急増した。設備能力は北京化工2廠が最大で、年産7万5,000トンである。そのほかに、年産1万トン以上が11工場、年産3,000-1万トンが20工場、年産3,000トン

が35工場ある。塩ビにおいても、中小型の設備が多い(《当代中国》叢書編輯部 [1986]、pp.236-237)。

世界市場では、ポリエチレンやポリプロピレが急速に普及した。しかし、中国市場では、ポリエチレンやポリプロピレの生産は、改革開放までは実質的にはゼロに等しかった。赤羽は「石油化学工業は今後の課題であるが、化学工業全般の発展にともなって、塩ビ原料のカーバイドと塩酸の生産も増えるであろうから、当面は塩ビ中心で間に合うので、石油化学系のポリエチレンやポリスチレンの生産はもっと先のことになるであろう」(赤羽 [1966]、p.251)、と分析している。赤羽 [1966] は、情報の少ない当時としては、優れた分析をしている。しかし、この点は実態と違っていた。中国は、ポリエチレンやポリスチレン自主開発に成功せず、やむをえず塩ビに依存していたのである。

3) 合成ゴム

広い国土を持つ中国は、南部の亜熱帯地域で天然ゴム生産はあるものの、天然ゴム供給は輸入に大きく依存している[9]。そのため、合成ゴム技術開発に早くから取り組んでいた。改革開放以前の文献である亜細亜通信社 [1962] は、当時の厳しい情報管理下にもかかわらず、貴重な情報を提供している。亜細亜通信社 [1962] は、当時の中国化学工場の状況を、写真と共に描いており、下巻各論「Ⅶゴム」では、自動車タイヤを中心としたゴム需要を紹介している。同じく下巻各論「Ⅴプラスチック」には、カーバイド工業の紹介をして、「合成ゴム工業では、合成アルコールや石油ガスのブチルブタンからブタジエンを分留してつくるブナゴム(ドイツで開発されたブタジエン系ゴム:引用者註)と、カーバイドを原料とするネオプレン(ネオプレンはクロロプレンの商品名:引用者註)が生産されているが、現在はブナゴムが主」である、と述べている。ブナゴムはブタジエンを原料とし、クロロプレンはカーバイドを原料とする。当時、ブタジエンは、穀物原料のエタノールから少量作られていた。そのため、穀物を原料とする合成ゴム開発も、中国農業に負担を与えていた。こ

---

9) 中国の天然ゴム生産は、海南島・雲南省・広東省・福建省・広西チワン族自治区における約60.7万haのゴム園でなされている。中国の天然ゴム生産は、1997年で43万トンであり、世界5位の生産国である(播磨 [2000a]、p.563、p.567)。

のような事情から、人民共和国の化学工業当局は、有機合成化学による合成ゴムの生産を必要としていた。

中国の化学工業行政当局は、人民共和国の合成ゴム研究が、長春の中国科学院応用化学研究所におけるクロロプレン研究から、1950年に始まったことを記している（《当代中国》叢書編輯部［1986］、p.199）。長春の中国科学院応用化学研究所の前身は、1935年に長春で設立された旧満洲国の大陸科学院であった。大陸科学院は、大連の満鉄中央試験所と並ぶ、高水準の研究機関であった[10]。大連の満鉄中央試験所の化学関連の主要研究テーマは、第4章第2節でみたとおり、アルミ・オイルシェール・人造石油・潤滑油・醗酵法アルコールであり、合成ゴム関連のテーマはない。そして、第2章第4節でみたとおり、1944年から吉林では、満洲合成ゴムがクロロプレンゴム生産を始めていた。また、表4-2の大陸科学院接収後の研究者内訳表は、院長が日本人であることからして、満洲国末期の状態とほぼ同じと思われることを第4章第2節で指摘した。

以上のような状況を整理すると、表4-2の「有機化学」研究室の研究業務とは、クロロプレンゴム関連ではないかと思われる。そして、大陸科学院でのクロロプレン研究は、中国科学院応用化学研究所を通じて、人民共和国の初期条件となったのであろう。すでに赤羽が指摘しているように、満洲国時代のクロロプレンゴムの研究は、人民共和国で活用されたとみてよい[11]。赤羽は次のように述べる。「第2次大戦中に日本が蘭州と吉林にクロロプレンやNBRのパイロットプラントを作った実績があり、それが後に活用されている…」（赤羽［1966］、pp.263-264）[12]。中国科学院応用化学研究所の初代所長董晨氏は、満洲国時代日系パルプ会社で工場長を務めており（丸沢［1979］、p.106）、留用日本人技術者の力を評価していた。そして、董所長は、長春の研究所に積極的に日

---

10) 大連の満鉄中央試験所と長春の大陸科学院は、人民共和国成立後に統合されて、中国科学院応用化学研究所となった。第4章第2節参照。
11) 赤羽が人民共和国のクロロプレンは日本の技術であるとする根拠は明確ではない。しかし、ソ連により蘭州に持ち込まれた合成ゴム技術はクロロプレンではなく、ブタジエン系のブナゴムであった。また、クロロプレンはアメリカが本場であるが、アメリカのクロロプレン技術が人民共和国に流入したという情報はない。したがって、日本以外の国のクロロプレン技術が人民共和国に入ったとは考えにくい。この意味において、中国のクロロプレン技術が満洲国時代の日本技術であるとするのは十分な根拠がある。

本人留用技術者を採用した。その結果、20余名もの日本人留用技術者が採用された（丸沢［1961］、pp.88-97）。このような留用技術者が、クロロプレン研究に従事したと思われる。

しかし、長春で始まったクロロプレンゴム技術開発は、第1次5ヵ年計画により、大きな変化を受けた。長春でなされた技術開発を基に、四川省長寿県で、1955年にクロロプレンゴム工場建設が始まったからである（《当代中国》叢書編輯部［1986］、p.199）。長春で研究開発されたクロロプレンの工場が、四川省長寿県に建設された理由は、第1次5ヵ年計画初期における東北立地偏在を修正する目的であろう（劉国光［2006］、pp.75-76）[13]。合成ゴムが重要な軍需物資であったことが、最も安全な内陸地の一つである四川省を選択した根拠と思われる。クロロプレンゴム生産は、困難の連続であったものの、1958年から生産を開始した。また、ソ連が戦勝国として得たドイツ技術により、ブナゴム系のSBR生産が蘭州で始まった。クロロプレンを含む合成ゴムの研究は、その後、蘭州に集約された。

新政府は石油・石油化学の研究開発を重視して、大連の旧満鉄中央試験所にその任務を負わせ、組織名を中国科学院石油研究所に改名した。その分室が蘭州に設けられ、中国科学院石油研究所蘭州分所となった。これに伴って、長春のクロロプレン研究も、合成ゴムの生産・研究拠点となった蘭州に移管されたのである。しかし、クロロプレンもSBRも生産量はわずかであり、初期の技術からの進歩はみられなかった。人民共和国の合成ゴム生産量が拡大するのは、西側技術が導入された1975年以降である。

表5-5は主要合成ゴムの生産量推移である。初期においては、SBRとクロロプレンが主な合成ゴムであった。SBRの原料はスチレンとブタジエンである。蘭州で生産された少量のブタジエンとスチレンは、このSBRに消化されたもの

---

12) 吉林のみならず、蘭州でも日本がパイロットプラントを建設したというのは、情報のコンタミであろう。第2次大戦中の蘭州は共産党が支配しており、日系企業の進出は困難であった。ただし、蘭州の近くに進出した日系企業の事業としては、日本窒素による太原の肥料工場がある（峰［2005］、pp.37-39）。また、第4章第2節で述べたとおり、満鉄中央試験所の後身である中国科学院応用化学研究所が、蘭州に分所を設置して、大連と連携して石油関連の研究を行っていた。このような情報のコンタミと思われる。

13) 第4章第3節参照。

表5-5　主要合成ゴム生産量推移

	SBR		ブタジエン		クロロプレン		NBR		全合成ゴム	
	1000トン	%	1000トン	%	1000トン	%	1000トン	%	1000トン	%
1965	12	75	0	0	2	13	1	6	16	100
1970	13	52	0.4	2	9	36	2	8	25	100
1975	32	56	13	23	7	12	4	7	57	100
1978	37	36	51	50	10	10	4	4	102	100
1980	36	29	74	60	8	7	4	3	123	100
1984	68	39	86	49	15	9	4	2	174	100
1985	68	38	88	49	17	9	4	2	181	100

出所：《当代中国》叢書編輯部編［1987］、p.505。

と思われる。SBRに次いでカーバイドからのクロロプレンゴムが多い。そして、改革開放後は、西側技術導入によりブタジエンの大量生産が始まった。ブタジエンの供給が増えると、ポリブタジエンゴム・SBRが増えた。それと共に、クロロプレンの役割は低下した。合成ゴムでも、カーバイド工業の大役は終わったのである。

第4節　改革開放と東北の化学工業

1. 西側技術導入

　1972年に米中が和解し、1976年に毛沢東が死亡し、そして、1978年には鄧小平が共産党内における権力を確立すると、中国は社会主義体制を維持したまま、改革開放への道を歩んだ。東北地域は、改革開放政策の下で改革開放政策に乗り遅れ、経済的に遅れた地域になった。毛沢東時代の経済を支えていた東北の化学工業が、改革開放の動きから取り残されたのは、ある意味では当然のことであった。そこで、まず、毛沢東時代の化学工業が、改革開放政策の下でどのように変貌したかを、西側技術導入に視点をおいて概観する。

　毛沢東時代の特徴は、地方に分散した小型工場による生産を指向したものであった。それは、米ソ2大国から封じ込め政策を受けた当時の国情からすると、一種の合理性もあった[14]。しかしその一方で、国際社会から隔離された環境下

では、当然に技術革新は停滞した。その結果、中国化学工業は世界の化学工業の流れから大きく遅れをとった。毛沢東が死亡し、また、冷戦が解消して、中国は改革開放政策によって、地方に分散された小規模生産から脱却する。改革開放路線に向かうのは毛沢東の死後であるが、米ソと対立して自力更生の道を歩んだ時期においても、中国は技術革新の停滞を自覚しており、必要な先進技術を西側諸国に求めていた。そのため、国際政治情勢が変化するタイミングを捉えて、積極的な西側技術導入を図った。具体的には、大躍進後の1963-65年と、文化大革命後半の1972-74年に、2度にわたって西側から大規模な技術導入をした。技術導入した分野は2度とも、肥料と合繊と石油化学であった。

中国石油化工総公司（SINOPEC）の初代総経理を務め、後に国家計画委員会主任に転じた陳錦華の回顧録によると、大躍進後の国民経済に対する調整のため、「一に農業、二に軽工業、三に重工業」の方針の下、食糧・衣料・日用品問題を早期に解決する方針が、1961年12月の中央書記処の会議で出された。1964年4月の国家計画委員会においてこの方針が定まって、第3次5ヵ年計画の骨子となった。その結果、第3次5ヵ年計画には化学肥料と化学繊維の優先的な発展計画が盛り込まれた。しかし、当時の中国周辺の緊迫した国際情勢から、毛沢東は1965年5月の中央工作会議において「三線建設」を提起した。それにより第3次5ヵ年計画の構想は覆された。ほどなくして文化大革命が勃発し、構想はさらに後退した。しかしながら、この間に、肥料・合繊・石油化学分野での大規模な西側技術導入が、1963-65年に図られた（陳錦華［2007］、pp.45-47）。この技術導入は肥料・合繊では実績をあげたが、石油化学では成果がなかった。

この1963-65年に導入された大規模な西側技術は、計画経済の下では、中国の産業技術向上には貢献しなかった。西側諸国が開発した大量生産体制を軸とした近代的生産体制は、地方に分散された小規模工場による生産構造の下では、確立することが困難であった。その具体例が、すでに考察した石油化学分野における技術導入の失敗である。中国は、世界的な技術変化に適応不能となり、その穴埋めとして、常に西側技術輸入依存に陥った（丸山［1991］、pp.28-29）。

14）西側諸国においても、毛沢東が指導した自力更生政策下での、中国の特殊な産業構造を肯定的にみる見方が少なくなかった（例えば、ロビンソン［1973］、pp.219-222）。

このような中で、1972年からの米中和解の機会を捉えて、肥料・合繊・石油化学を中心とした、第2回目の大規模な西側技術導入が図られたのである（陳錦華［2007］、pp.14-17）。

この2度の技術導入の後に続くのが、経済発展10ヵ年計画であった。これは改革開放開始と同時期に計画された。経済発展10ヵ年計画では、従来の肥料・合繊・石油化学に加えて、数多くの分野で技術導入が図られた。中国は西側諸国と当時の外貨準備の6年分もの契約をした。その結果、中国は外貨決済不能となって、契約破棄という事態に陥った。しかしながら、その後の中国の技術導入実績をみると、経済発展10ヵ年計画の個々の計画は、改革開放政策の中で実現している（横井［1997b］、p.85）。経済発展10ヵ年計画は、それまで2度の西側技術導入の延長上にあった。改革開放と経済発展10ヵ年計画は、表裏一体をなしている。西側技術導入への強い動きは、自力更生時代の技術の停滞に対する反省がもたらしたものであった。西側先進技術導入の動きと改革開放の動きは重なるのである。

表5-6は、第1次（1963-65年）、第2次（1972-74年）、第3次（1979年-）の技術導入で中国がプラント輸入した分野とプロジェクトを一覧表にしたものである。3度の技術導入で共通するのは、いずれも肥料・合繊・石油化学が柱になっていることである。第2次で注目すべきは、合繊関連プロジェクトは石油化学プロジェクトと密接に関連していることであり、第1次で失敗に終わった石油化学の本格的な生産が第2次の技術導入でようやく実現する。また、第2次では大型肥料プラントが13基も輸入され、肥料が格別に重視されたことも重要である。表5-6の第3次は、経済発展10ヵ年計画の大型プロジェクトのみを入れたものである。第3次では、それまでの肥料・合繊・石油化学に加えて、技術導入分野が化学工業全般に広がった。

2. 新旧技術が並存する産業構造

西側技術導入により中国化学工業は激変した。重要な西側技術導入は新会社設立による新立地でなされた。既存の工場は、自力更生により、改革開放の荒波の下で合理化を図らねばならなかった。その中で、中国には西側技術による近代的な工場と、毛沢東時代の自力更生技術による工場が、並存する状態が生

表5－6　中国の西側技術導入プロジェクト（能力：年産）

分野	第1次 (1963-65)	第2次 (1972-74)	第3次 (1979-)
肥料	アンモニア10万トン（瀘州、イギリス）	アンモニア30万トン（濱州、アメリカ） アンモニア30万トン（盤山、アメリカ） アンモニア30万トン（大慶、アメリカ） アンモニア30万トン（南京、フランス） アンモニア30万トン（安慶、フランス） アンモニア30万トン（淄博、日本） アンモニア30万トン（湖北、アメリカ） アンモニア30万トン（岳陽、アメリカ） アンモニア30万トン（広州、フランス） アンモニア30万トン（成都、日本） アンモニア30万トン（瀘州、アメリカ） アンモニア30万トン（赤水、アメリカ） アンモニア30万トン（水富、アメリカ）	アンモニア30万トン（鎮海、日本） アンモニア30万トン（ウルムチ、イタリア） アンモニア30万トン（山西、西独） アンモニア30万トン（銀川、日本）
繊維	ビニロン1万トン（北京、日本）	DMT 8万8,000トン（天津、西独） DMT 9万トン（遼陽、イタリア） 酢酸ビニール9万トン（四川、フランス）	PTA25万トン（儀征、西独） PTA22万5,000トン（上海、日本） PTA22万5,000トン（南京、西独）
石油化学	エチレン（蘭州、西独）	エチレン30万トン（北京、日本） エチレン11万5,000トン（上海、日本） エチレン11万5,000トン（吉林、日本） エチレン7万3,000トン（遼陽、イタリア）	エチレン30万トン（大慶、日本） エチレン30万トン（斉魯、日本） エチレン30万トン（南京、日本） エチレン30万トン（上海、日本）
その他化学			ナイロンダイヤコード（平頂山、日本） アルミ精錬8万トン（貴陽、日本） トリポリ燐酸ソーダ（昆明、日本） 合成皮革（煙台、日本）

注1：第3次は経済発展10ヵ年計画の大型プロジェクトのみ。
注2：DMTおよびPTAはポリエステル繊維原料、酢酸ビニールはビニロン原料。
出所：丸山［1988］, pp.76-78；横井［1998a］, p.132；陳錦華［2007］, pp.24-26, pp.133-138より筆者作成。

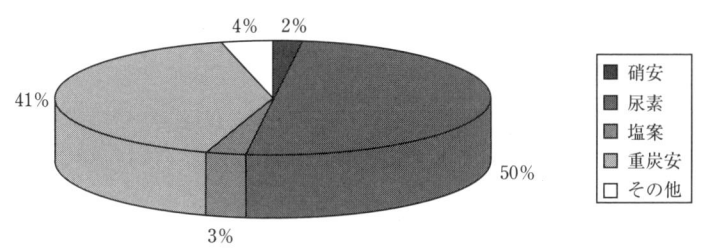

図5-2 1997年窒素肥料生産量内訳（窒素トン換算）

凡例：硝安、尿素、塩案、重炭安、その他

4%　2%
41%
50%
3%

出所：中国日本人商工会議所調査委員会 [1999]、p.66。

まれた。その典型が、肥料工業における、尿素と重炭安の並存である。図5-2は、中国日本人商工会議所調査委員会 [1999] から引用した。この図は、1997年における窒素肥料の生産品目内訳を、示したものである。図から明らかなように、改革開放直後の、尿素を中心とした大型窒素肥料プラント13基などの積極的なプラント輸入により、尿素が50％のシェアーを占めて、最大の生産品目であった。しかし、1997年においても、重炭安はなお41％を占めていた。重炭安は、塩安や硝安をはるかに上回る第2の生産品目であった[15]。

原料も生産技術もコストも大きく異なる新旧工場の並存は、中国化学工業に諸々の影響を与えている。WTO加盟後に頻発した中国化学行政当局によるアンチダンピング措置も、このような視点からの分析が必要である[16]。このような動きは、中国経済が市場経済を指向すると共に、一層強くなっている。このような改革開放政策の下で、市場経済化に遅れた東北の地位は大きく低下した。

しかし、中央政府は東北の経済開発振興の重要性から、2006年から始まった第11次5ヵ年計画では東北振興政策を打ち出している。その中で、再び大型投資により、東北経済の再構築が図られている。化学工業から第11次5ヵ年計画

---

15) 今日でも、地方に出かけると、農村地帯によく小規模の化学工場をみかける。これはほとんどがこの小型アンモニア・重炭安工場である。尿素のような効率のよい肥料と、重炭安のような効率の悪い肥料が並存しているのが、移行期にある中国社会のひとつの典型といえる。
16) WTO加盟後に頻発した中国政府による輸入化学製品に対するアンチダンピング措置に関しては化学業界紙で詳細に報じられているが、その背景に関しては峰 [2007]、pp.39-40参照。

をみると、エチレンの新増設が東北に集中しているのが特徴的である。中国の石油化学は、新たに導入された西側技術を柱にして、北京・上海・南京・斉魯・大慶等を中心にした新立地で展開されてきた。東北においては、大慶を例外として、吉林・撫順・遼陽・盤錦で地場需要をまかなう程度の中小規模エチレン工場があるのみであり、東北の石油化学は依然として「小規模で地方分散」された生産構造を持っている。第11次5ヵ年計画では、撫順・吉林・大慶での大増設計画が打ち出され、大規模生産による市場経済原理に基づいた事業展開がようやく進行予定である。

第5節　まとめ

　中国の産業構造は、第1次5ヵ年計画の後まもなく、有機合成化学の比重が高まった。有機合成化学の比重が高まった要因は、農業生産の低迷であった。軽工業原料の70％は農業に依存していた。この軽工業向けの原料生産が、中国農業にとって負担になっていた。農業への負担を軽くするために、有機合成化学を必要とした。中国化学工業の分野構成の推移をみると、有機合成化学は肥料と並んで、あるいは肥料以上に、最も重要な分野であった。有機合成化学の中心は合成繊維・合成樹脂・合成ゴムであり、中国の場合、特に重要なものは合成繊維であった。それは綿花生産が中国農業に大きな負担を与えていたからであった。合繊により綿花生産を減少させる必要性が、有機合成化学の発展を推進した。

　しかしながら、毛沢東時代には、当時の世界の潮流であったエチレンを出発原料とする石油化学の技術開発には成功しなかった。エチレン設備は、国産技術による小型工場が全国に建設されたものの、その操業度は推定でわずかに10％程度であった。

　中国は、その代わり、技術的に容易なカーバイドからのアセチレン法により、有機合成化学を発展させた。合成繊維ではビニロン、合成樹脂では塩ビ、合成ゴムではクロロプレンがカーバイド法で生産された。このようなビニロン・塩ビ・クロロプレンのうち、ビニロンと塩ビは戦後に企業化されたものであり、本書で検討する満洲国時代の化学性製品ではない。しかし、戦後になって企業

化されたビニロンと塩ビは、東北において技術開発がなされ、満洲国の化学企業が残した工場設備が利用された。ビニロンは日本からの輸出プラントのコピープラントであるとして日中貿易の問題点になったが、中国はビニロン工業化基礎技術を早い時期より進めており、その技術が四平連合化工廠で蓄積されていた。この四平連合化工廠は満洲油化の人造石油工場を転用して作られた工場であった。塩ビはソ連経由で導入されたドイツ技術であり、その技術開発は瀋陽化工研究院でなされ、錦西化工廠で基本生産モデルが開発された。錦西での塩ビ生産の基礎部門として貢献した電解工場は、開原から移設された満洲曹達の電解工場であった。他方、クロロプレンは吉林で満洲合成ゴムが順調な生産を開始していた。人民共和国においては、その基礎研究が大陸科学院を前身とする長春の中国科学院応用科学研究所で始まった。復興期の長春の中国科学院応用科学研究所には、留用技術者が数多く採用され、初期のクロロプレン研究に貢献した。しかし、クロロプレン研究は蘭州に集約され、蘭州が合成ゴム生産と研究開発の拠点となった。

　毛沢東時代の国際社会から隔離された自力更生政策の下で、中国の技術革新は停滞した。大量生産を柱とする近代的な生産システムは、地方に分散された小型工場による産業構造下では、確立されなかった。中国は、世界的な技術変化に適応不能となって、西側技術に依存するほかなくなった。そのために、毛沢東時代においてさえ、肥料・合繊・石油化学においては、大規模な西側技術導入が2度も実施された。改革開放政策が始まると、その他の分野でも西側技術が導入された。新しい技術導入は、新会社設立により新立地でなされた。他方で、地方に分散された小型工場による旧来の生産方法も残存し、中国経済は新旧技術が並存する産業構造を持った。東北は、改革開放政策の下で市場経済化に遅れ、旧い生産構造による経済的に後れた地域となった。改革開放政策と共に、毛沢東時代の経済を支えた東北の化学工業の前身である満洲化学工業の役割は終わったといえる。

　最後に、満洲国時代の主要な化学企業の変遷を都市別にまとめた。

結 論

終章

本書を結ぶにあたって

第1節　本書がめざしたもの

　本書の目的は、満洲国で建設された工場設備や生産技術が、人民共和国にどのように引き継がれたのかを明らかにし、その上で、人民共和国新政府はその工場設備や生産技術をどのように利用したのか、あるいは、利用しなかったのか実証的に解明することであった。具体的には、満洲化学工業を舞台にして、仮説「満洲化学工業の人民共和国への継承」を検討した。序章では、まず、日中歴史問題から満洲国を考え、次いで、満洲国の産業構造を鳥瞰し、先行研究を整理して本書がめざす分析手法を述べた。仮説の検討をする本論は、第Ⅰ部と第Ⅱ部に分けて考察した。第Ⅰ部の第1章では、まず、民国時代の化学工業を述べ、次いで、満洲国に建設された化学工業の姿と特徴を示した。第2章では、満洲化学工業の内容と特徴を、満洲に進出した個別の日系化学企業の行動により検証した。以上により、第Ⅰ部において、満洲化学工業の実態を明らかにした。第Ⅱ部においては、第3章で、満洲化学工業を前身とする中国東北地域の化学工業の、日本敗戦時と国共内戦期の状況を考察した。第4章では、復興期と第1次5ヵ年計画を経て、満洲化学工業が再建・再構築された状況を検証した。そして、人民共和国が、地方分散と小型工場を志向した状況を整理すると共に、東北の化学工業が与えた影響を分析した。第5章では、改革開放政策の開始により、毛沢東時代に成立した特異な産業構造が変貌した状況を、東

北の化学工業に視点をおいて考察した。以上により、第Ⅱ部において、満洲化学工業を前身とする東北の化学工業の、人民共和国における役割を明らかにした。

本章においては、第2節で、以上のような第Ⅰ部と第Ⅱ部における検討を総括する。具体的には、満洲化学工業は人民共和国に継承されたか、或いは、継承されなかったかを考察する。次に、第3節で、今日みられる満洲化学工業の足跡を述べる。最後に、第4節で、次の課題を述べる。

第2節　東北の化学工業に関する総括

1. 設備の総括

　満洲化学工業は、ソ連軍の設備撤去により消滅した。しかし、その後、国民党及び共産党により復旧された。国民党の復旧で注目すべきは、旧満洲曹達開原の電解設備が、旧陸軍燃料廠であった錦西に移設されたことである。錦西は、この電解工場を一つの柱として、以後、化学工場に変身した。

　1948年に東北における共産党支配が確立すると、東北工業部が直ちに個別に復興計画に取り組んだ。さらに、1949年10月に人民共和国が成立すると、中央新政府は資金と人員を重点的に投入して、東北の生産回復を図った。特別に不足したのは技術者であった。新政府は全国から人材を集めて東北に投入した。他方で、海外にいた専門家や留学生が帰国して復興に尽力した。そして、数多くの日本人技術者が、中国に残留して復興に従事した。第1次5ヵ年計画によりソ連技術者が派遣されるまでの間、日本人技術者が復興に大きく貢献した。その結果、大連のアンモニア・ソーダ・油脂化学を始め、撫順のオイルシェール、錦州の人造石油、錦西のフェノール、吉林のカーバイド等々の満洲化学工業の主要な部分が、1952年までにほぼ満洲国時代の形に復旧した。このような復興期に復旧されて生産を開始した一連の工場設備は、序論の定義から継承されたとみてよいであろう。

　続く第1次5ヵ年計画では、撫順と吉林に大規模投資がなされた。撫順では、アルミ生産が回復した。これは本書で定義する継承に準ずるものであったといえよう。また、撫順では、新たに本格的な石油精製工場が建設され、その際、

人造石油設備が石油精製設備に転用された。他方、人造石油の核心である水添技術は、重質の大慶原油の石油精製に利用され、そのため撫順は中国における高圧水添基地と位置付けされた。撫順の人造石油は、設備が転用されたものの、設備に体化された水添技術が大慶原油の精製に活用された。その意味で、撫順の人造石油も継承に準ずるものであったといえよう。

　第1次5ヵ年計画では、吉林に、カーバイド工場・肥料工場・染料工場が建設された。カーバイドは、満洲電気化学の跡地に、ほぼ同じ生産能力で工場が建設された。したがって、カーバイドは継承されたとみてよい。肥料工場は人造石油工場の転用であり、染料工場はコークス工場の転用であるので、この点では継承とはいえない。一方、順調な生産を続けていたクロロプレン工場は復旧されず、長春における研究を基に、四川省長寿にクロロプレン工場が建設された。また、その後、長春の研究は蘭州に移管された。この状況は、重要な軍需物質であるクロロプレンゴムの生産と研究が、当時の政治・軍事情勢によって、朝鮮国境に近い吉林・長春から、安全な内陸部である長寿・蘭州に移管されたことから生まれた。したがって、満洲国時代のクロロプレン生産は、立地を内陸部に変えて継承されたのであり、その意味で継承に準じたといえる。

　他方で、人民共和国に継承されなかったものも少なくない。その代表は、鴨緑江を挟んで朝鮮と対峙する安東（現丹東）の工場群である。安東には日本人が多く住み、また、満洲国と朝鮮の共同事業であった鴨緑江水力発電から安価で豊富な電力供給が期待されることから、満洲国末期に日系企業の進出が相次いだ。しかし、安東軽金属のアルミ工場は建設中のまま消滅した。1944年から生産開始していた満洲電極も、復旧されなかった。東洋紡のレーヨン工場は、復興期に留用技術者の技術協力の下に、一時的には復旧した。しかし、木材を原料とするレーヨンは、森林資源に乏しい中国では不向きとなって、ビニロンに取って代わられた。その他、奉天の石炭液化研究所の人造石油工場は、瀋陽化工廠の一部になって、化学工場として転用されたのみで終わった。四平街の人造石油工場も、カーバイド工場が建設され、四平連合化工廠として化学工場に転用された。いずれも設備の転用のみであり、継承ではなかった。

　以上の総括を、3つの円を使用してイメージ的に図示したものが、図6-1である。斜線を入れた円は工場設備を表す。左側下部の円は留用技術者を表し、

212　結　論

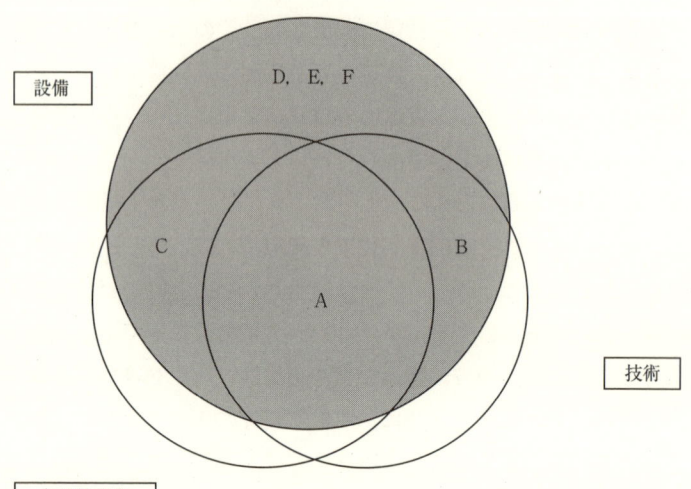

図6-1　設備に関する総括（イメージ図）

留用技術者
A（留用技術者の協力により復旧され、満洲国の技術により運転された）：アンモニア［大連］、ソーダ［大連、奉天、開原］、油脂化学［大連］、オイルシェール［撫順］、フェノール［錦州］、カーバイド［吉林］。
B（留用技術者の協力なしに復旧されたが、満洲国の技術により運転された）：アルミ［撫順］。
C（転用されたが、留用技術者の協力により、満洲国の技術が新設備に生かされた）：クロロプレン［吉林］、人造石油［撫順］。
D（転用された、新政府の政策による再構築により活用された）：コークス［吉林］、人造石油［吉林］。
E（転用され、満洲国時代の技術は使用されなかった）：人造石油［奉天］、人造石油［四平街］。
F（設備が活用されなかった）：アルミ［安東］、電極［安東］、レーヨン［安東］。

右側下部の円は技術を表す。斜線のAは、留用技術者の協力により復旧され、満洲国の技術により運転された設備である。大連のアンモニア、大連・奉天・開原のソーダ、大連の油脂化学、撫順のオイルシェール、錦州のフェノール、吉林のカーバイドが斜線のAに属する。斜線のAは、本書の定義から、継承された設備である。斜線のBは、留用技術者の協力なしに復旧されたが、満洲国の技術により運転された設備であり、撫順のアルミが斜線のBに属する。斜線のCは、設備は転用されたが留用技術者の協力により満洲国の技術が新設備に生かされたもので、吉林のクロロプレンや撫順の人造石油が属する。BとCは

継承に準ずる設備である。斜線のD・E・Fは転用あるいは消滅したままで、継承されなかった設備である。このうち、Dの設備は転用され、その点では継承されなかったものの、新政府の政策による再構築により活用された吉林のコークスと人造石油である。Eは転用されて満洲国時代の技術は使用されずに化学工場設備に転用された奉天と四平街の人造石油である。Fは設備が人民共和国においては活用されなかった安東のアルミ・電極・レーヨンである。

2. 設備以外の総括

本書では設備以外の要素の継承に関してはごく断片的にしか論述していない。人的資源に関しては、留用技術者の活動を回想録によって復興期における技術協力を整理した。しかし、留用技術者に関する先行研究が数少ないこともあり、十分とはいえない。また、満洲国時代の技術に関しても、具体的にどのように人民共和国の技術者に継承されたかに関しては全く検討していない。いずれも今後の大きな課題である。このような問題点を補うべく、設備・留用技術者・技術以外の若干の要素を検討した。

一つは秦仲達・林華・王新三・侯徳榜等の中国人技術者の経歴からみた満洲化学工業の痕跡である。秦仲達・林華・王新三は、復興期にそれぞれ大連・吉林・撫順における実績を評価されて、後に中央政府の幹部になったことを指摘した。また、民国期にすでに世界的な化学者として認められていた侯徳榜は、大連のアンモニア工場とソーダ工場を高く評価し、大連に本拠をおいて自らの「侯氏ソーダ法」を完成させ、同時に、小型肥料工場・小型ソーダ工場の技術開発を大連で成し遂げたことを指摘した。

次は、中国化学工業における意思決定の主体であった東北工業部・重工業部・化学工業部の関係を整理したことである。新政府成立前から活発な復旧活動を開始していた東北工業部は、新政府が成立し中央に重工業部が組織されると、重工業部との連携を十分に取って東北復興を短期間で完成させた。中央の体制ができあがり、国内経済建設の体制が整うと、東北工業部は重工業部に吸収された。しかし、同時に、重工業部は東北工業部のそれまでの活動を十分に継承したと思われる。第1次5ヵ年計画初期の項目が東北に集中したのは、何よりもその現われであろう。また、短期間とはいえ、瀋陽に研究開発の本部が

設置されたのもその現われであろう。そして、第1次5ヵ年計画による初期の項目が順調に実行に移され、また、公私合営の波が高潮に達した1956年には化学工業部が設置され、以後、化学工業部を中心とした化学行政が1998年の朱鎔基による行政改革まで続くことを指摘した。

もう一つは、多くの留用技術者が語る満鉄中央試験所と大陸科学院の人民共和国への継承を、中国側資料で検証したことである。満洲国の研究開発は満鉄中央試験所・大陸科学院および日本企業が行った。人民共和国においては、研究開発は東北工業部・重工業部・化学工業部が管轄する研究機関によってなされた。日系化学企業を接収する過程で東北に有機化学の研究基地が設置され、それが化学工業部の設立と共に瀋陽化工研究院となり、中国における有機化学の発展の柱になったことを指摘した。一方、満鉄中央試験所と大陸科学院は、ともに中国科学院に吸収されてその一部門となり、今日に至るまで中国における重要な研究機関となっていることを指摘した。

3. 毛沢東時代の化学工業の総括

毛沢東時代の化学工業は、満洲国時代の化学工業に加え、民国の化学工業やソ連の化学工業によって基礎が作られた。民国期の化学工業はアンモニア・硫安に代表されるようにアメリカの影響を受けており、また、ソ連の化学技術は戦勝国としてソ連が入手したドイツ技術の塩ビ・カプロラクタムを含んでいた。また満洲化学のアンモニアや満洲合成燃料の人造石油は、日本がドイツより技術を輸入して建設したものであった。したがって、復興期から第1次5ヵ年計画を経て成立した中国化学工業は、戦前のドイツ・アメリカ・日本の最高水準の技術を受け継いでおり、その意味で、さらなる発展に向けた基盤が形成されたはずであった。しかしながら、その後の歴史は逆行した。それは、米ソ2大国と正面から対立して、中国は国際社会から強力な封じ込め政策を受けたからである。そのような政治情勢下で毛沢東は自力更生政策を選び、中国は国際社会から隔離される道を歩んだ。この自力更生政策の下で、中国化学工業は世界の技術進歩の流れに逆行した。すなわち、毛沢東時代の中国は、戦時経済を定常的に想定し、小型工場による地方に分散した生産構造を選択したからである。

毛沢東時代の化学工業を代表する肥料工業では、小型アンモニア工場から生

産される重炭安が普及した。重炭安の効率の悪さと流通上の損失を、需要地である農村に数多くの重炭安工場を建設することで補った。重炭安の技術開発は、旧満洲曹達の炭酸化技術を応用して、大連でなされたものであった。他方、民国期において世界の技術水準に達していたソーダ工業では、大連のアンモニア工場とソーダ工場を活用して、中国独自の「侯氏ソーダ法」を確立した。しかし、ソーダ工業も、小型化と地方分散の道を歩んだ。ソーダ工業も、小型肥料工場を改造して「侯氏ソーダ法」による小型の工場が建設され、各地方の需要をまかなった。

しかしながら、中国は、世界の潮流であった石油化学技術を自主開発することはできなかった。そのため、有機合成化学はカーバイド法に依存した。しかし、基幹であるカーバイドは、第1次5ヵ年計画で建設された大型工場ではなく、満洲電気化学の小型工場がモデルになった。そして、この小型工場をモデルとして、各地に工場が建設された。合繊は、カーバイド法によるビニロンが主であった。その基礎研究は、旧満洲油化の後身である四平連合化工廠でなされた。合成樹脂は、カーバイド法の塩ビが主役であった。その生産モデルは錦西で生まれた。合成ゴムは、カーバイド法によるクロロプレンゴムに大きく依存した。クロロプレンは、長春でなされた研究開発を基に、四川省長寿の新工場で生産され、研究は蘭州に集約された。

復興期においては、留用技術者が記すように、中国は驚くほどの技術吸収力を発揮して、数多くの成果をあげた。また、第1次5ヵ年計画においては、ソ連援助の下で、新しい技術が導入された。しかし、その後の技術進歩はなかった。その好例は、フェノールとカプロラクタムである。フェノール生産もカプロラクタム生産も、ともに高度な有機化学の技術を必要とする。中国の有機化学は、民国期には、ないに等しい状態にあった。その中で、中国が人民共和国成立後まもなく生産を開始したのは、驚くべき実績であった。すなわち、フェノールは満洲化学工業が完工した錦西において、1952年に生産開始した。カプロラクタムはこのフェノールを原料にして1958年に生産を開始した。カプロラクタムは、錦州の合成繊維廠に送られてナイロン繊維になり、ナイロンが人民共和国最初の合繊となった。この時期にナイロンの国産化に生産したのは高く評価されてよい。フェノールは、その後、当局の方針により、生産拠点が錦西

から蘭州・北京・上海に変更された。しかし、技術は、戦前のベンゼンスルフォン酸法がそのまま継続された。カプロラクタムも、生産拠点は錦西から南京・岳陽に移転したものの、初期の技術がそのまま継続されて、その後の発展はなかった。そのため、ナイロンは、非常に早い時期に国産化に成功しながら、その後の発展がなかった。そして、毛沢東時代の合繊は、性能は劣るものの、価格の安いビニロンに主役を奪われたのである。

　以上のように、毛沢東時代の化学工業は、図6-1でイメージ的に示されている満洲国時代の設備を継承した東北の化学工場を積極的に活用し、同時に、満洲国時代の技術を応用した。毛沢東時代の中国化学工業が、旧満洲国から継承した工場と技術に依存したということは、毛沢東時代には技術進歩がなかったことを示すといえよう。

4. 改革開放により終った満洲化学工業の役割―総括の結論

　毛沢東時代の化学工業は、世界的な技術進歩の中にあって、技術が新たに開発されるどころか、むしろ後退した。したがって、毛沢東時代は新技術を西側からの導入に依存した。米ソと鋭く対立していた時期でも、中国は技術革新の停滞を自覚しており、必要な先進技術を西側諸国に求めていた。国際政治の微妙な機を捉えて、改革開放政策開始前にもかかわらず、2度にわたる大規模な西側技術を導入している。最初の大規模西側技術導入は、大躍進後の1963-65年であった。2度目は、文化大革命後半の1972-74年であった。技術導入分野は2度とも肥料・合繊・石油化学であった。そして、3度目の大規模西側技術導入が、改革開放期であった。改革開放政策の実施により、3度目は肥料・合繊・石油化学に限らず、西側技術が多くの部門で導入された。

　改革開放政策の下では、技術導入は、基本的に新立地で新会社設立によりなされている。その一方で、地方に分散された小型工場による生産も、未だに国内生産の大きな部分を占めている。すなわち、現在の中国における産業構造では、小型工場による地方に分散化された旧来の生産と、西側導入技術による新しい大規模生産が並存している。毛沢東時代を支えた東北は、古い生産構造を代表する地域となった。そして、東北は改革開放政策に乗り遅れ、経済的に遅れた地域になった。西側技術導入と改革開放政策は、計画経済時代に大きな役

割を果たした東北の化学工業に、大きな試練を与えている。それは満洲化学工業の終焉でもあったといえる。

本書でこれまで検討した内容を総括すると以上のようになる。この総括により、満洲化学工業は、大筋において、人民共和国に継承されたと考える。

第3節　今日みる満洲国産業の遺産

1. 満洲国の足跡

改革開放以降表舞台に立つことのなかった東北は、第11次5ヶ年計画において、ようやく大型投資が考慮されるようになった。しかし、本書が最後に論ずるのは、このような東北における大型投資ではない。最後に論ずるのは、満洲化学工業をルーツとする製品が脚光を浴びている近年のニュースである[1]。その中から、「煤制油」[2]としてしばしば報道される人造石油(すなわち石炭液化)を選び、満洲化学工業が今日残す足跡をみてみたい。

「煤制油」を選択する理由は、改革開放政策開始後の王新三を団長とする中

---

1) 具体的には、満洲化学工業が始めたオイルシェール、人造石油、アルミ、メタノール、カーバイド法塩ビである。埋蔵量で世界第4位の中国のオイルシェールは、54%が吉林省に埋蔵されていると推定されており、石油メジャーのシェルは、吉林省でオイルシェールの探査・開発の合弁会社を2004年に設立した(ダイヤリサーチマーテック[2005a]、pp.15-16)。21世紀に入って石油の大輸入国に転じた中国は、大慶油田の最盛期年生産量5,000万トンに匹敵する石炭液化プロジェクトを推進中である(日本経済新聞2006年7月7日)。また、近年急速に生産を増加させたアルミは、21世紀に入るとロシアを抜いて世界1のアルミ生産国となった。現在では2位ロシアの2倍以上の生産をして、群を抜いたアルミ大生産国である(World Bureau of Metal Statistics [2006]、p.12)。さらに、メタノールにおいては、天然ガス価格の上昇で生産減が続く北米地域とは対照的に、中国は石炭をベースに活発な投資をしており、中国は今や世界最大のメタノール生産国になりつつある(三菱ガス化学[2006])。カーバイド法塩ビの増産も注目すべきである。中国の塩ビ業界は、中国政府のアンチダンピング措置による輸入減により(峰[2007]、p.39)、一転して好況にわいている。その結果、中国の塩ビ業界は、伝統的なカーバイド法の大型化により、大増設をした(東ソー[2006])。このような中国化学工業の動向は、中国のみならず世界の化学工業に大きな影響を与えている。

2) 中国語の「煤」は石炭、「制」は製造、「油」は石油を意味する。

日友好代表団の訪日と、それに続く東方科学技術協力会の設立に伴う日中両国技術者間の技術交流である。この技術交流には撫順の水添技術の現在に至る技術の継続性がみられるからである。1944年に完成した撫順の直接液化法の核心は水素添加技術であった。人民共和国新政府は、人造石油としては直接液化法ではなく間接液化法の錦州を選び、直接液化法の水添技術は重質の大慶原油の精製に活用した。そのため、撫順は中国における高圧水添技術基地と位置づけされた。一方、石油危機の再来で石油価格は大幅に上昇した。その結果、石炭液化による石油の製造技術の開発が、再び真剣に取り組まれるようになった。満洲国で生まれ、人民共和国では重質石油の精製に利用されてきた水添技術が、再び石炭液化の核として脚光を浴びつつある。その状況を以下で考察する。

2.「煤制油」

中国大陸は広大ではあるが石油資源にはそれほど恵まれていない。中国の石油生産が始まったのは1907年である。民国期の石油需要は、基本的には輸入によりまかなわれていた。人民共和国は、初期においては、満洲国時代のオイルシェール石油に約半分を依存していた。こうした中国の石油事情に一大変化をもたらしたのが、大慶油田の発見である。「会戦方式」とよばれた大慶油田の発見は、毛沢東の指導する自力更生策の典型的な成功例であった。大慶油田の発見と、増産引き続き「会戦方式」で開発された勝利油田や大港油田の成功により、中国は一躍石油資源国となった。1970年代になると、中国は石油輸出国として行動し、国内石油価格は低水準に据え置かれた。

しかしながら、中国の市場経済化が進展して経済成長が継続すると、石油消費は増加の一途となった。他方で、国内での新規油田開発は進まず、中国は1993年には再び石油の純輸入国に転じた。中国の国際市場における行動は、石油の純輸入国に転じてからも、しばらくはマイルドであった。国内価格も引続き低位にあった。ただし、今世紀に入ると、国内石油価格を国際価格にリンクさせ、同時に、国家戦略として石油資源を重視する政策を明確にした。海外における活発な石油資源獲得の動きはその現れであった。2005年、CNOOC（China National Offshore Oil Corp：中国海洋石油総公司）がアメリカ石油資本ユノカル買収に動いて話題となった。CNOOCのユノカル買収は、最終的にはア

メリカ石油メジャーのシェブロンに敗れたものの、中国の石油重視戦略を全世界に知らせた。中国はその後も中近東・中南米・中央アジア・アフリカと世界の各地で活発な石油資源確保に向けた活動を展開している。

このような石油重視政策の下で、中国は、国内の海洋・陸上における油田開発に積極的である。それと同時に、石炭から石油を製造する「煤制油」に注力している。2004年には内蒙古自治区のオルドスで、「煤制油」プラント建設が始まった。日本でも一部の業界紙が「煤制油」をしばしば報道している（例えば、ダイヤリサーチマーテック［2005b］、pp.13-19）。最近では一般紙も報道する（例えば、日本経済新聞2006年7月7日）。中国の化学業界紙（中国化工報2005年8月24日）によると、石油価格が22-28ドル／バレルで「煤制油」プロジェクイトの経済性が出てくる。それゆえ、中国は経済性の目途を25ドル／バレルとする（ダイヤリサーチマーテック［2005b］、p.16）。一時期の100ドル／バレルを越す水準は期待せずとも、「煤制油」プロジェクトが実行される所以である。

石炭からの石油生産は、第2次世界大戦前に、ドイツが最初に技術開発したものであった。戦前日本も技術開発をした。本書では、満洲国における人造石油工場の建設を第2章で検証した。繰り返しになるが、石炭から石油を生産する基本技術には2種類ある。一つは石炭を高温高圧下で水素添加により直接液化する法であり、もう一つは石炭から水生ガスを作りこの水性ガスを触媒を利用して常圧高温下で液化する合成法である。合成法は直接液化法との対比で、最近は間接液化法といわれることが多い。戦前の日本と満洲国が技術開発に注力したのは、石炭に水素を添加する直接液化法であった。しかし、人民共和国が選択した錦州の人造石油工場は、ドイツ技術を導入した間接液化法であった。ただし、大慶油田が発見されると錦州の人造石油工場は休止した。

その後、日中国交回復と石油危機を経て、中国における石炭液化技術開発での日中交流が始まった。そのきっかけは、第4章で述べた、王新三を団長とする1979年の中日友好代表団の訪日である。この訪日で王新三は、撫順の旧留用技術者に、中国現代化建設への協力を要請した。撫順の旧留用技術者はこれに応えて東方科学技術協力会を設立し、石炭工業部との資料交換を基にエネルギー問題に関する提言をまとめ、1982年に森川清を団長とする訪中団が瀋陽・撫

順で現地を視察した。その際の提言の中には石炭液化が含まれていたのである。この時期は第2次石油危機の直後であり、石油価格は間もなく100ドル／バレルになるといわれていた。日本政府は、第1次石油危機直後の1974年にサンシャイン計画を打ち出し、NEDO（新エネルギー・産業技術総合開発機構）が戦前日本の石炭液化開発研究を再開していた。このような流れの中で、日本政府はNEDOを通じて、技術援助として中国に石炭液化パイロットプラントを1982年に建設した。同時に、NEDOは中国側の人材育成にも協力した。1997年からは、中国からの要請に基づき、黒龍江省の依蘭炭を利用する石炭液化計画に技術協力している[3]。

　石油危機で石炭液化が再度注目された頃、日本以外にも、ドイツ・アメリカで戦前の技術を基にした技術開発が再開された。戦前の石炭液化技術は戦時体制下で開発されたものであり、経済性を度外視していた。そのため、現在の技術研究の中心は、いかにエネルギー効率を上げて経済性を高めるかである。ドイツ・アメリカは、中国において、ともに技術協力を実施している。しかし、ドイツ・アメリカ両国は民間ベースの研究開発であり、石油価格が低下するとともに停滞し、その後の技術開発が殆ど進んでいない。日本の場合は日本政府のサンシャイン計画により人材と資金が注入され、戦前の技術をもとに日本独自の石炭液化に取り組んだ。それに対し、ドイツ・アメリカの場合は、技術が殆ど継承されていない[4]。

　第10次5ヵ年計画では、最初の「煤制油」プラントを内蒙古に建設することが2004年8月に決定し、2006年から第1期工事に入った[5]。内蒙古の計画は神華炭を利用した計画で、その技術は中国側によると「中国法」[6]である。エネ

---

3) このほか、NEDOは膨大な石炭埋蔵量を持つ陝西省・内モンゴル自治区の神華炭に関しても技術協力をしている（新エネルギー・産業技術総合開発機構［2006］、p.58）。
4) NEDO（環境技術開発部）主任研究員矢内俊一氏の解説による（NEDO応接室、2008年7月2日）。
5) 2009年5月現地訪問した日中経済協会報告によると、第1期工事は完了して運転中。引き続き増設を計画中（山本・高島［2009］、pp.11-12）。
6) 中国はNEDO以外にドイツ・アメリカからの直接液化法の技術協力を受け、別途南アSASOLから間接液化法の技術を購入し、これらの技術を混合した「中国法」により内蒙古で工場建設に入った（NEDO矢内氏解説、NEDO応接室、2008年7月2日）。

ギー効率は直接液化法が60-70%、間接液化法が40-45%であり、直接液化法はガソリン用に適しており、間接液化法は軽油用に適している[7]。間接液化法はエネルギー効率に劣るものの、中国で需要の多い軽油生産に適しているので、間接液化法も一定の生産シェアーを持つと思われる。現在、中国政府が注力しているのは、日本・ドイツ・アメリカとの技術協力による、直接液化法による技術開発である。直接液化法によるパイロットプラントが上海で建設され、目下、工業化への準備が進行中である（ダイヤリサーチマーテック［2005b］、pp.14-15）。日本と満洲国が取組んだ人造石油の水添技術は、人民共和国においては重質の大慶原油の精製技術として継承された後、石油危機の再来で、今度は石炭液化の製造技術として復活しようとしている。

第4節　今後の課題——新しい仮説の設定と検証

　本書は、化学工業を舞台にして、満洲国の産業が人民共和国に継承されたか否かを検討した。そして、大筋において、満洲化学工業は人民共和国に継承されたと結論を下した。本書の検討をさらに発展させると「毛沢東時代の技術は、国際社会と隔離された困難な外部環境下で、民国・日本・ソ連の技術が融合して生まれたものである」という新しい仮説が生まれる。この新しい仮説の検討には「民国・日本・ソ連の技術が人民共和国に継承された」という第1段階と、「民国・日本・ソ連の化学技術が融合した」という第2段階に分けるのが有効であると思われる。

　民国期の化学工業が一定の技術水準に達していたことは第1章第2節で述べた。民国期の化学工業が人民共和国に継承されたのは当然のことであって、改めて深く検討することもないであろう。ソ連技術は、中国が第1次5ヵ年計画で熱心に導入した。ソ連援助で化学工業基地となった吉林・太原・蘭州における個別の状況を検証することで、その継承の検証は容易であろう。そして、本書では、満洲化学工業が再建・再構築された状況を検証し、その中で、戦前における日本の化学工業が、毛沢東時代に大きな影響を与えたことを明らかにし

7）同上、NEDO矢内氏解説。

た。それゆえ、「民国・日本・ソ連の技術が人民共和国に継承された」という第1段階は、化学工業を舞台にすれば、比較的容易に越えることができると思われる。

ただし、その際、日本とソ連以外に、アメリカ及びドイツの影響を考慮する必要がある。民国期に建設された新鋭アンモニア工場は、アメリカのNEC法を採用し、また、工場建設時にはアメリカ人技術者の協力があった。加えて、侯徳榜を始めアメリカに留学した技術者が少なくない上に、日本敗戦後、資源委員会は戦後復興のために化学技術者をアメリカに派遣している。このように民国の化学工業はアメリカの影響を受けた。民国の化学工業は、ドイツ技術に関しては、資源委員会が進めたハプロ契約により小規模な燃料エタノール工場が建設された程度で終わっている。しかし、満洲国とソ連から流入した技術の中にはドイツ技術が含まれていた。満洲化学のアンモニア工場はドイツ技術のウーデ法を採用した。満洲合成燃料の人造石油はドイツ技術で建設された。人民共和国が、錦州で建設した塩ビやカプロラクタムは、ソ連経由で流入したドイツ技術であった。また、ソ連が蘭州に与えたブナ系の合成ゴム技術もドイツ技術であった。このように人民共和国の化学工業は、アメリカやドイツの技術の影響を受けている。しかし、アメリカ技術は主として民国を経由し、ドイツ技術は主として満洲国やソ連を経由した。したがって、人民共和国の化学工業は民国・満洲国・ソ連の技術を主とした、と単純化することは恐らく可能であろう。それゆえ、「民国・日本・ソ連の技術が人民共和国に継承された」という第1段階は、それほど困難ではないと思われる。

問題は仮説検証の第2段階である。民国・日本・ソ連の化学技術の融合をいかに検証するか。筆者の目下の考えでは、上海の呉淞肥料工場を検証の場に選んでみたい。呉淞の肥料工場を選ぶ理由は、呉淞肥料工場は自力更生のモデルとして、共産党や人民共和国政府が広く宣伝していたからである。仮説検証の対象としてはアンモニア工場を取上げたい。呉淞のアンモニア設備能力は年産5万トンである。これは大連の満洲化学のアンモニア生産能力と同じである。他方、第1次5ヵ年計画でソ連技術援助で建設された吉林・太原・蘭州のアンモニア設備能力はいずれも年産5万トンと同じ規模である。アンモニアのような典型的な装置産業にとって、この設備能力の同一性の意味は非常に大きい。

人民共和国成立後、新政府は、復興期には国内の人的資源を東北に注入した。第1次5ヵ年計画では、吉林・蘭州・太原に人材を投入した。このような中で民国・日本・ソ連の技術の融合が進んだのではないかと考える。呉涇工場や関連する档案館を訪問し、呉涇肥料工場設計に参加したメンバーの経歴や出身地、あるいは、関連史料発掘に挑戦したい。

あとがき

I.

　本書は2007年に東京大学に提出した博士論文を骨子とし、若干の手直しを加えたものである。私は大学卒業後財閥系化学会社に就職し社会人の道を歩んだが、勤務中に倒れて闘病生活に入り、その後、縁あって学問の道を志すことになった。研究分野としては迷うことなく中国経済を選んだ。それは5年間（1994-99年）の北京駐在の影響が大きい。私の勤めていた会社が中国に最初の合弁企業を設立したのは1993年である。この最初の合弁企業を成功させると同時に、その後に続く中国投資を推進する目的で中国に事務所を設置すべきとする社内世論が生まれた。事務所を設置する都市は北京か上海かで当時の社内世論は2分されていた。経営首脳は上海を本命とみていた。しかし、当時の不確定な中国情勢下では上海と結論を出すほどの経営判断ではなかった。
　そのため、上海か北京か決定すべく、全社組織として中国事務所設立準備委員会が設置された。私はその事務局となった。上海か北京か1年間の検討をした。しかし意見は分かれたままであった。そこで、最終的には事務局判断により、上海の事務所設置は将来構想とし、最初の事務所は北京に開設することになった。同時に、香港にあった事務所を廃止してその機能を北京に集約し、香港を含む全中国を北京でカバーして中国における事業展開の拠点とすることになった。北京に駐在する初代の責任者には、当初の候補者ではなく、経営首脳の意思に反して北京を選んだ責任をとって私が赴任することになった。こうして、最終的な経営判断がなされた1994年6月の常務会決定以降、私の生活は公私ともに中国一色になった。
　私が仕事ではじめて中国に関係したのはこの時期から約20年前に遡る。最初に従事した中国ビジネスは日中国交回復直後の日中肥料貿易である。当時の私

の仕事は、輸出契約交渉そのものではなく、業界共同商談として成立した契約を、業界ルールの下で個々の企業が輸出する数量を具体的に取り決め、それを船会社の協力を得て中国の13の港に船輸送することであった。日中肥料貿易は日本業界がやがて価格競争力を失ったため終焉し、以後、中国とは縁が薄くなった。再び中国と関係を持った1993年から1994年という時期は、天安門事件により混乱した中国経済が、鄧小平の南巡講話により市場経済に向けて本格的に動き出した時期である。市場経済に向かったとはいえ中国社会には社会主義の色彩が強く残っており、中国ビジネスは有望ではあるがリスクが非常に高いとみられていた。

北京に赴任して最初に心がけたのは、中国の公安当局から警戒されぬ範囲内で、中国社会を積極的にみて歩くことである。事前の1年間の準備委員会活動の結果、中国事業に関心を持つ各事業部との関係が深く、多くの投資候補案件を抱え仕事は非常に忙しかった。社内の仕事に加えて、中国に事務所を持つ企業により組織された日本商工会議所関連の仕事も少なくなかった。その結果、中国各地を訪問する機会が多く、中国を構成する省・直轄都市・自治区の約3分の2を北京駐在中に訪問する機会に恵まれた。

中国東北地区の産業は、本書で分析したとおり、多くが「満洲国」時代に起源を持つ。戦時中に奉天市（現瀋陽市）に生まれた私にとって、東北は特別の愛着がある地方である。しかし、当時は日々の仕事に追われて土日を含めて自由な時間は全くなく、私的な関心事であるから東北の都市を訪問することはできなかった。しかし、各事業部からの要請により「満洲国」時代の都市を訪問する機会は多かった。生産力の落ちた油田の2次回収により石油増産を図る化学製品の現地企業化構想があり、そのため大慶油田とハルビンを訪問した。毛沢東時代を代表する化学工業都市である吉林には、基礎有機化学製品の企業化事前調査のために訪問した。

私が赴任した頃は中国のWTO加盟交渉が本格化した頃で、1990年代半ばには、中央政府は国内市場開放を実験的に試みるため、上海浦東の保税地区に限定して外国企業に販売子会社設立を認めた。そこで、100％の販売子会社を上海浦東に設立する計画を練り、その主力商品の一つに下水用の廃水処理剤を選んだ。有力販売業者が遼寧省丹東にいたので、廃水処理剤関連情報を得るために丹東

を訪問した。また、環境汚染の激しい撫順には、日本政府が環境対策支援で専門家5名を派遣していた。そのうち3名は私の勤めていた会社の技術者であった。当時の撫順には外国人が生活できるような施設がないため、日本から派遣された技術者は瀋陽に住み、瀋陽から撫順まで車で通勤していた。撫順で開催される技術協力に伴う各種行事に出席するのは私の仕事であり、娯楽施設の少ない当時の瀋陽に住む3名の技術者の生活支援も仕事の一つであった。そのため瀋陽や撫順を訪問する機会も少なくなかった。

　こうして、外国人が頻繁に出入りする大連以外に、大慶・ハルビン・吉林・丹東・瀋陽・撫順という社会主義時代の色彩を強く残した東北の主要都市を訪問できた。改革開放政策の影響をあまり受けていなかったこの時の東北主要都市への訪問は、大学に戻って中国経済産業を研究する際の大きな財産となった。

Ⅱ．

　北京勤務を終えて帰国したしばらく後、思いもかけぬ闘病生活をおくることになり、その結果、大学での研究生活を考えるようになったが、実は、学問の道を志したのはこれが初めてではない。大学時代は新進気鋭の最年少助教授であった竹内啓先生の下で数理統計学・計量経済学を学び、卒業前年の秋には大学院進学が教授会で認可されていた。しかしこの時は、家庭の事情で急遽就職することになり、竹内先生のお世話で財閥系化学会社に就職した次第である。2度目は社会人になって5年目の1971年である。この時、社命によりアメリカ留学することになった。竹内先生からジョンズホプキンズ大学のクリスト教授を紹介していただき、東部の古い都であるボルティモアで妻と長女と共に、生まれたばかりの長男は日本に残して、アメリカ生活をすることになった。

　当時はまだ1ドル360円の時代であり、外貨持ち出し制限があった最後の時代であった。ジョンズホプキンズ大学での留学に先だって西海岸バークレイで3週間英語のトレーニングを受けた。バークレイでは語学の勉強という名目で生活を大いに楽しんだ。1971年8月15日、今日は日本の敗戦記念日だと友人に話していたら、突如多くの学生が食堂のテレビの前に集まりだした。私も一緒になってテレビをみていると画面にニクソン大統領が現れ、新しい経済政策を

演説していた。だが、話しの内容はさっぱりわからなかった。アメリカ生活では勉強はほどほどにしてよく遊び、友人をたくさん作ってくるように、と出発前に人事部からいわれた。しかし、よく遊んだのはバークレイで終わった。

　ボルティモアではクリスト教授の指導の下で勉学に励んだ。難解な数理経済学のニューマン教授の授業は、出席学生が少なくて通常でも3-4名であった。大雪のある日のこと、出席は私だけであった。そのため1対1で難解な講義を受けることになっていつも以上に苦しんだ。クリスト教授には夏休みなど自宅にお邪魔して論文指導をしてもらい、きめの細かいお世話をいただいた。修士論文を書き始めてからは図書館に1室をもらい、毎晩12時の閉館まで図書館に残って論文執筆に専念した。ボルティモアでは日本のテレビは勿論、ラジオも新聞も全くみなかった。そのためか、当時の世界の政治・経済・社会情勢理解に帰国後も長年にわたって悩まされた。

　ジョンズホプキンス大学には博士号を取得する目的で入学した。帰国するに際しては、会社を退職して学問の道を歩むことを真剣に考えた。ではあるが、厳しい競争社会アメリカで幼い子供2人をかかえた家族4人の生活設計を描くことに躊躇した。とりあえずは帰国し、将来、博士論文提出を目指すということにして、結局は会社の方針に従って帰国した。帰国後に配属されたのは調査部門ではなく肥料事業部であった。そこで硫安や尿素の輸出業務を担当することになった。当時は日本の肥料輸出の全盛時代であり、中国は肥料の最大の輸出先であった。こうして肥料事業部時代に私の中国との最初の接点が生まれた。ところが、石油価格が高騰すると日本の肥料工業は競争力を失って輸出業務は縮小され、中国との関係が薄くなった。その後、化学品事業部で国内営業業務に従事し、さらに海外部・国際部に転籍して海外関連業務に従事した。毎日がサラリーマンの典型のような生活で、毎晩帰宅は遅く、休日はゴルフに出かけ、また海外出張が多く、そのうちに博士論文のことはすっかり忘れてしまった。

Ⅲ．

　このような過去を振り返ると、私の博士論文は3度目の正直ということになる。3度目の正直は多くの方々のお世話で実現した。当初、博士論文のテーマ

には中国の環境問題を考えていた。それに対し、中国の環境問題へのアプローチの困難さ、他方で、中国経済における個々の産業、特に研究蓄積の薄い化学工業、研究の重要性を教えて下さったのは中兼和津次元東京大学教授（現青山学院大学教授）である。その後間もなく東京大学を去られた中兼先生に代わり、具体的に中国産業研究をご指導下さったのは田島俊雄東京大学教授である。長年のサラリーマン生活に染まっていた私に対し、田島先生には学問の道を改めて手ほどきしていただいた。特に、2004年に東京大学社会科学研究所内に設置された東アジア経済史研究会は、私にとって何よりの研究活動実践の場であった。東アジア経済史研究会における研究活動を通じて中国の経済や産業への理解を深めることができた学恩は、言葉では表すことができない。

　出遅れた日本のFTA通商産業政策の一助とすべく、地球産業文化研究所が「東アジアの産業協力検討」委員会を立ち上げたのは2005年のことである。「東アジアの産業協力検討」委員会では末廣昭東京大学教授が委員長に就任されたが、私の社会人時代の経験を評価していただき、末廣委員長からのお話で委員会メンバーの一員となった。この委員会活動では経済産業省の産業政策担当者や、産業研究に造詣の深い学界の研究者との交流を持つ機会を得た。委員会は2006年に中間報告書を作成したが、この中間報告を英文にして末廣先生と共にソウル大学シンポジウムで報告する機会があった。委員会活動、中間報告書の作成、ソウル大学での報告、最終報告書の作成他により末廣先生からは多くのことを学んだ。

　元来がものを書くのは好きな方で、社会人時代にも折にふれて文章を書いていた。しかし、書くものは業務報告書であり、散文・随筆であった。中国ビジネス体験から論じたいと思う対象は多いものの、それをいざ学術論文にして表現するとなると多くの困難にぶつかった。このような困難に直面した時にご指導していただいたのが工藤章東京大学教授である。新しい研究生活で最も重要な技術である学術論文の技法とは何か、厳密でなければならない学術論文と社会人時代の文章の違いを工藤先生から学んだ。ドイツ経済を専門とされる工藤先生は、企業に関する研究業績も豊富であり、また、中国に関しては独中関係論という新しい視角を提唱されている。本書でもごく一部ながら独中関係からの検討を試みた。

また、武田晴人東京大学教授からは日本経済からみた中国経済を学んだ。武田教授がパリで研究生活を過ごされている折には、私が送付した論文抜き刷りに対しメールでコメントを頂戴し、改善すべき論点を指摘していただいた。また、岡崎哲二東京大学教授からは「制度」という視点を教えていただいた。「制度」に関しては目下のところは興味のみで終わり、本書では言及することができずに終わっている。しかし、いつの日か、社会主義という「制度」が現実の経済活動に与えた影響分析に挑戦したいと考えている。また、学界にありながら、最新の中国情勢を精力的に分析されている丸川知雄東京大学教授からは、常に大きな知的刺激を受けてきた。

　小島麗逸大東文化大学名誉教授が主宰されている月1度の中国研究会には、長年出席させていただいている。この私的な研究会では小島先生の話を聞くだけではなく、構想段階の論文骨子を研究会で何度か発表し、小島先生からコメントを得た。研究会での小島先生のコメントをヒントに生まれた論文もある。さらに、井村哲郎新潟大学教授、山本有造中部大学教授、久保亨信州大学教授、松本俊郎岡山大学教授には関連資料入手、論文へのコメント、関係者への紹介等でお世話になった。

　研究仲間である若手研究者とは議論そのものが楽しかった。かつ、多くを学んだ。東京大学の加島潤助教、大阪産業大学の王京濱准教授、日本学術振興会の湊照宏特別研究員、東京大学大学院の松村史穂さん、法政大学の呉暁林教授、東京大学の門闖IML研究員、九州大学の堀井准教授、アジア経済研究所から派遣されて清華大学の亜州経済研究所で研究生活を送られている山口真美研究員、アメリカ在住の王穎琳博士との議論からは大いに啓発された。中でも加島さんには、新しい論文構想に忌憚のないコメントをいただき、また、資料収集面でも大変お世話になった。博士論文の題名は加島さんに負うところが大きい。

　その他多くの方々にお世話になった。満鉄会の天野博之理事、満鉄中試会の鐘ヶ江重夫氏、加藤二郎博士からは満鉄で活躍された方々に関する情報提供を受けた。撫順では炭鉱技術者として活躍され、今は東方科学技術協力会の会長としてご健在の佐野初男氏には、八王子のお宅を2度も伺ったばかりでなく、貴重な当時の資料を送っていただいた。佐野会長はことし100歳になられるはずであり、ご健康を心からお祈りする。また、日本国際貿易促進協会の中田慶

雄副会長、片寄浩紀専務理事、下関市立大学の飯塚靖教授、中国研究所の横井陽一氏にもお世話になった。

中国では、遼寧省档案館の趙煥林副館長、吉林省社会科学院満鉄資料館の郭洪茂館長、大連市図書館の王若元副館長、遼寧大学の郭燕青教授からの協力を受けた。戦前の中国化学工業発展史に造詣の深い陳歆文氏からは、大連でお目にかかった際に、日本では得られない陳氏の著書の贈呈を受けた。大連理工大学講師として大連滞在中の山本裕氏、満鉄中央試験所をテーマに北京大学で博士論文執筆中の山口直樹氏にもお世話になった。また、古谷浩一朝日新聞瀋陽支局長からは、瀋陽支局開設パーティへのご招待に加えて、その後も何かと瀋陽支局をお邪魔しては東北の最新状況を聞かせていただいた。瀋陽総領事館の川端章義氏からは時々の東北経済の状況を教えていただいた。

本書の刊行は以上のような数多くの方々のおかげで可能になったものである。ここに記して感謝の意を表したい。

なお、本書の刊行は独立行政法人日本学術振興会の平成21年度科学研究費補助金（研究成果公開促進費・学術図書）による出版助成を受けたものであり、刊行に際しては御茶の水書房の橋本盛作社長、小堺章夫氏から一方ならぬお世話を受けた。

峰　毅

参考文献

(日本語)

鮎川義介［1965］『私の履歴書』（経済人9）日本経済新聞社。
相原一郎［1988］「東工試法アンモニア合成と企業化：草創期の国産技術小史（1）」『化学工業』39（2）：172-183。
相原一郎［1988］「東工試法アンモニア合成と企業化：草創期の国産技術小史（2）」『化学工業』39（3）：263-271。
相原一郎［1988］「東工試法アンモニア合成と企業化：草創期の国産技術小史（3）」『化学工業』39（4）：351-359。
赤羽信久［1966］「有機・高分子化学工業」（石川［1966］）所収）。
阿久根央［1988］「合成石油の開発と今後の課題：苦闘と挫折の歴史（1）」『化学工業』39（12）：1058-1067。
阿久根央［1989］「合成石油の開発と今後の課題：苦闘と挫折の歴史（2）」『化学工業』40（1）：99-111。
浅田喬二［1975］「日本殖民史研究の課題と方法」『歴史評論』第308号：63-83。
旭硝子株式会社臨時社史編纂室［1967］『社史』同臨時社史編纂室。
旭電化工業株式会社社史編集委員会［1989］『旭電化工業七十年史』同社史編集委員会。
アジア経済研究所［1986］『「張公権文書」目録』アジア経済研究所。
亜細亜通信社編［1962］『中国化学工業資料写真集』亜細亜通信社。
亜細亜通信社編［1963］『中国産業貿易総覧』亜細亜通信社。
味の素株式会社沿革史編纂会［1951］『味の素沿革史』同沿革史編纂会。
味の素株式会社社史編纂室［1971］『味の素株式会社社史1』同社史編纂室。
足立英夫［1951］『米国を中心とした染料工業の動向』化成品工業協会。
安部薫一［1980］「吉林人石の思い出」（「日本窒素史への証言」編輯委員会［1980］所収）。
阿部良之助［1938］『石炭液化』ダイヤモンド社。
阿部良之助［1949］『招かれざる国賓』ダイヤモンド社。
安部田貞治［1998］「日本における新染料開発の歴史」『化学史研究』25（2）：139-145。
天野富一［1973］「満洲人石会社顛末その他」（満鉄東京撫順会［1973］所収）。

アメリカ合衆国戦略爆撃調査団（奥田英雄・橋本啓子訳編）［1986］『日本における戦争と石油』石油評論社。
荒井政治・内田星美・鳥羽欽一郎［1981］『産業革命の技術』有斐閣。
有沢広巳編［1959］『現代日本産業講座 I』岩波書店。
安藤良雄編［1976］『日本経済政策史論 下巻』東京大学出版会。
粟屋憲太郎・吉見義明［1985］「毒ガス作戦の真実：最新の資料から」『世界』479号：85-92。
粟屋憲太郎［2002］『中国山西省における日本軍の毒ガス戦』大月書店。
安藤彦太郎編［1965］『満鉄：日本帝国主義と中国』御茶の水書房。
飯塚靖［2003］「満鉄撫順オイルシェール事業の企業化とその展開」『アジア経済』44(8)：2-32。
生野稔［1937］「曹達工業」（工業化学会満洲支部［1937］所収）。
池田誠編著［1987］『抗日戦争と中国民衆』法律文化社。
池田誠ほか［1982］『中国工業化の歴史：近現代工業発展の歴史と現実』法律文化社。
石井明［1990］『中ソ関係史の研究1945-1950』東京大学出版会。
石井明［2005］「第二次世界大戦終結期の中ソ関係：旅順・大連を中心に」（江夏ほか（2005）所収）。
石川一郎［1934］『現代日本工業全集13. 化学肥料』日本評論社。
石川滋［1958］「終戦にいたるまでの満洲経済開発：その目的と成果」（日本外交史学会［1958］所収）。
石川滋編［1966］『中国経済の長期展望 II』アジア経済研究所。
石黒正［1996］「満鉄化学工場塩酸職場の回想」『満鉄中試会々報』第22号：29-30。
石黒理兵衛［1977］「華北窒素のこと」（「日本窒素史への証言」編集委員会［1977］所収）。
石島紀之［1978］「南京政権の経済建設についての一試論」『文学科論集』（茨城大学人文学部）通巻11：41-77。
石島紀之［1984］『中国抗日戦争史』青木書店。
石島紀之・久保亨編［2004］『重慶国民政府史の研究』東京大学出版会。
石田武彦［1971］「二十世紀初頭中国東北における油房業の展開過程」『北大史学』第13号：54-77。
石田武彦［1978］「中国東北における産業の状態について：1920年代を中心に（1）」北海道大学経済学会『経済学研究』28(4)：933-968。
石田亮一［1990］『石炭液化物語』中央出版印刷。
石堂清倫［1997］『大連の日本人引揚の記録』青木書店。
石橋勝之［1990］「中国化学肥料工業発展小史」『中国研究月報』44(2)：28-35。
石橋勝之［1992］「中国の化学肥料事情の現状と展望」『中国研究月報』46(8)：28-

35。
市岡謙介［1979］「錦西製油所の思い出」（陸燃史編纂委員会［1979］所収）。
市山幸作［1987］「カザレー法アンモニア合成：創業の風光（1）」『化学工業』38
　　（7）：625-635。
市山幸作［1987］「カザレー法アンモニア合成：創業の風光（2）」『化学工業』38
　　（8）：723-731。
市山幸作［1987］「カザレー法アンモニア合成：創業の風光（3）」『化学工業』38
　　（9）：803-811。
市山幸作［1987］「カザレー法アンモニア合成：創業の風光（4）」『化学工業』38
　　（10）：880-885。
伊東文吉［1977］「太原工場の思い出」（「日本窒素史への証言」編集委員会［1977］
　　所収）。
伊藤武雄［1980］「東方科学技術協力会の生誕と紹介」『東技協会報』第1号：1-2。
伊藤武夫［1990］「第一次大戦前夜の石油業と石油政策（1）」『立命館産業社会論集』
　　26（2）：1-32。
伊藤武夫［1991］「満州事変後の液体燃料政策」『立命館産業社会論集』26（4）：33-
　　69。
伊藤武一郎［1916］『満洲十年史』満洲十年史刊行会。
井出誉［1979］「満燃第2工廠錦西製造所の思い出」（陸燃史編纂委員会［1979］所
　　収）。
伊吹弘［1979］「石炭液化に独自の道を開いた満州油化工業（株）の全貌」（陸燃史編
　　纂委員会［1979］所収）。
五百旗頭真［1971］「満州事変の一面：石原莞爾の満蒙問題解決案（上）」『広島大学
　　政経叢書』21（3）：49-75。
稲富千枝［1985］「わが青春の三家子：吉林人造石油の思い出」（「日本窒素史への証
　　言」［1985］所収）。
戌亥吉春［1997］『悠久の中国大陸に生きぬいて』ジャニス。
今井則義［1959］「重・化学工業化の進展」（有沢［1959］所収）。
井村哲郎編［1997］『1940年代の東アジア　文献解題』アジア経済研究所。
井村哲郎［1997a］「熊式輝文書・解題と目録」『アジア経済資料月報』39（1）：81-
　　108。
井村哲郎［1997b］「ポーレー調査団報告書　満洲編」（井村編［1997］所収）。
井村哲郎［1997c］「東北経済小叢書」（井村編［1997］所収）。
井村哲郎［2005］「戦後ソ連の中国東北支配と産業経済」（江夏ほか［2005］所収）。
伊元富爾［1939］『軍需工業の展望』高山書院。
入沢恭之［1977］「華北窒素の思い出」（「日本窒素史への証言」編集委員会［1977］

所収)。
入山啓治・大塚武幸・磯が谷義太郎・大矢武士・滝埜修［1997］「エチレン」『化学工業』48（11）：911-919。
上杉登［2002］「中国のWTO加盟と農業・肥料業界への影響」『化学経済』2002年3月号：68-75。
上仲博・江崎正直［2004］「インジゴ合成技術の歴史」『化学史研究』31（3）：195-213。
宇垣一成［1934］『朝鮮の将来：宇垣総督の演述』朝鮮総督府。
内田星美［1974］『産業技術史入門』日本経済新聞社。
内野正夫［1937］「軽金属工業」(工業化学会満洲支部［1937］所収)。
宇田川勝［1976］「日産財閥の満州進出」『経営史学』11（1）：46-74。
宇田川勝［1997］「満業コンツェルンをめぐる国際関係」法政大学産業情報センター紀要『グノーシス』Vol.6：43-54。
内海誓一郎・山田桜［1934］「吸収材層の諸条件に就いて」『工業化学雑誌』37（6）：789-792。
AK生［1916］「内地製硫化染料に就いて」『染織時報』1916年6月号：13-15。
江崎正直［1987a］「クロード法によるアンモニア合成（1）」『化学工業』38（11）：971-979。
江崎正直［1987b］「クロード法によるアンモニア合成（2・完）」『化学工業』38（12）：1050-1055。
江夏由樹・中見立夫・西村成雄・山本有造［2005］『近代中国東北地域史研究の新視角』山川出版社。
NHK「留用された日本人」取材班［2003］『「留用」された日本人：私たちは中国建国を支えた』日本放送出版協会。
江橋開三郎［1989］「歴史の実相をもとめて（其の一）：リットン調査団と満鉄」『満鉄会報』第161号：2-5。
遠藤外雄［1980］「『キト』工場の思い出」『満鉄中試会々報』第6号：38-39。
遠藤外雄［1988］「化学工場（元鉄道潤滑油工場）への回想」『満鉄中試会々報』第14号：25-26。
遠藤外雄［1989］「くりごと」『満鉄中試会々報』第15号：29-30。
老川慶喜［1997］「『満洲』の自動車市場と同和自動車工業の設立」『立教経済研究』51（2）：1-26。
老川慶喜［2002］「『満洲国』の自動車産業：同和自動車工業の経営；1935年7月～37年12月」『立教経済研究』55（3）：1-22。
王京濱［2005］「永利化学からみる民国期の産業金融」(田島編［2005］所収)。
大石嘉一郎編［1992］『戦間期日本の対外経済関係』日本経済評論社。

大倉財閥研究会編［1982］『大倉財閥の研究：大倉と大陸』近藤出版社。
大蔵省管理局［1985a］『日本人の海外活動に関する歴史的調査通巻第23冊「満洲国」編第2分冊』大蔵省管理局。
大蔵省管理局［1985b］『日本人の海外活動に関する歴史的調査通巻第26冊北支編』大蔵省管理局。
大蔵省財政史室［1984］『昭和財政史』（第1巻）東洋経済新報社。
大阪絵具染料同業組合編［1938］『絵具染料商工史』大阪絵具染料同業組合。
大沢武彦［2006］「戦後内戦期における中国共産党の東北支配と対ソ交渉」『歴史学研究』No.814：1-15。
大島清［1952］『日本恐慌史論 上』東京大学出版会。
大竹慎一［1976］「戦時下における日『満』鉄鋼業資料」『金融経済』160号：85-168。
大竹慎一［1978］「鉄鋼増産計画と企業金融：産業開発五ヵ年計画期の昭和製鋼所」『経営史学』12（3）：45-64。
大塚久雄・武田隆夫編［1967］『帝国主義下の国際経済：楊井克己博士還暦記念論文集』東京大学出版会。
大塚久雄・安藤良雄・松田智雄・関口尚志編［1968］『資本主義の形成と発展：山口和雄博士還暦記念論文集』東京大学出版会。
大庭成一［1998］「日本の写真工業の発展史Ⅰ：感光材料」『化学史研究』25（1）：1-19。
大庭成一［1999a］「日本の写真工業の発展史Ⅱ：感光材料」『化学史研究』26（1）：2-9。
大庭成一［1999b］「日本の写真工業の発展史Ⅲ：感光材料」『化学史研究』26（3）：142-151。
大庭成一［2000］「日本の写真工業の発展史Ⅳ：感光材料」『化学史研究』27（2）：65-73。
大淀昇一［1989］『宮本武之輔と科学技術行政』東海大学出版会。
岡田寛二［2000］「満鉄化学工場の使命と初期運転」『満鉄中試会々報』第26号：38-40。
岡野鑑記［1939］『満洲経済建設の指導原理』建国大学研究院。
岡野鑑記［1942］『満洲経済建設の展望』満洲事情案内所。
岡部牧夫［1978］「日本帝国主義と満鉄」『日本史研究』195号：66-87。
岡部牧夫［1979］「1920年代の満鉄と満鉄調査部」『歴史公論』5（4）：85-92。
岡部泰二郎［1987］「近代日本化学工業草創秘史」『化学工業』38（7）：618-624。
岡部泰二郎［1988］「カーバイド・石灰窒素工業のはじまり」『化学工業』39（5）：439-447。
小川鐵雄［1990］「グルタミン酸曹達工業の草創秘史」『化学工業』41（3）：276-283。

小川鐵雄［1990］「グルタミン酸曹達工業の草創秘史（2）」『化学工業』41（4）：362-371。
置村忠雄［1962］『続軽金属史』置村忠雄。
小沼壽蔵［1989］「終戦後哈爾浜でソ連の仕事をした話」『満鉄会報』第161号：13。
小野田セメント株式会社［1981］『小野田セメント100年史』小野田セメント株式会社。
尾上悦三［1967］「計画経済」『アジア経済』8（12）：115-150。
尾上悦三［1971］『中国の産業立地に関する研究』アジア経済研究所。
オリエンタル写真工業株式会社［1950］『オリエンタル写真工業株式会社30年史』オリエンタル写真工業株式会社。
カーバイド工業会［1968］『カーバイド工業の歩み』カーバイド工業会。
「回想の日満商事」刊行会編［1978］『回想の日満商事』「回想の日満商事」刊行会。
花王石鹸株式会社編［1978］『花王石鹸五十年史』花王石鹸株式会社。
加来祥男［1974］「ドイツ・タール染料工業の展開」『土地制度史学』17（1）：41-55。
郝燕書［2000］「石油・石油化学産業」（丸川［2000］所収）。
笠原正明［1966］「中国水運業の社会主義化：私営汽船業の公私合営化と民船の組織化」『アジア研究』13（2）：61-79。
霞山会編［1986］『現代中国人名辞典』（1986年版）霞山会
霞山会編［1991］『現代中国人名辞典』（1991年版）霞山会
加地信［1957］『中国留用十年』岩波新書。
加地信ほか［1957］「中国留用生活十年（座談会）」『世界』134号：97-122。
加島潤［2005］「戦後から人民共和国初期にかけての上海化学工業再編：ゴム工業を中心に」（田島編［2005］所収）。
香島明雄［1980］「満洲における戦利品問題をめぐって」『京都産業大学論集』（国際関係系列第7号）9（1）：84-117。
香島明雄［1985］「旧満州産業をめぐる戦後処理：中ソ合弁交渉の挫折を中心に」『京都産業大学論集』（国際関係系列第12号）14（2）：1-50。
鹿島孝三［1935］「軍用化学と塩素問題」『工業化学雑誌』38（6）：697-695。
梶ヶ谷誠司［1978］「満洲国政府と日満商事」（「回想の日満商事」刊行会［1978］所収）。
春日豊［1982］「1930年代における三井物産の展開過程：商品取引と対外投資を中心に（上）」『三井文庫論叢』16号：101-196。
春日豊［1983］「1930年代における三井物産の展開過程：商品取引と対外投資を中心に（中）」『三井文庫論叢』17号：57-137。
春日豊［1984］「1930年代における三井物産の展開過程：商品取引と対外投資を中心に（下）」『三井文庫論叢』18号：141-408。
春日豊［1992］「三井財閥と中国・満州投資」（中村［1992］所収）。

加藤育一［1937］「爆薬工業」（工業化学会満洲支部［1937］所収）。
加藤孝雄［1991］「染料工業の勃興と発展」『化学工業』42（7）：587-595。
加藤俊彦［1967］「日本の対満投資についての覚書：満洲事変前後を中心に」（大塚ほか［1967］所収）。
加藤俊彦［1968］「日中戦争下の対満投資」（大塚ほか［1968］所収）。
鐘ヶ江重夫［1981］「瀋陽化工廠を見学して」『満鉄中試会々報』第7号：29-31。
金子文夫［1976］「本渓湖煤鉄公司の改組と大倉事業株式会社の設立」（大倉財閥の研究（1））『東京経大学会誌』第94号：112-135。
金子文夫［1979］「1970年代における『満州』研究の状況（Ⅰ）：日露戦争から満州事変まで」『アジア研究』20（3）：38-55。
金子文夫［1979］「1970年代における『満州』研究の状況（Ⅱ）：満州事変から『満州国』の崩壊まで」『アジア研究』20（11）：24-43。
金子文夫［1991］『近代日本における対満州投資の研究』近藤出版社。
金子文夫［1993a］「植民地投資と工業化」（小林［1993］所収）。
金子文夫［1993b］「戦後日本植民地研究史」（浅田［1993］所収）。
金子文夫［2001］「日本企業による経済侵略」（宇野［2001］所収）。
金丸裕一［1993］「中国民族工業の黄金時期と電力産業」『アジア研究』39（4）：29-84。
株式会社クラレ［2006］『創新：クラレ80年の軌跡1926-2006』株式会社クラレ。
川手恒忠・坊野光勇［1975］『石油化学工業』（新訂版）東洋経済新報社。
関西ペイント株式会社社史編纂委員会編［1979］『明日を彩る：関西ペイント60年のあゆみ』同社史編纂委員会。
関東軍司令部［1937］「満洲経済建設概観」解学詩監修・解題『満洲国機密経済資料第6巻』本の友社。
上林貞治郎［1967］「イーゲー・ロイナ工場史：イーゲー・トラスト成立史をふくめて」『経営史学』2（2）：1-29。
神原周編［1970］『中国の化学工業』アジア経済研究所。
貴志俊彦［1997］「永利化学工業公司と范旭東—抗戦下における国家と企業」（曽田［1997］所収）。
北岡伸一［1978］『日本陸軍と大陸政策：1906-1918年』東京大学出版会。
北岡伸一［2007］「日中歴史共同研究の出発：事実の探求に基づいて」『外交フォーラム』20（5）：14-20。
菊池一隆［1987］「国民政府による抗戦建国路線の展開」（池田［1987］所収）。
北支那開発株式会社［1943］『北支開発事業の概観』北支那開発株式会社。
北支那開発株式会社［1944］『北支那開発株式会社及関係会社概要』（1941年度版）北支那開発株式会社。

北波道子［1998］「戦前台湾の電気事業と工業化」『台湾史研究』第15号：16-28。
北村蔵治［1997］『オリエンタル・トレード』日本関税協会。
北村嘉行編［2000］『中国工業の地域変動』大明堂。
キッコーマン醤油株式会社［1968］『キッコーマン醤油史』キッコーマン醤油株式会社。
木下利貞［1979］「I. G. 法石炭液化技術の導入問題」（陸燃史編纂委員会［1979］所収）。
木下元義［1991］「満州醤油株式会社、朝鮮丸金醤油株式会社の設立とその顛末」『清水十二郎先生の追憶』木下元義。
麒麟麦酒株式会社五十年史編集委員会編［1957］『麒麟麦酒株式会社五十年史』同五十年史編集委員会。
工藤章［1978a］「IGファルベンの成立と展開（一）」『社会科学研究』29巻5号：1-62。
工藤章［1978b］「IGファルベンの成立と展開（二）」『社会科学研究』29巻6号：75-177。
工藤章［1992a］『イー・ゲー・ファルベンの対日戦略』東京大学出版会。
工藤章［1992b］『日独企業関係史』東京大学出版会。
工藤章［1996］「幻想の3角貿易：『満洲国』と日独通商関係覚書」『ドイツ研究』23号：52-70。
工藤章［1999］『現代ドイツ化学企業史：IGファルベンの成立・展開・解体』ミネルヴァ書房。
工藤章［2008］「1927年日独通商航海条約と染料交渉」（工藤章・田嶋信雄編［2008］所収）。
工藤章・田嶋信雄編［2008］『日独関係史：1890 - 1945』東京大学出版会。
久保田宏［1988］「中国の化学工業」『化学工業』39（1）：61-67。
久保亨［1981］「日本の侵略前夜の東北経済：東北市場における中国品の動向を中心に」『歴史評論』No.377：12-31。
久保亨［1991］『中国経済100年のあゆみ：統計資料で見る中国近現代経済史』創研出版。
久保亨［2001］「戦間期中国の対外経済政策と経済発展」秋田茂・籠谷直人編『1930年代のアジア国際秩序』渓水社。
久保亨［2004］「戦時の工業政策と工業発展」（石島ほか編［2004］所収）。
黒川秀孝［1943］「満洲に於ける窒素工業に就いて」『工業化学雑誌』第46編第5冊、466-470。
黒沢慶二［1979］「陸軍燃料廠と石炭」（陸燃史編纂委員会［1979］所収）。
黒沢慶二［1979］「陸軍燃料廠錦西製造所の興亡」（陸燃史編纂委員会［1979］所収）。
黒瀬郁二［2003］『東洋拓殖会社』日本評論社。

栗原東洋編［1964］「電力産業の展開過程」『現代日本産業発達史　Ⅲ　電力』交詢社。
軽金属協会［1958］『アルミニウム工業の展開』軽金属協会。
興亜院華北連絡部［1941］『日満支産業建設5ヵ年計画：化学肥料生産計画説明書』興亜院華北連絡部。
工業化学会満洲支部編［1933］『満洲の資源と化学工業』丸善。
工業化学会満洲支部編（1937）『満洲の資源と化学工業』（増訂改版）丸善。
80年史編纂委員会編［1986］『神戸製鋼80年』神戸製鋼所。
胡欣・邵秦・李夫珍編著（青木英一・上野和彦・北村嘉行監訳）［1993］『中国経済地理』大明堂。
国民経済研究協会・金属工業調査会共編［1946］『第1次満洲産業開発5ヶ年計画書』国民経済研究協会・金属工業調査会。
国際連合統計局［1994］『世界統計年鑑1990／91』（Vol.38）原書房。
小島晋治［2008］『近代日中関係史断章』岩波現代文庫。
小島精一［1959］「満洲重工業の今昔」『明治学院論叢』（経済研究）54（2）：1-55。
小島外来雄［1939］「撫順オイル・シェール事業の重要性と世界に於ける斯業の概況」『燃料協会誌』18（198）：225-237。
小島麗逸［1966］「無機化学工業」（石川［1966］所収）。
小島麗逸［1968a］「中国の化学肥料工業」『中国経済研究月報』1968年5月号：1-110。
小島麗逸［1968b］「中国の繊維工業」『化繊月報』1968年11月号：25-36。
児島俊郎［1984］「日本帝国下の『満洲』鉄道問題」『三田学会雑誌』77（1）：111-122。
小林英夫［1976］「1930年代植民地『工業化』の諸特徴」『土地制度史学』第71号：29-46。
小林英夫［1977］「華北占領政策の展開過程」『駒澤大学経済学論集』9（3）：191-203。
小林英夫編［1993］『植民地化と産業化』（岩波講座近代日本と植民地3）岩波書店。
小林英夫［2002］「満鉄調査部と戦後日本」『環』vol.10／2002年夏増大号：372-378。
小林義宜［2002］『岐新火力発電所の最後：一つの満州史』新評論。
小峰和夫［1983］「日本商社と満州油房業：1907年の三泰油房創設」『日大農獣医教養紀要』19：12-24。
小宮隆太郎［1989］『現代中国経済：日中の比較考察』東京大学出版会。
小山いと子［2000］『オイルシェール』ゆまに書房。
近藤釰一［1961］『太平洋戦下の朝鮮及び台湾』朝鮮史料研究会。
崔淑芬［2004］『来日中国著名人の足跡探訪』中国書店。
斎藤良衛［1955］『欺かれた歴史：松岡と三国同盟の裏面』読売新聞社。
采野善治郎［1943］「満洲カーバイド工業の使命」『工業化学雑誌』46（5）：470-473。
佐伯康治［1992］「合成ゴムの技術とその工業」『化学史研究』19（4）：267-281。

佐伯康治［2000］「わが国PVC工業の歴史的概要」『化学経済』2000年8月号：12-20。
佐伯康治［2000］「わが国PVC工業の変遷」『化学経済』2000年10月号：108-118。
佐伯康治［2000］「PVC生産技術の展開（上）」『化学経済』2000年11月号：78-86。
佐伯康治［2001］「PVC生産技術の展開（下）」『化学経済』2001年2月号：83-92。
佐伯康治［2001］「PVC製造プロセスのクローズドシステム化」『化学経済』2001年5月号：103-111。
佐伯康治［2001］「アジアにおけるPVC工業の発展」『化学経済』2001年7月号：106-113。
佐伯康治［2001］「わが国PVC工業の歴史的概要」『化学経済』2001年9月号：105-113。
佐伯千太郎［1946a］『偽満洲国主要化学工業政策変遷史』（東北行営）経済委員会工鉱事処、遼寧省档案館史料"工鉱1466"。
佐伯千太郎［1946b］『満洲国主要化学工業会社設立経緯』（東北行営）経済委員会工鉱事処、遼寧省档案館史料"工鉱1478"。
佐伯千太郎［1978a］「企画部の六年」（「回想の日満商事」刊行会［1978］所収）。
佐伯千太郎［1978b］「化学三社コンビナート」（「回想の日満商事」刊行会［1978］所収）。
佐伯尤［1978］「インペリアル・ケミカル・インダストリーズ社とオタワ体制」『一橋論叢』72（5）：486-502。
坂本雅子［1977］「三井物産と『満州』・中国市場」（藤原［1977］所収）。
坂本雅子［1979］「満州事変後の三井物産の海外進出」（藤井ほか［1979］所収）。
崎川範行［1968］『化学工業』ダイヤモンド社。
桜井徹［1979］「南満洲鉄道の経営と財閥」（藤井ほか［1979］所収）。
笹倉正夫［1973］『人民服日記：ある科学者の証言』番町書房。
サッポロビール株式会社広報部社史編纂室編［1996］『サッポロビール120年史：since 1876』同広報部社史編纂室。
佐藤輝五［1980］「華北の中央試験所派遣員とその同僚」『満鉄中試会々報』第6号：33-34。
佐藤正典［1961］「満鉄中央試験所終戦始末記」（丸沢［1961］所収）。
佐藤正典［1971］『一科学者の回想』佐藤正典。
佐藤正典［1983］「苦節の満鉄中央試験所」『満鉄中試会々報』第9号：3-4。
佐野初男［1989］「21世紀の撫順炭鉱に望む」『東技協会報』No.54：2-3。
沢井実［1992］「鉄道車輌工業と『満洲』市場：1930年代を中心に」（大石［1992］所収）。
産業研究所編［1986］『中国東北地方経済に関する調査研究報告書』アジア経済研究所受託調査報告書。

三共百年史編集委員会［2000］『三共百年史』三共百年史編集委員会。
塩野義製薬株式会社［1978］『シオノギ百年』塩野義製薬株式会社。
四条栄一［1973］「石炭液化工場回想」（満鉄東京撫順会［1973］所収）。
四宮正親［1984］「豊田自動織機製作所自動車部の満州進出：豊田と同和の提携とその破綻をめぐって」『西南学院大学大学院経営学研究論集』第4号：1-19。
四宮正親［1985］「1930年代初期の満州自動車工業方策：『満洲国第一期経済建設』にみる」『西南学院大学大学院経営学研究論集』第5号：1-20。
四宮正親［1986］「『満州』における自動車工業の展開：同和自動車と満州自動車の企業活動と業績をめぐって（Ⅰ）」『西南学院大学大学院経営学研究論集』第7号：1-16。
四宮正親［1987］「『満州』における自動車工業の展開：同和自動車と満州自動車の企業活動と業績をめぐって（Ⅱ・完）」『西南学院大学大学院経営学研究論集』第8号：1-21。
四宮正親［1992］「戦前の自動車産業と『満州』：戦前の自動車産業政策に占める『満州』の位置をめぐって」『経営史学』27（2）：1-30。
柴村羊五［1981］『起業の人野口遵伝：電力・化学工業のパイオニア』有斐閣。
渋谷在正［1979］「戦前の人造石油開発：三菱鉱業研究所―陸軍燃料廠」（陸燃史編纂委員会［1979］所収）。
島一郎［1978］『中国民族工業の展開』ミネルヴァ書房。
島尾永康［1985］「最近の中国化学史から」『化学史研究』12（1）：57-67。
島尾永康［1986］「中国化学史研究の展望」『化学史研究』13（6）：72-81。
島田俊彦［1965］『関東軍』中央公論社。
清水健児［1937］「北支に於ける化学工業の近状」（工業化学会満洲支部［1937］所収）。
清水美紀［2003］「1930年代の『東北』地域概念の形成：日中歴史学者の論争を中心として」『日本植民地研究』第15号：37-53。
社史編さん委員会編［1981］『富士製鐵株式會社社史』新日本製鐵株式会社。
シュネー、ハインリッヒ（金森誠也訳）［1988］『「満州国」見聞記：リットン調査団同行記』新人物往来社。
城島俊夫［1993］「尿素肥料の開発の歴史」『化学史研究』20（3）：161-200。
植民地文化学会・中国東北淪落14年史総編室編著［2008］『満洲国とは何だったのか：日中共同研究』小学館。
昭和電工株式会社［1990］『昭和電工のあゆみ』昭和電工株式会社。
白石宗城［1977］「日本窒素の思い出」（「日本窒素史への証言」編集委員会［1977］所収：5-24）。
申力生主編［1998］『中国石油産業史：阿片戦争から新中国成立まで』（猪間明俊訳）

操栄出版。
須賀田正泰［1996］「石炭液化技術について」『満鉄中試会々報』第22号：20-21。
菅原国香［1987］「中国を訪れて」『化学史研究』14（4）：179-182。
杉山邦一［1980］「古城子炭との出会い」『満鉄中試会々報』第6号：42-43。
杉山伸也・ジャネット・ハンター編（細谷千博・イアン・ニッシュ監修）［2001］『日英交流史：1600-2000　4経済』東京大学出版会。
鈴木邦夫［1988］「『満州国』における三井財閥（I）：三井物産の活動を中心として」『電気通信大学紀要』1（2）：441-453。
鈴木邦夫編著［2007］『満州企業史研究』日本経済評論社。
鈴木隆史［1963］「満州経済開発と満州重工業の成立」『徳島大学学芸紀要（社会科学）（人文科学）』第13巻：97-114。
鈴木隆史［1969］「南満州鉄道株式会社（満鉄）の創立過程」『徳島大学教養部紀要（人文・社会科学）』第4巻：42-62。
鈴木隆史［1970］「総力戦体制と植民地支配：『満洲』の場合」『日本史研究』111号：91-105。
鈴木隆史［1971］「『満州』研究の現状と課題」『アジア経済』12（4）：49-60。
鈴木武雄［1942］『朝鮮経済の新構想』東洋経済新報社。
須永徳武［2005］「満洲における電力事業」『立教経済学研究』59（2）：67-100。
須永徳武［2006］「満洲の化学工業」（上）『立教経済学研究』59（4）：111-147。
須永徳武［2007］「満洲の化学工業」（下）『立教経済学研究』60（4）：105-134。
斯日古楞［2001］「満鉄の華北への進出」『現代社会分化研究』（新潟大学）No.21：351-360。
住友化学工業株式会社［1981］『住友化学工業株式会社史』住友化学工業株式会社。
住友金属工業株式会社編［1957］『住友金属工業60年小史』住友金属工業株式会社。
関忠夫［1934］「満洲工業史に関する一考察：満洲に於ける資本主義形成過程に関する覚書」『満洲評論』第6巻第8号：23-31。
世良正一［1937］「石炭液化工業」（工業化学会満洲支部［1937］所収）。
千原末夫［1977］「華北窒素のことども」（「日本窒素史への証言」編集委員会［1977］所収）36-40。
副島秀夫［1979］「戦時における人造石油の開発と実用化について」（陸燃史編纂委員会［1979］所収）。
全国購買組合連合会［1939］『肥料統制3ヶ年計画第1年度の実績』全国購買組合連合会。
全国購買組合連合会［1939］『戦時下の肥料問題』全国購買組合連合会。
全国購買組合連合会［1940］『続・戦時下の肥料問題』全国購買組合連合会。
全国購買農業協同組合連合会［1966］『全購連十五年史』全国購買農業協同組合連合

会。
『染料業界五十有余年』刊行会［1964］『染料業界五十有余年』『染料業界五十有余年』刊行会。
蘇崇民［1999］『満鉄史』（山下睦男・和田正広・王勇訳）葦書房。
曽田三郎編［1997］『中国近代化過程の指導者たち』東方書店。
曹達晒粉同業会編纂［1938］『日本曹達工業史』（改訂増補）曹達晒粉同業会。
十川透［1979］「見直される戦時中の石炭液化技術：揮発油の研究開発を中心に」（陸燃史編纂委員会［1979］所収）。
高橋健夫［1979］「戦時下における陸軍の燃料対策」（陸燃史編纂委員会［1979］所収）。
高山正二［1979］「四平燃料廠の終焉」（陸燃史編纂委員会［1979］所収）。
ダイセル化学工業株式会社社史編輯委員会［1981］『ダイセル化学工業60年史』ダイセル化学工業株式会社社史編輯委員会。
大日本セルロイド株式会社［1952］『大日本セルロイド株式会社史』大日本セルロイド株式会社。
ダイヤリサーチマーテック［2005］『中国化工情報』2005年12月号：13-19。
台湾総督府［1942］『台湾商工統計』（1940年版）台湾総督府。
大連商業会議所［1926］『満洲工業情勢』大連商業会議所。
大連商工会議所［1942］『満洲銀行会社年鑑』（1942年版）大連商工会議所。
高碕達之助［1953］『満洲の終焉』実業之日本社。
高橋亀吉［1935］『現代朝鮮経済論』千倉書房。
高橋亀吉［1937］『現代台湾経済論』千倉書房。
高橋泰隆［1981］「南満州鉄道株式会社における組織改組問題と邦人商工業者」『関東学園大学紀要経済学部編』第6集：199-219。
高橋泰隆［1982］「南満州鉄道株式会社の改組計画について―軍部案と満鉄首脳部の対応を中心に―」『社会科学討究』（早稲田大学アジア太平洋研究センター）27(2)：339-398。
高橋泰隆［1985］「南満州鉄道株式会社（満鉄）史研究の現状と課題」『鉄道史学』第2号：55-57。
高橋泰隆［1993］「植民地の鉄道と海運」（小林英夫編［1993］所収）。
高橋泰隆［1995］『日本植民地鉄道史論―台湾、朝鮮、満州、華北、華中鉄道の経営史的研究―』（鉄道史叢書8）日本経済評論社。
宝酒造株式会社［1958］『宝酒造三十年史』大宮庫吉。
武田二百年史編纂委員会［1983］『武田二百年史』武田二百年史編纂委員会。
武田晴人［1980a］「古河商事と『大連事件』」『社会科学研究』（東京大学社会科学研究所紀要）32(2)：1-61。

武田晴人［1980b］「1920年代史研究の方法に関する覚書」『歴史学研究』No.486：2-18、40。

田代文幸［1998］「満洲産業開発5箇年計画と満洲電業株式会社」『経済論集』（北海学園大学）46（3）：109-130。

立花太郎［1990］「化学者による化学者のための化学史」『化学史研究』17（1）：1-2。

田島俊雄［2003］「中国化学工業の源流：永利化工・天原電化・満洲化学・満洲電化」『中国研究月報』57（10）：1-20。

田島俊雄・江小涓・丸川知雄［2003］『中国の体制転換と産業発展』東京大学社会科学研究所調査研究シリーズNo.6。

田島俊雄［2005］「中国・台湾の産業発展と旧日系化学企業」『中国研究月報』59（9）：1-22。

田島俊雄編著［2005］『20世紀の中国化学工業：永利化学・天原電化とその時代』東京大学社会科学研究所研究シリーズNo.17。

田島俊雄編著［2008］『現代中国の電力産業：「不足の経済」と産業組織』昭和堂。

田嶋信雄［1992］『ナチズム外交と「満洲国」』千倉書房。

田嶋信雄［2008］「親日路線と親中路線の暗闘：1935—36年のドイツ」（工藤・田嶋編［2008］所収）。

田代文幸［1998］「満洲産業開発5箇年計画と満洲電業株式会社」『経済論集』（北海学園大学）46（3）：109-130。

田中明編［2002］『近代日中関係史再考』日本経済評論社。

田中則雄［1996］「キッコーマンの満州進出と満州における醤油事情について」『野田市史研究』7号：67-111。

田中則雄［1999］『醤油から世界をみる：野田を中心とした東葛地方の対外関係史と醤油』崙書房出版。

田中泰夫［1992］「工業化学会満洲支部と『満洲』における化学工業　Ⅰ」『化学史研究』19（4）：282-289。

田中泰夫［1993］「工業化学会満洲支部と『満洲』における化学工業　Ⅱ」『化学史研究』20（1）：25-36。

田中芳雄［1939］「合成ゴムの資源問題」『工業化学会満洲大会誌』工業化学会満洲支部、遼寧省档案館史料"工鉱1496"。

田畠真弓［1989］「張公権と東北地方経済再開発構想：『満洲国』の"遺産"をめぐって」『経済学研究』（駒沢大学大学院）第20号：1-68。

田辺製薬株式会社社史編纂委員会［1983］『田辺製薬三百五年史』田辺製薬株式会社社史編纂委員会。

谷口豊［1983］「第一次世界大戦期における本邦合成染料工業の成立」『社会経済史学』48（6）：606-634。

谷口豊［1986］「大正末期の本邦合成染料工業に関する考察」『久留米大学産業経済研究』27（1）：127-171。
窒素協議会［1936］『世界窒素固定工場表』窒素協議会。
中国工商行政管理局・中国科学院経済研究所資本主義経済改造研究室（江副敏生・加賀美嘉富共訳）［1971a］『中国資本主義の変革過程（上）』（原文は『中国資本主義工商業的社会主義改造』）中央大学出版部。
中国工商行政管理局・中国科学院経済研究所資本主義経済改造研究室（江副敏生・加賀美嘉富共訳）［1971b］『中国資本主義の変革過程（下）』（原文は『中国資本主義工商業的社会主義改造』）中央大学出版部。
中国日本人商工会議所調査委員会［1999］『中国経済・産業の回顧と展望《1998／1999》』中国日本人商工会議所。
張秀娟［1992］「満州ヤマサ株式会社の分析：日本対満投資の1例」（流通経済大学大学院経済学研究科平成3年度学位論文）。
張乃麗［2000a］「昭和製鋼所の設備・機械に関する一考察：1930年代、内外製造別分析を中心にして」『経済集志』（日本大学経済研究会）69（4）：701-719。
張乃麗［2000b］「本渓湖煤鉄公司設備・機械の内外製造別分析」『経済集志』（日本大学経済研究会）70（3）：409-438。
朝鮮総督府［1940］『朝鮮総督府統計年報』（1938年版）朝鮮総督府。
朝鮮電気協会［1940］『朝鮮の電気事業』朝鮮電気協会。
陳錦華（杉本孝訳）［2007］『国事憶述』日中経済協会。
通商産業大臣官房調査統計部編［1993］『化学工業統計年報』通商産業調査会。
塚瀬進［1992］「中国近代東北地域における農業発展と鉄道」『社会経済史学』58（3）：43-68。
塚瀬進［2001］「国共内戦期、東北解放区における中国共産党の財政経済政策」『長野大学紀要』23（3）：61-74。
栂井義男［1980］「満業（満州重工業開発株式会社）傘下企業の生産活動」『松山商大論集』31（2）：91-112。
鄭友揆［1995］「日本占領下の東北の工業と対外貿易（1932～1945）」『中国と東アジア』第35号：26-56。
手塚正人［1944］『支那重工業発達史』大雅堂。
申力生主編（猪間明俊訳）［1998］『中国石油産業史：阿片戦争から新中国成立まで』操栄出版。
電気化学工業株式会社［1977］『デンカ60年史』電気化学工業株式会社。
東亜研究所［1941］「満洲国産業開発五箇年計画の資料的調査研究（鉱工業部門）」『満洲国機密経済資料第8巻』（解学詩監修・解題）本の友社。
東海カーボン75年史編纂委員会［1993］『東海カーボン75年史』同75年史編纂委員会。

東京電報通信社［1944］『戦時体制下に於ける事業及人物』東京電報通信社。
東京電力株式会社［2005］『電力設備』東京電力株式会社。
東西貿易通信社［1999］『中国の電力産業』東西貿易通信社。
東ソー株式会社［2006］「中国アセチレン法PVCのこと」（社内資料）。
東北財経委員会（木庭俊解題）［1991］『旧満洲経済統計資料』柏書房。
東北日僑善後連絡総処・東北工業会［1947］「蘇聯軍進駐期間内ニ於ケル東北産業施設被害調査書」『張公権文書』（R10-30）。
東洋経済新報社［1950］『昭和産業史（第一巻）、（第二巻）』東洋経済新報社。
東洋紡績株式会社［1953］『東洋紡績70年史』東洋紡績株式会社。
東洋紡績株式会社［1986］『百年史：東洋紡（上）、（下）』東洋紡績株式会社。
独立行政法人新エネルギー・産業技術総合開発機構［2006］『日本のクリーン・コール・テクノロジー』独立行政法人新エネルギー・産業技術総合開発機構。
独立行政法人新エネルギー・産業技術総合開発機構［2007］『石炭Q＆A』独立行政法人新エネルギー・産業技術総合開発機構。
友清高志［1992］『鞍山昭和製鋼所：満洲製鉄株式会社の興亡』徳間書店。
内閣総理大臣官房調査室［1954］『中共経済建設とその諸問題』内閣総理大臣官房調査室。
内藤裕史編［1996］『毒ガス戦教育関係資料』（15年戦争極秘資料集補巻1）不二出版。
内藤裕史編［2002］『毒ガス戦教育関係資料II』（15年戦争極秘資料集補巻17）不二出版。
中江守男ほか編集［1997］『人と技術と住友金属の100年』住友金属工業株式会社。
中川鹿蔵［1961］「窮乏の中で生産を再開したかずかずの思いで」（丸沢［1961］所収）。
中兼和津次［1986］「東北三省の経済発展：1949～1984年」（アジア経済研究所［1986］所収）。
永島勝介［1986］「残された『満洲』最後の技術集団：東北行轅経済委員会の日本人留用記録」（アジア経済研究所［1986］所収）。
中瀬寿一［1979a］「戦前における三菱財閥の海外進出」（藤井ほか［1979］所収）。
中瀬寿一［1979b］「戦前における住友財閥の海外進出」（藤井ほか［1979］所収）。
中田慶雄［1982］『氷花』青年出版社。
中原省三［1939］「化学工業と人的要素」『工業化学会満洲大会誌』、遼寧省档案館史料"工鉱1496"。
中村隆英［1983］『戦時日本の華北経済支配』山川出版社。
中村忠一［1968］「化学工業の戦時統制」『立命館経営学』6（5・6）：227-279。
中村正則編［1992］『日本の近代と資本主義：国際化と地域』東京大学出版会。
長見崇亮［2003］「満鉄の鉄道技術移転と中国の鉄道復興：満鉄の鉄道技術者の動向

を中心に」『日本植民地研究』第15号：1-17。
奈倉文二［1976］「満州鉄鋼業補助金問題：旧大倉鉱業資料の検討を通じて」(大倉財閥の研究 (2))『東京経大学会誌』第95号：106-139。
奈倉文二［1982］「日本鉄鋼業と大倉財閥」(大倉財閥研究会［1982］所収)。
奈倉文二［1984］『日本鉄鋼業史の研究：1910年代から30年代前半の構造的特徴』近藤出版社。
奈倉文二［1985］「旧『満洲』鞍山製鉄所の経営発展と生産技術：原料資源条件との関連を中心に」『茨城大学政経学会雑誌』第50号：19-40。
夏目漱石［1909］「満韓ところどころ」『小品・短編・紀行』(夏目漱石全集第10巻)集英社。
南龍瑞［2007］「『満州国』における豊満水力発電所の建設と戦後の動向」『アジア経済』48 (5)：2-20。
日満実業協会［1937］『北支工業概要』日満実業協会。
日揮株式会社社史編纂委員会編［1979］『日揮五十年史』同社史編纂委員会編。
日産化学工業株式会社［1969］『80年史』日産化学工業株式会社。
日産自動車株式会社総務部調査課［1965］『日産自動車三十年史』同総務部調査課。
日産自動車株式会社社史編纂委員会［1975］『日産自動車社史』同社史編纂委員会。
日中経済協会［1976］『日中貿易拡大均衡への試練』日中経済協会。
日中経済協会［1977］『中国における産業技術の進歩と産業構造の変動について』日中経済協会。
日中輸出入組合［1967］『日中貿易月報』No.27：14-17。
日本カーボン株式会社社史編集委員会［1967］『日本カーボン50年史』同社史編集委員会。
日本外交史学会編［1958］『太平洋戦争終結論』東京大学出版会。
日本化薬株式会社社史編纂委員会［1986］『明日への挑戦：日本化薬七十年のあゆみ』同社史編纂委員会。
日本銀行調査局［1941］『外国経済統計』1941年9月号：123。
日本経営史研究所［1991］『創業100年史』古河電気工業株式会社。
日本絹業協会［1959］「中国蚕糸業絹織物工業の発展」『海外生糸市場報告』No.57：14-23。
日本工業協会編［1939］『戦争と工業』日本評論社。
日本植民地研究会編［2008］『日本植民地研究の現状と課題』アテネ社。
日本石油株式会社・日本石油精製株式会社社史編さん室［1988］『日本石油百年史』同社史編さん室。
日本セメント株式会社社史編纂委員会［1983］『百年史：日本セメント株式会社』同社史編纂委員会。

日本ソーダ工業会［1952］『続日本ソーダ工業史』日本ソーダ工業会。
「日本窒素史への証言」編集委員会［1977-87］『日本窒素史への証言』（全30集）「日本窒素史への証言」編集委員会。
「日本窒素史への証言」編集委員会［1987-92］『日本窒素史への証言続巻』（全15集）「日本窒素史への証言」編集委員会。
日本窒素肥料株式会社［1930］『事業概要』日本窒素肥料株式会社。
日本窒素肥料株式会社［1937］『日本窒素肥料事業大観』日本窒素肥料株式会社。
日本統計協会編［1988］『日本長期統計総覧』（第2巻）日本統計協会。
日本発送電株式会社解散記念事業委員会編［1954］『日本発送電社史』同解散記念事業委員会。
日本ペイント株式会社［1982］『日本ペイント株式会社百年史』日本ペイント株式会社。
日本紡績協会調査部［1959a］「中国紡績工業の発展（上）」『日本紡績月報』1959年3月号：2-14。
日本紡績協会調査部［1959b］「中国紡績工業の発展（下・完）」『日本紡績月報』1959年4月号：2-12。
日本油脂株式会社［1967］『日本油脂三十年史』日本油脂株式会社。
日本硫安工業協会日本硫安工業史編纂委員会［1968］『日本硫安工業史』同日本硫安工業史編纂委員会。
根岸良二［1980］「中国の衣食住は石炭より」『満鉄中試会々報』第6号：54。
燃料懇話会［1972］『日本海軍燃料史（上）、（下）』原書房。
野坂参三［1948］『亡命十六年』日本共産党出版部。
野澤豊編［1995］『日本の中華民国史研究』汲古書院。
野田富男［2000］「海軍燃料廠における技術開発：石炭液化の研究開発と石油精製技術」『九州情報大学研究論集』2 (1)：29-47。
野田富男［2001］「戦時体制下における日本石油産業：石油精製業と日本石油産業」『九州情報大学研究論集』3 (1)：7-23。
野村商店調査部・大阪屋商店調査部編［1987］『株式年鑑』芳文閣。
信太啓二［1980］「偉大なる浪費：吉林人造石油」（「日本窒素史への証言」編輯委員会［1980］所収）。
ハーバー、ルッツ・F［2001］『魔性の煙霧：第一次世界大戦の毒ガス攻防戦史』原書房。
芳賀登ほか編［1999］『日本人物情報体系 第13巻』（復刻版）皓星社。
萩原定司［1961］「不屈の信念と貫徹した高潔な操守」（丸沢［1961］所収）。
萩原定司［1980］「遼寧省訪問記」『満鉄中試会々報』第6号：26-28。
萩原定司［1984］「30年の年月：中国経済と日中交流」『満鉄中試会々報』第10号：28

-33。

萩原充［2000］『中国の経済建設と日中関係：対日抗戦への序曲1927～1937年』ミネルヴァ書房。

橋本国重［1991］「鉄道潤滑油工場の復興」『満鉄中試会々報』第17号：43。

橋本寿朗［2004］『戦間期の産業発展と産業組織Ⅱ』東京大学出版会。

80年史編纂委員会編［1986］『神戸製鋼80年』神戸製鋼所。

林鐘雄［2002］『台湾経済発展の歴史的考察1895-1995』交流協会。

林喜世茂［1987a］「化学技術者の中国紀行（その1）」『化学工業』38 (5)：459-463。

林喜世茂［1987b］「化学技術者の中国紀行（その2）」『化学工業』38 (10)：871-879。

林喜世茂［1988］「化学技術者の中国紀行（その3）」『化学工業』39 (11)：960-962。

林茂［1942］「化学兵器と化学工業」『工業化学雑誌』45 (2)：212-215。

原朗［1967］「賃金統制と産業金融」『土地制度史学』第34号：52-74。

原朗［1972］「1930年代の満洲経済統制政策」（満洲史研究会［1972］所収）。

原朗［1976］「『満洲』における経済統制政策の展開：満鉄改組と満業設立をめぐって」（安藤［1976］所収）。

原田石四郎［1938］『染料』ダイヤモンド社。

原田勝正［1981］『満鉄』岩波新書。

播磨幹夫［1994a］「中国の化学工業」『化学工業』45（4）：342-352。

播磨幹夫［1994b］「中国の郷鎮企業」『化学工業』46 (11)：920-927。

播磨幹夫［1996］「中国のソーダ・塩素工業の状況：山東省濰坊を訪問して」『ソーダと塩素』1996年3月号：27-36。

播磨幹夫［1997］「中国の化学工業とソーダ・塩素製造工業」『ソーダと塩素』1997年1月号：29-36。

播磨幹夫［1999a］「中国の石油精製と大慶原油」『化学工業』50 (9)：719-726。

播磨幹夫［1999b］「中国のアルカリ産業」『ソーダと塩素』1999年9月号：12-18。

播磨幹夫［2000a］「中国のゴム工業」『化学工業』51 (7)：563-574。

播磨幹夫［2000b］「中国における染料工業」『化学工業』51 (12)：958-967。

播磨幹夫［2002a］「中国におけるポリ塩化ビニル樹脂の市場状況（1）」『化学工業』53 (5)：400-403。

播磨幹夫［2002b］「中国におけるポリ塩化ビニル樹脂の市場状況（2）」『化学工業』51 (7)：541-548。

日置健吾［1977］「太原の建設と引揚げ」（「日本窒素史への証言」編集委員会［1977］所収）。

疋田康行［1988a］「日本の対中国電気通信事業投資について：借款を中心に」『日本近代化の思想と展開』（逆井孝仁教授還暦記念会）文献出版。

疋田泰行［1988b］「日本の対中国電気通信事業投資について：満州事変期を中心に」

『立教経済研究』41（4）：1-55。
一橋大学経済研究所［2000］『中華民国期の経済統計：評価と推計』アジア長期経済統計データベースプロジェクト。
平野静夫［1991］「石油精製工業」『化学工業』1991年3月号：71-79。
広瀬貞三［2003］「『満洲国』における水豊ダム建設」『新潟国際情報大学情報文化学部紀要』第6号：1-25。
廣田鋼蔵［1990］『満鉄の終焉とその後』青玄社。
深水勺［1978］「満洲曹達と日満商事」（「回想の日満商事」刊行会編［1978］所収）。
深水寿［1937］「窒素工業」（工業化学会満洲支部［1937］所収）。
福田和也［2001］『地ひらく：石原莞爾と昭和の夢』文藝春秋。
福田熊治郎［1937］「染料工業」（工業化学会満洲支部［1937］所収）。
福田熊治郎［1943］「戦時に於ける満洲染料工業の将来性」『満洲化学工業協会月例会講演集』遼寧省档案館史料"工鉱1499"。
福田熊治郎［1978］「大和元」（「回想の日満商事」刊行会編［1978］所収）。
藤井光男・中瀬寿一・丸山恵也・池田正孝編［1979］『日本多国籍企業の史的展開 上巻』（現代資本主義叢書12）大月書店。
藤沢薬品工業株式会社編［1995］『フジサワ100年史』藤沢薬品工業株式会社。
富士写真フィルム［1954］『富士写真フィルム二十年史：戦時期』富士写真フィルム。
藤原泰［1942］『満洲国統制経済論』日本評論社。
ブリヂストンタイヤ株式会社［1982］『ブリヂストンタイヤ50年史』ブリヂストンタイヤ株式会社。
閉鎖機関整理委員会［1954］『閉鎖機関とその特殊清算』閉鎖機関整理委員会。
歩兵［2007］「歴史認識の共有のために何が求められているか：日中歴史共同研究の意義と課題」『世界』No.768：206-210。
歩兵・劉小萌・李長莉［2008］『若者に伝えたい中国の歴史：共同の歴史認識に向けて』（鈴木博訳）明石書店。
豊年製油株式会社［1963］『豊年製油株式会社四十年史』豊年製油株式会社。
堀和生［1984］「植民地朝鮮の電力業と統制政策」『日本史研究』265号：1-36。
堀和生［1987］「『満洲国』における電力業と統制政策」『歴史学研究』第564号：13-30、58。
ホルダーマン、カール（和田野基訳）［1965］『カール・ボッシュその生涯と業績』文陽社。
本庄庸三［1937］「酒精工業」（工業化学会満洲支部［1937］所収）。
牧鋭夫［1941］「総力戦と染料工業」『工業化学雑誌』44（2）：173-175。
槇田健介［1974］「1930年代における満鉄改組問題」『歴史評論』No.289：36-50。
松岡洋右伝記刊行会［1974］『松岡洋右：その人と生涯』講談社。

松野誠也［2005］『日本軍の毒ガス兵器』凱風社。
松村史穂［2005］「中華人民共和国期における農産物と化学肥料の流通統制」（田島編［2005］所収）。
松村高夫・柳沢遊・江田憲治［2008］『満鉄の調査と研究：その「神話」と実像』青木書店。
松本秀［1943］「満洲に於ける大豆化学工業」『工業化学雑誌』46（5）：464-466。
松本俊郎［1981］「満洲鉄鋼業と日本の総戦力体制（Ⅰ）：価格問題についての覚え書き」『岡山大学経済学会雑誌』13（2）：85-124。
松本俊郎［1983a］「満州五ヵ年計画期の鉄鋼増産計画（Ⅰ）」『岡山大学経済学会雑誌』15（1）：97-111。
松本俊郎［1983b］「満州五ヵ年計画期の鉄鋼増産計画（Ⅱ）・完」『岡山大学経済学会雑誌』15（3）：157-182。
松本俊郎［1987］「アジアにおける近代化の展望と後退するマルクス主義」『岡山大学経済学会雑誌』19（2）：245-267。
松本俊郎［1988］『侵略と開発：日本資本主義と中国植民地化』御茶の水書房。
松本俊郎［1994］「『満洲』研究の現状についての覚え書き：『満洲国』期を中心に」『岡山大学経済学会雑誌』25（3）：221-237。
松本俊郎［1995］「満洲鉄鋼業開発と『満州国』経済：1940年代を中心に」（山本［1995］所収）。
松本俊郎［1999a］「満洲鉄鋼業研究の現状」『岡山大学経済学会雑誌』30（3）：163-182。
松本俊郎［1999b］「満洲鉄鋼業研究の新地平」『岡山大学経済学会雑誌』30（4）：167-183。
松本俊郎［2000］『「満洲国」から新中国へ：鞍山鉄鋼業からみた中国東北の再編課程1940-1954』名古屋大学出版会。
松本俊郎［2002］「満洲国の経済遺産をどうとらえるか」『環』vol.10／2002年夏増大号：288-294。
真栄平房昭［1994］「十九世紀の東アジア国際関係と琉球問題」（溝口ほか編［1994］所収）。
丸川知雄編［2000］『移行期中国の産業政策』アジア経済研究。
丸川知雄［2003］「テレビ製造業：前進的改革の事例」（田島ほか編［2003］所収）。
丸沢常哉［1955］「中国の化学と化学工業」『化学と工業』8（10）：409-414。
丸沢常哉［1961］『新中国生活十年の思ひ出』丸沢常哉。
丸沢常哉［1979］『新中国建設と満鉄中央試験所』二月社。
丸善石油社史編集委員会［1969］『35年のあゆみ』同社史編集委員会。
丸山伸郎［1988］『中国の工業化と産業技術進歩』アジア経済研究所。

丸山伸郎［1991］『中国の工業化：揺れ動く市場化路線』アジア経済研究所。
満史会［1964］『満洲開発四十年史』満史会。
満洲鉱工技術員協会［1944］『満洲鉱工年鑑　康徳十一年版』東亜文化図書。
満洲国史編纂刊行会編輯［1970］『満洲国史』（総論、各論）満洲国史編纂刊行会。
満洲国通信社［1941］『満洲国現勢』（1942年版）満洲国通信社。
満洲史研究会編［1972］『日本帝国主義下の満州：「満州国」成立前後の経済研究』御茶の水書房。
満洲事情案内所編［1940］『満洲国策会社綜合要覧　康徳六年度』満洲事情案内所。
満洲事情案内所編［1940］『満洲工業概要』満洲事情案内所。
満洲事情案内所編［1941］『北満事情』満洲事情案内所。
満洲炭鉱株式会社［1937］『満洲炭鉱株式会社概要』満洲事情案内所。
満洲帝国政府編［1969］『満洲建国十年史』原書房。
「満洲電業史」編集委員会編［1976］『満洲電業史』満洲電業会。
満洲電線株式会社［1943］『満洲電線株式会社開業五周年』満洲帝国政府。
満洲中央銀行史研究会［1988］『満洲中央銀行史』東洋経済新報社。
満鉄中央試験所内工業化学会［1940］『満洲の化学工業に関する座談会速記録』遼寧省档案館史料"工鉱1497"。
満鉄中試会［2004］「特集満鉄中央試験所」『満鉄会報』第216号：8-15。
満鉄会編［1986］『南満洲鉄道株式会社第四次十年史』龍渓書舎。
満鉄調査部［1937］『満洲五箇年計画立案書類付図』（復刻版）龍渓書舎。
満鉄調査部［1939］『満洲ニ於ケル化学肥料ノ生産並消費状況』遼寧省档案館史料"農林1437"。
満鉄調査部［1941］『満洲経済研究年報　昭和十六年版』改造社。
満鉄調査部［年次不詳］『満洲化学工業株式会社関係資料』吉林省社会科学院満鉄資料館館蔵資料目録04279。
満鉄東京撫順会［1973］『撫順炭鉱終戦の記』満鉄東京撫順会。
満蒙資料協会［1940］『満州紳士録』（第2版）満蒙資料協会。
満蒙資料協会［1943］『満州紳士録』（第4版）満蒙資料協会。
満蒙同胞援護会編［1962］『満蒙終戦史』河出書房新社。
三日月直之［1993］『台湾拓殖会社とその時代』葦書房。
水間政憲［2006］「"遺棄化学兵器"は中国に引き渡されていた」『正論』2006年6月号：48-61。
溝口敏行・梅村又次編［1988］『旧日本植民地経済統計』東洋経済新報社。
溝口雄三・浜下武志・平石直昭・宮嶋博史編［1994］『アジアから考える（3）：周縁からの歴史』東京大学出版会。
三井東圧化学社史編纂委員会［1994］『三井東圧化学社史』同社史編纂委員会。

三菱ガス化学株式会社［2006］「メタノールマーケット」（内部資料）。
三菱化成工業株式会社総務部臨時社史編集室［1981］『三菱化成社史』同総務部臨時社史編集室。
緑川林造［1981］「28年振りの中国への旅」『満鉄中試会々報』第7号：46-47。
湊照宏［2005a］「植民地期および戦後復興期台湾における化学肥料需給の構造と展開」（田島編［2005］所収）。
湊照宏［2005b］「戦時および戦後復興期台湾におけるソーダ産業」『中国研究月報』59（12）：1-16。
南満洲鉄道株式会社［1919］『南満洲鉄道株式会社十年史』南満洲鉄道株式会社。
南満洲鉄道株式会社［1928］『南満洲鉄道株式会社第二次十年史』南満洲鉄道株式会社。
南満洲鉄道株式会社［1938］『南満洲鉄道株式会社第三次十年史』南満洲鉄道株式会社。
南満洲鉄道株式会社経済調査会［1935］『満洲工業開発方策の総括』南満洲鉄道株式会社経済調査会。
南満洲鉄道株式会社経済調査会［1935］『満洲硫安工業・曹達工業方策』（立案調査書類第6編第12巻）南満洲鉄道株式会社経済調査会。
南満洲鉄道株式会社経済調査会［1935］『満洲火薬類統制及燐寸工業方策』（立案調査書類第6編第13巻）南満洲鉄道株式会社経済調査会。
南満洲鉄道株式会社経済調査会［1936］『満洲塩業株式会社設立方策』（立案調査書類第12編第1巻）南満洲鉄道株式会社経済調査会。
南満洲鉄道株式会社東亜経済調査局［1928］『内地化学工業に対する満洲の価値』南満洲鉄道株式会社東亜経済調査局。
南満洲鉄道株式会社調査課［1923a］『満洲に於ける硝子工業』南満洲鉄道株式会社調査課。
南満洲鉄道株式会社調査課［1923b］『満洲に於ける燐寸工業』南満洲鉄道株式会社調査課。
南満洲鉄道株式会社調査課［1924］『満洲に於ける油坊業』南満洲鉄道株式会社調査課。
南満洲鉄道株式会社調査課［1930］『世界経済界に於ける大豆の地位』（原文：Langenberg, Hans, *Die Bedeutung der Sojabohne in der Weltwirtschaft*；近藤三雄訳）南満洲鉄道株式会社調査課。
南満洲鉄道株式会社調査課［1931］『満洲の繊維工業』南満洲鉄道株式会社調査課。
南満洲鉄道株式会社調査部［1937］『北支那曹達工業立案計画並調査資料』支那・立案調査書類第5編第3巻。
南満洲鉄道株式会社調査部総合課［年次不詳］『満洲化学工業株式会社関係資料』吉

林省社会科学院満鉄資料館館蔵目録04279。
南満洲鉄道株式会社調査部［1980］『満洲・五箇年計画立案書類付図』龍渓書舎（復刻版、原典は1937年）。
南満洲鉄道株式会社天津事務所［1937］『支那に於ける酸、曹達及び窒素工業』（三品頼忠執筆；北支経済資料第32輯）南満洲鉄道株式会社調査課。
南満洲鉄道株式会社東京支社［1941］『化学工業への影響』同東京支社。
南満洲鉄道株式会社撫順炭鉱［1939］『炭鉱読本』同撫順炭鉱。
峰毅［2005］「戦間期東アジアにおける化学工業の勃興」（田島編［2005］所収）。
峰毅［2006a］「『満洲』化学工業の開発と新中国への継承」『アジア研究』52（1）：19-43。
峰毅［2006b］「書評論文『中国の石油戦略』」『比較経済研究』43（1）：88-94。
峰毅［2006c］「毛沢東時代の化学工業」東京大学経済学研究会『経済学研究』48号：33-44。
峰毅［2006d］「東北地域における電力網の形成」『中国研究月報』60（4）：1-14。
峰毅［2006e］「『満洲』における日系化学企業の活動」（未発表私稿）。
峰毅［2007］"China's Protectionism and the WTO Rule"『東京大学経済学研究』49号：37-45。
峰毅［2008a］「東北地域における電力網の形成」（田島編［2008］所収）。
峰毅［2008b］「満洲電気化学の設立とその後」『東京大学経済学研究』50号：39-54。
峰毅［2008c］「中華人民共和国におけるビニロン技術開発について」（クラレOB藤本雅之氏の質問に対する回答書）。
宮本春生［1937］「満州におけるモンドガス工業」（工業化学会満洲支部［1937］所収）。
宗像英二［1989］「内燃式反応筒による石炭液化」『化学工業』1989年2月号：77-87。
村田忠禧・藤原彰・粟屋憲太郎［1996］『日本軍の化学戦』大月書店。
村上勝彦［1976a］「本渓湖煤鉄公司発展の概要（1）」（大倉財閥の研究（1））『東京経大学会誌』第94号：76-111。
村上勝彦［1976b］「本渓湖煤鉄公司発展の概要（2）」（大倉財閥の研究（2））『東京経大学会誌』第95号：79-105。
村上勝彦［1979］「本渓湖煤鉄公司発展の概要（3）」（大倉財閥の研究（7））『東京経大学会誌』第114号：211-265。
村上勝彦［1982］「本渓湖煤鉄公司と大倉財閥」（大倉財閥研究会（1982）所収）。
村上勝彦［1992］「『満州国』」（山根ほか［1992］所収）。
森正孝他［1991］『日本の中国侵略』明石書店。
森川清［1974］『満洲の石炭液化技術』（1974年11月6日講演原稿）。
森川清［1980］「撫順・大連紀行」『満鉄中試会々報』第6号：23-26。

森川清［1981］「エネルギー資源とその利用：化学工業を開発する方法論（大連・日中経済協力セミナーにおける講演から）」『化学経済』1981年2月号：22-26。
森川清［1981］「東方科学技術協力会の活動概要」『満鉄中試会々報』第7号：16-17。
森川清［1982］「東技協訪中代表団の訪中記」『満鉄中試会々報』第8号：22-24。
森川清・萩原定司［1979］「対談満鉄中央試験所と丸沢先生」（丸沢［1979］所収）。
森川清・原覚天・三輪武・伊藤武雄［1988］「満鉄中央試験所と満洲の資源開発」『アジア経済』29（2）：74-94。
安田宣義［1989a］「ソーダ灰工業：ルブラン法ソーダ工業」『化学工業』40（9）：835-839。
安田宣義［1989b］「ソーダ灰工業：アンモニア法ソーダ工業（1）」『化学工業』40（10）：922-927。
安田宣義［1989c］「ソーダ灰工業：アンモニア法ソーダ工業（2）」『化学工業』40（11）：1010-1015。
安田宣義［1989d］「ソーダ灰工業：アンモニア法ソーダ工業（3）」『化学工業』40（12）：922-927。
安田宣義［1990a］「ソーダ灰工業：アンモニア法ソーダ工業（4）」『化学工業』41（1）：100-107。
安田宣義［1990b］「ソーダ灰工業：塩安・ソーダ併産法（完）」『化学工業』41（2）：189-195。
安成貞雄［1937］「頁岩油工業」（工業化学会満洲支部［1937］所収）。
安村義一［1933］『満洲の新興工業』満洲文化協会。
柳沢遊［1981］「『満洲事変』をめぐる社会経済史研究の諸動向」『歴史評論』No.377：50-59。
山口本生［年次不詳］「満洲電気事業に就て」吉林省社会科学院満鉄資料館蔵資料目録04355。
山口直樹［2004］「満鉄中央試験所と『満洲国』の化学技術動員体制について」『満鉄中試会会報』第30号：18-22。
山口直樹［2005a］「満鉄中央試験所と戦後60年」『満鉄中試会会報』第31号：22-32。
山口直樹［2005b］「満鉄中央試験所はどのように受け継がれたのか」『満鉄中試会会報』第31号：33-34。
山田桜［1934］「軍用活性炭に就いて」『工業化学雑誌』37（6）：783-792。
山田桜［1937］「化学兵器と化学工業」『工業化学雑誌』40（7）：593-595。
山之内製薬50年史編纂委員会編集［1975］『山之内製薬50年史』同50年史編纂委員会。
山根幸夫・藤井昇三・中村義・太田勝洪編［1992］『近代日中関係史研究入門』研文出版。
山村睦夫［1979］「第1次世界大戦後における三井物産の海外進出」（藤井ほか

[1979] 所収)。
山本裕 [2002]「『満洲』日系企業研究史」(田中編 [2002] 所収)。
山本裕 [2003]「『満州国』における鉱産物流通組織の再編過程：日満商事の設立経緯 1932-1936年」『歴史と経済』(旧『土地制度史学』) 45 (2)：21-40。
山本裕子・高島竜祐 [2009]「資源開発と環境の両立探る内モンゴル自治区」『日中経協 ジャーナル』第186号：4-13。
山本有造 [1980]「スタンフォード大学フーバー研究所文書室所蔵・張公権文書について」神戸商科大学経済研究所。
山本有造 [1992]『日本植民地経済史研究』名古屋大学出版会。
山本有造 [1986a]「太平洋戦争下『満洲国』経済の概観」(産業研究所 [1986] 所収)。
山本有造 [1986b]「国民政府統治下における東北経済：1946〜1948」(産業研究所 [1986] 所収)。
山本有造 [1986c]「張公権ならびに『張公権文書』について」(アジア経済研究所 [1986] 所収)。
山本有造 [2003]『「満洲国」経済史研究』名古屋大学出版会。
山本有造 [2005]「国民政府統治下における東北経済」(江夏ほか [2005] 所収)。
横井陽一 [1997a]「日中間の技術プラント取引：国交正常化後25年の発展と今後の展望(上)」『日中経協ジャーナル』47：48-58。
横井陽一 [1997b]「日中間の技術プラント取引：国交正常化後25年の発展と今後の展望(中)」『日中経協ジャーナル』48：79-95。
横井陽一 [1998a]「日中間の技術プラント取引：国交正常化後25年の発展と今後の展望(中-続)」『日中経協ジャーナル』57：119-136。
横井陽一 [1998b]「日中間の技術プラント取引：国交正常化後25年の発展と今後の展望(下)」『日中経協ジャーナル』58：55-71。
横井陽一・横井徹 [1976]「プロジェクトの選択と技術移転：システム・エンジニアリング貿易」(日中経済協会 [1976] 所収)。
横浜ゴム株式会社 [1967]『50年の歩み』横浜ゴム株式会社。
吉田吉次 [1933]「満洲に於ける油坊工業」(工業化学会満洲支部 [1933] 所収)。
吉田豊彦 [1928]「軍需工業に関係深き重要資源に就て」『工業化学雑誌』31 (7)：673-680。
吉見義明 [2004]『毒ガス戦と日本軍』岩波書店。
吉村恂 [1954]「新中国の大学・研究所」『化学教育シンポジウム』vol. 3：17-20。
米川伸一 [1970a]「『イギリス染料』の成立と問題点」『一橋論叢』64 (3)：253-275。
米川伸一 [1970b]「ドイツ染料工業と「イー・ゲー染料会社」の成立過程」『一橋論叢』64 (5)：575-611。
ライオン油脂株式会社 社史編纂委員会編 [1979]『ライオン油脂六十年史』同社史編

纂委員会。
ライオン石鹸株式会社 社史編纂委員会編［1983］『ライオン石鹸八十年史』同社史編纂委員会。
李元淳・鄭在貞・徐毅植［2004］『若者に伝えたい韓国の歴史：共同の歴史認識に向けて』（君島和彦・國分麻里・手塚崇訳）明石書店。
陸燃史編纂委員会［1979］『陸軍燃料廠史：技術編・満州編』陸燃史編纂委員会。
劉傑・三谷博・楊大慶編［2006］『国境を越える歴史認識：日中対話の試み』東京大学出版会。
劉傑・川島真編［2009］『1945年の歴史認識：〈終戦〉をめぐる日中対話の試み』東京大学出版会。
硫酸協会［1983］『硫酸協会35年の歩み』硫酸協会。
鹿錫俊［2006］「戦後中国における日本人の『留用』問題：この研究の背景と意義を中心に」『大東アジア学論集』第6号：183-188。
六所文三［1961］「老齢ものかわ短期間にロシア語を習得」（丸沢［1961］所収）。
ロビンソン、ジョーン［1973］「中国経済入門」『中央公論』1973年12月号：209-241。
脇英夫・大西昭生・兼重宗和・冨吉繁貴共著［1989］『徳山海軍燃料廠史』徳山大学総合経済研究所（叢書7）。
和田野基［1958］『カール・ドイスベルグ』産業科学社。
和田野基［1980］『ああ玄海の浪の華：ある工業化学者の半生』リサーチマネジメント・ロータリー。
渡辺市郎［1990］「ビニロン、ポバールの開発と工業化」『化学工業』41（10）：875-887。
渡辺徳二編［1959］『現代日本産業講座Ⅳ 化学工業』岩波書店。
渡辺徳二編［1968］『現代日本産業発達史13 化学工業（上）』交詢社。
渡辺雄二［1934］「満洲工業近代化の過程」（満鉄経済調査会［1934］所収）。
渡辺諒［1956］『大いなる流れ』大いなる流れ刊行会。

（中国語）

陳金満［2000］『台湾肥料的政府管理与配銷（1945-1953）』稲郷出版社。
陳真編［1966］『中国近代工業史資料第4輯』。
大連化工廠基本建設処編［1960］『怎様建設年産800吨合成氨廠：大連化工廠建設小型氨廠的経験』化学工業出版社。
大連市甘井子区地方志編纂委員会編［1995］『甘井子区志』方志出版社。
大連市史志弁公室［1992］『電力工業志』遼寧民族出版社。
東北電力工業"史志鑑"編委会［2002］『東北電力年鑑1999年』遼寧科学技術出版社。
東北電力工業志編纂委員会［1995］『東北電力工業志』当代中国出版社。

東北物資調節委員会［1948］『東北経済小叢書⑪化学工業（上）、（下）』東北物資調節委員会。
東北物資調節委員会［1948］『東北経済小叢書⑰電力』東北物資調節委員会。
《当代中国》叢書編輯部編［1986］『当代中国的化学工業』中国社会科学出版社。
《当代中国》叢書編輯部編［1987］『当代中国的石油化学工業』中国社会科学出版社。
《当代中国》叢書編輯部編［1988］『当代中国的石油工業』中国社会科学出版社。
《当代中国》叢書編輯部編［1994］『当代中国的電力工業』当代中国出版社。
董志凱・呉江［2004］『新中国工業的奠基石：156項建設研究（1950-2000）』広東経済出版社。
董志正主編［1985］『大連四十年：1945-1985』遼寧人民出版社（鐘ヶ江信光監訳・味岡徹訳『大連・解放四十年史』新評論、1988年）。
撫順市社会科学院撫順市人民政府地方志弁公室［1993］『撫順市志』（第1巻）遼寧民族出版社。
撫順市社会科学院・撫順市人民政府地方志弁公室［2003］『撫順市志：工業』（第11巻）遼寧民族出版社。
葛玉広［2002］「李一氓同志在大連的日子」（中華書局編輯部［2002］所収）。
谷書堂主編［1986］『社会主義価格形成問題研究』中国社会科学出版社。
国家統計局工業交通物資統計司編［1985］『中国工業的発展統計資料1949-1984』中国統計出版社。
国家統計局工業交通物資統計司編［1987a］『中国工業経済統計資料1986』中国統計出版社。
国家統計局工業交通物資統計司編［1987b］『中国工業経済統計資料1987』中国統計出版社。
国家物価局重工商品価格司編［1991］『重工交通価格匯編』中国物価出版社。
黒龍江省地方志編纂委員会［1992］『黒龍江省志電力工業志』黒龍江省人民出版社。
《吉林化学工業公司》編委会［1994］『（全国百家大中型企業調査）吉林化学工業公司』当代中国出版社。
吉林省地方志編纂委員会編［1994］『吉林省志巻21重工業志・石化』吉林人民出版社。
《吉林省電力工業志》編委会［1991］『吉林省電力工業志』中国城市出版社。
錦西化工総廠志編纂委員会［1987］『錦化志：1940-1985』。
李代耕編［1983］『中国電力工業発展史料：解放前的70年』水利電力出版社。
李文彦［1990］『中国工業地理』科学出版社。
李一氓［2001］『李一氓回憶録』人民出版社。
李祉川・陳歆文［2001］『侯徳榜』南開大学出版社。
梁波［2006］『技術与帝国主義研究』山東教育出版社。
遼寧省地方志編纂委員会弁公室主編［1996］『遼寧省志：石化工業志』遼寧科学技術

出版社。
遼寧省地方志編纂委員会弁公室主編［1999］『遼寧省志：化学工業志』遼寧科学技術出版社。
遼寧省電力工業志編纂委員会［2001］『中華人民共和国電力工業史（遼寧巻）』中国電力出版社。
遼寧省石油化学工業庁編著［1993］『遼寧省化学工業志』遼寧人民出版社。
遼寧省石油化工志編纂室編［1989］『当代遼寧的化学工業』遼寧人民出版社。
劉大鈞［1937］『中国工業調査報告』経済統計研究所。
劉国光主編［2006］『中国十個五年計劃研究報告』人民出版社。
山東省地方史志編纂委員会編［1993］『山東省志化学工業志』山東人民出版社。
上海電力工業史志編纂委員会編［1994］『上海電力工業志』上海社会科学院出版社。
上海市档案館編［1989］『呉蘊初企業史料・天原化工廠巻』档案出版社。
塘沽区地方志編修委員会［1996］『塘沽区志』天津社会科学出版社。
唐凌（2000）『開発与略奪：抗戦時期的中国鉱業』広西師範大学出版社。
《天津鹸廠》編纂委員会［1997］『天津鹸廠：全国百家大中型企業調査』当代中国出版社。
伍修権［1986］『往時滄桑』上海文芸出版社。
武衡主編［1984］『東北区科学技術発展史資料：開放戦争時期和建国初期』中国学術出版社。
姚崧齢［1982］『張公権先生年譜初稿（上）（下）』伝記文学社。
鄭友揆・程麟荪・張伝洪［1991］『旧中国的資源委員会：史実与評価』上海科学出版社。
《中国電力年鑑》編輯委員会［2005］『中国電力年鑑2005』中国電力出版社。
《中国電力年鑑》編輯委員会［2006］『中国電力年鑑2006』中国電力出版社。
《中国国情叢書—全国百家大中型企業調査》編纂委員会［1994］『吉林化学工業公司』当代中国出版社。
中国科学院大連化学物理研究所編［2003］『光輝的歴程：大連化学物理研究所的半個世紀』科学出版社。
中国科学院中華地理志編輯部［1959］『東北地区経済地理』科学出版社。
中国企業史研究会［2007］『中国企業史研究的成果与課題：在日本、中国（大陸）、香港、台湾、欧美的研究動向』汲古書院。
中華人民共和国国家統計局［1959］『偉大的十年』人民出版社。
中華人民共和国化学工業部［1996］『中国化学工業大事記』化学工業出版社。
中華人民共和国化学工業部［各年版］『中国化学工業年鑑』中国化工信息中心。
中華書局編輯部編［2002］『李一氓記念文集』中華書局。
中央党部国民経済計画委員会［1937］『十年来之中国経済建設』（第六章）。

朱建華主編 [1987]『東北解放区財政経済史稿』黒竜江人民出版社。

(英語)

Ashbrook, Arthur G, Jr. [1967], "Main Lines of Chinese Communist Economic Policy", *An economic profile of Mainland China: studies prepared for the Joint Economic Committee, Congress of the United States*, U. S. Government Printing Office.

Ashbrook, Arthur G, Jr. [1972], "China: Economic Policy and Economic Results, 1949-71", *People's Republic of China: an economic assessment: a compendium of papers submitted to the Joint Economic Committee, Congress of the United States*, U.S. Government Printing Office.

Ashbrook, Arthur G, Jr. [1975], "China: Economic Overview, 1975", *China, a reassessment of the economy: a compendium of papers submitted to the Joint Economic Committee, Congress of the United States*, U.S. Government Printing Office.

Brodie, Patrick [1990], *Crescent over Cathay-CHINA AND ICI, 1898 to 1956*, Oxford University Press.

Cheng, Yu-Kwei [1956], *Foreign Trade and Industrial Development of China*, University Press of Washington.

Downs, Erica Strecker [2000], *China's Quest for Energy Security (prepared for the United States Air Force)*, Rand.

Eckstein, A., K. Chao, and J. Chang [1974], 'The Economic Development of Manchuria: The Rise of a Frontier Economy', *The Journal of Economic History*, Vol. 34.

FAO [2001], *Fertilizer Yearbook 1999*, Vol. 49:190-193.

Field, Robert Michael [1967], "Chinese Communist Industrial Production", *An economic profile of Mainland China: studies prepared for the Joint Economic Committee, Congress of the United States*, U.S. Government Printing Office.

Field, Robert Michael [1972], "Chinese Industrial Development: 1949-70", *People's Republic of China: an economic assessment: a compendium of papers submitted to the Joint Economic Committee, Congress of the United States*, U.S. Government Printing Office.

Field, Robert Michael [1975], "Civilian Industrial Production in PR China: 1940-74", *China, a reassessment of the economy: a compendium of papers submitted to the Joint Economic Committee, Congress of the United States*, U.S. Government Printing Office.

Fox, John P. [1982], *Germany and the Far Eastern Crisis 1931-1938: A Study in Diplomacy and Ideology*, Oxford University Press.

Haber, L. F. [1971], *The Chemical Industry 1900-1930: International Growth and Technological Change*, Clarendon Press.

Haynes, Williams [1954], *American Chemical Industry: Background and Beginnings*, vol. 1, 2 and 3, D. van Nostrand Company.

Howe, Christopher [1987], "Japan's Economic Experience in China before the Establishment of the People's Republic of China : a Retrospective Balance-sheet ", Dore, R. and Sinha, *Japan and World Depression*, MacMillan.

ICIS/Chemical Week Price Report [1991], *Chemical Week*, December 18/25, 1991, Chemical Week Associates: 48-49.

Kirby, William C. [1984], *Germany and Republican China*, Stanford University Press.

Kirby, William C. [1990], Continuity and Change in Modern China: Economic Planning on the Mainland and on Taiwan, 1943-1958, *The Australian Journal of Chinese Affairs*, No. 24:121-141.

Pauley, Edwin [1946], *Report on Japanese assets in Manchuria to the President of the United States*.

Sigurdson, Jon [1977], *Rural Industrialization in China*, Harvard University Press.

State Power Information Center [2003], *Electric Power Industry in China*.

Tang, Anthony M. and Bruce Stone [1980], *Food Production in the People's Republic of China*, International Food Policy Research Institute.

The Compiling Team of China's Energy Outlook Institute of Nuclear and New Energy Technology [2006], *China's Energy Outlook*, Tsinghua University Press.

World Bureau of Metal Statistics [2006], *Metal Statistics*.

Xu, Yi Chong [2004], *Electricity Reform in China, India and Russia*, Edward Elgar.

(インターネット)

中国電力企業連合会 [2005]「宋密副主席在東北区域電力市場試運行月境価工作啓動会議上的講和」http://www.cec.org.cn/news/content.asp ? NewsID = 21960 (2006/02/13)。

http://garden.2118.com.cn/taiyuandao/sumu/jindai/0517-xibei.htm (2005/02/24)。

http://www.dcc.com.tw/simple/company/index.asp ? menuurl = company & strurl = history.htm (2008/08/30)

http://www.cnpc.com.cn/cnpc/cyqy/gfgs/lhgs/jlshfgs.htm (2008/08/30)

http://www.cnpc.com.cn/fpc/ (2008/08/30)

http://www.jinhuagroup.com/history-c.htm (2008/08/30)

http://www.sychem.com/cn/about/jianjie.asp (2008/08/30)

人名索引
（中国人は日本語読み）

あ行

赤羽信久　36, 38, 196-7
阿久根央　105
浅田喬二　17, 19, 29-30
阿部良之助　103, 151
粟屋健太郎　111
安藤彦太郎　17, 30
飯塚靖　36-7, 40-2, 103
生野稔　86
石井明　129
石川滋　20, 23, 25, 37, 93
石黒正知　153
石島紀之　47
石田武彦　17, 24, 26, 29, 36-7
井爪清一　150, 153
伊藤武雄　149
稲富千枝　135, 166
井村哲郎　83, 125-7, 128
宇田川勝　19, 33, 92
遠藤外雄　153
老川慶喜　30
王新三　149, 213, 217, 219
王京濱　36, 39, 49
大沢武彦　28, 77
大竹慎一　22
岡田寛二　153
岡野鑑記　83-5
岡部牧夫　18-9
小田憲三　149, 153
尾上悦三　161, 164-5

か行

郝燕書　36, 38
加地信　153
加島潤　36, 39-40
香島明雄　128-130
鹿島孝三　113
梶ヶ谷誠司　117
春日豊　17, 32
葛玉広　139
金子文夫　18-9, 30
神原周　36, 38, 175, 187, 191
菊池一隆　36, 38, 52, 67
貴志俊彦　36, 38, 47
北岡伸一　6, 17, 19
北脇金治　149, 153
工藤章　27, 77, 104
久保亨　17, 28, 36, 39
黒瀬郁二　24
呉蘊初　50-1
小金丸武登　144, 153
胡欣　161
呉江　10-1, 150, 160-2, 164-5, 168-9
小島外来男　80
小島麗逸　12, 36, 38, 191-2, 194
児島俊郎　30
小林英夫　19
小峰和夫　17, 26, 36-7

さ

坂本雅子　32
佐藤正典　146, 153-4
采野善治郎　98, 134
佐伯千太郎　20, 77, 82-3, 85, 90-2, 99, 101-3, 106-9, 114, 117-8, 127, 131
笹倉正夫　116-7, 138, 153
四宮正親　103-4, 30

清水健児　65-6
秦仲達　159, 213
申力生　143
鈴木邦夫　32
鈴木隆史　17-9
須永徳武　24, 26, 36-8, 134
蘇崇民　30-1
十川透　104

た行

高木智雄　149, 150, 153
高碕達之助　92
高橋泰隆　17-8, 29
武田晴人　33
田島俊雄　35-7, 39-41, 68, 136
田嶋信雄　48
張乃麗　22
陳錦華　200-2
陳歆文　49, 157, 177-9
陳真　65, 68
塚瀬進　17, 28-9, 139-140
栂井義男　31, 33, 92
鄭友揆　15, 47-9
手塚正人　36-7
董志凱　10-11, 150, 160-2, 164-5, 168-9
董志正　138

な行

中川鹿蔵　145-6, 153
中田慶雄　7
奈倉文二　21-3
南龍瑞　24, 41

は行

ハーバー，ルッツ・F　112
萩原定司　150, 153, 156
橋本国重　150, 153

浜井専造　148, 153
林華　147, 159, 164, 213
林茂　113
原朗　16, 18-20, 23, 25, 28, 30, 33, 37, 84, 92
原田勝正　30
播磨幹夫　196
范旭東　46-7, 49
疋田康行　31
広瀬貞三　24
廣田鋼蔵　14, 116-8, 144, 149, 152-3, 165
深水勺　87, 96, 97, 102, 118
深水寿　84, 86
福田熊治郎　77-8, 114, 116, 119, 153
侯徳榜　46-7, 156-7, 177-9, 213
歩平　6
ポーレー　→　Pauley, Edwin
堀和生　25

ま行

牧鋭夫　113
松野誠也　111
松村史穂　36
松本俊郎　16, 22-3, 41, 151
丸沢常哉　14, 52, 104, 116-7, 138-9, 142, 148, 150, 153, 163, 191, 197-8
丸山伸郎　200, 202
緑川林造　153
湊照宏　36, 40-1, 136
峰毅　25-7, 36-7, 40-2, 50, 65, 87, 98, 110, 131, 166-7, 169, 194, 198, 203, 217
村上勝彦　21-3
森川清　149, 150, 153, 156, 219-220

や行

安村義一　84
山口直樹　112
山田桜　112-3

山村睦夫　32
山本裕　102
山本有造　37, 69, 70, 83, 92, 127-130, 133
横井陽一　36, 38, 201-2
吉田豊彦　112
吉見義明　110-1
吉村恂　152-4
米川伸一　113

ら行

李亜農　138
李一氓　139
李祉川　49, 157, 177-9
劉国光　161-3, 165, 198
劉大鈞　36-7
梁波　138
六所文三　153
ロビンソン，ジョーン　200

わ行

和多田基　146
渡辺徳二　78, 107
渡辺雄二　16, 21, 27

A-Z

Ashbrook, Arthur G, Jr.　15
Brodie, Patrick　87
Cheng, Yu-Kwei　14-5, 18
Eckstein, A., K. Chao, and J. Chang　14
Field, Robert Michael　15
Kirby, William C.　47, 137-8
Pauley, Edwin　14-5, 56, 126-7, 131-5, 133-7
Sigurdson, Jon　175

事項索引
（中国語事項は日本語読み）

あ行

旭硝子　54, 64, 74, 76, 79, 87-8, 97
亜細亜護謨　63, 74
アセトン　55, 98, 100, 153, 155
アルミ　14, 61, 87-9, 92, 106, 137, 150, 153, 164, 168-9, 210, 212, 217
アンモニア　36, 46, 49-50, 65-70, 107, 153, 210, 212
安東軽金属　74, 85, 106, 173, 211-3
味の素　50-1, 74, 78-9, 114-120
医薬　48
エタノール　48, 55-6, 139, 188
エチレン　189-190, 202, 204
塩ビ（塩化ビニル）　172, 185-6, 194-6, 217
オイルシェール　36, 41, 60, 74, 79-80, 103, 105, 130, 143-4, 149, 153, 155, 168, 170, 210, 212

か行

カーバイド　36, 41, 81-2, 98-102, 134-5, 137, 146, 160, 166-8, 171, 180-1, 188-9, 191, 196, 211-2, 215, 217
花王石鹸　74
化学工業部　159, 173, 176, 184, 213-4
苛性ソーダ　36, 54-5, 96, 107, 109, 110-5, 136
カプロラクタム　148, 171-3, 192-3, 214-6
関西ペイント　74
間接液化法　→　合成法
吉林人造石油　74, 105, 107-8, 135, 147, 168, 211-2
クロロプレン（クロロプレンゴム）　98, 100-1, 134-5, 167, 174, 196-9, 211-2
軽金属　→　アルミ
継承　33-4, 210-7
継承に準ずる　34, 210-3
建新公司　138-9, 145-6
航空機　9, 31-2, 55, 61, 74-5, 81-2, 87-8, 92, 106
合成法　61, 103-5, 219-221
合繊（合成繊維）　191-4, 200-1
神戸製鋼所　74, 104
5ヵ年計画　9, 18-20, 23-4, 37, 85, 91-3, 97, 99
コークス　59, 75, 88, 98-102, 166-7, 188, 211-2
小型肥料工場　175-7, 203
小型アンモニア工場　175-7, 214-5
小型ソーダ工場　178-9, 215

さ行

三共　74
産業開発　9, 12, 14-20, 89-93
「三社ノ関連図」　114-8
重工業部　143, 157-9, 172-3, 213-4
重炭安（重炭酸アンモニア）　175-7, 203
潤滑油　27, 74-5, 114-8, 150
昌光硝子　64, 74, 79
硝酸　82, 146
昭和工業　74, 78
昭和電極　62, 74-5, 106
昭和電工　87, 96
人造石油　27, 60-1, 103-5, 135, 143-5, 148, 166-170, 172, 211-2, 217-221
瀋陽化工研究院　150-1, 153, 158, 173

住友化学　74, 87, 106, 109-110
石炭液化　→　人造石油
石炭液化研究所　→　満洲石炭液化研究所
石油化学　188-190, 201-2, 204
石油精製　61, 105, 167-8
染料　26, 58, 74, 77-8, 111-5, 119
全購連　74, 86
ソーダ灰　36, 38, 40, 46-9, 51-2, 54, 65-70, 74, 80-1, 86-7, 95-7, 136, 146, 153, 157, 171, 178-9, 210-2

た行

大豆　15, 17, 28-9, 32, 55-7, 74, 76-7
ダイセル（大日本セルロイド）　74-5, 98-101, 134
大同酒精　55, 85
大陸化学　74, 85, 107
大陸科学院　152-5
第1次5ヵ年計画（人民共和国）　157-162, 163, 187
大連油脂　59, 74, 76-7, 170
中国科学院　152, 154, 214
超高圧送電　25, 41
直接液化法　60-1, 103-5, 219-221
低温乾留法　61, 103-4
電気化学　25, 36, 65, 97-103
電気化学（社名）　74-5, 81-2, 98-101, 134
電極　62, 106
塗料　59, 74
毒ガス　110-120
東海電極　62, 74, 106
東京裁判　110-1, 118-9
東方科学技術協力会　219
東北行営委員会　125-7, 131, 133
東北工業部　142, 150, 157, 160, 210, 213-4
東洋高圧　66, 96
東洋人絹　58, 74

東洋タイヤ　63, 74
東洋紡　58, 74

な行

ナイロン　148, 171, 173, 192-4, 215-6
南満化成　74-5, 107
西側技術導入　177, 190, 199-203
日満アルミ　74
日満経済ブロック　90-1
日満林産化学　74
日清製油　56, 59, 74, 76
日本カーボン　62, 74-5, 106
日清豆粕製造　74, 76
日本ペイント　74
日本化成　74-5, 98-101, 134
日本窒素　74, 105
日本油脂　74, 76-7
尿素　185-6, 203
熱河蛍石鉱業　74
農薬　57, 74

は行

ハプロ契約　48
「煤制油」　217-221
爆薬　62-3
発酵法アルコール　55
ビニロン　193-4
156項目　161-2
肥料　26, 57, 81, 85-6, 93-4, 175-7, 183-6, 200-1, 203
復興期　141-157
フィッシャー法　61, 103-5, 219-221
フェノール　74-5, 107-8, 147, 170-2, 192-5, 210, 212, 215
ブタジエン（ブタジエンゴム）　98, 188, 196-9
ブタノール　55, 74, 98, 100, 134, 153, 155, 188

ブナゴム　→　ブタジエン
ブリヂストン（ブリヂストンタイヤ）
　　63, 74-5, 98, 100-1, 135
撫順化学工業所　88-9, 149
ベルギウス法　→　直接液化法
奉天油脂　74
「侯氏ソーダ法」　47, 157, 178-9, 213, 215
豊年製油　56, 74, 76
ポリエステル　193
ポリエチレン　190, 195, 196
ポリスチレン　195, 196
ポリプロピレン　190, 195, 196

ま行

マグネシウム　85, 88, 92, 106
マッチ　56, 134-5
満洲花王　74
満洲化学　26, 39, 41, 57, 63, 74, 84-6, 93-5, 107-8, 119, 138, 171, 210, 212
満洲関西ペイント　74
満洲軽金属　74, 87-8
満洲合成ゴム　74-5, 98, 100-1, 135
満洲合成燃料　74, 104-5
満洲産業開発　→　産業開発
満洲石炭液化研究所　74, 104, 150, 174
満洲三共　74
満洲産業開発5ヵ年計画　→　5ヵ年計画
満洲産業開発第1次5ヵ年計画　→　5ヵ年計画
満洲産業開発第2次5ヵ年計画　→　5ヵ年計画
満洲石油　61, 74
満洲石鹸　74
満洲重工業　17-9, 106
満洲曹達　26, 54, 74, 85-7, 95-7, 107, 109, 114-8, 171, 178, 210, 212

満洲大豆化学　57, 74
満洲大豆工業　57, 74
満洲炭素　62, 74, 106, 173
満洲電気化学　74-5, 85, 97-103, 133-5
満洲電極　62, 74, 106
満洲日本ペイント　74
満洲農産化学　74, 78, 114-7
満洲ペイント　74, 170
満洲豊年製油　56, 74, 76
満洲マグネシウム　62, 74, 106
満洲油化　74, 104, 193
満洲ライオン歯磨　74
満洲硫安　109-110
満鉄改組　17-8
満鉄中央試験所　55-8, 87-8, 103, 155-7, 214
三井東圧化学（三井化学）　65-7, 74, 107-8
三菱化成　74, 96, 107-8, 134
三菱関東州マグネシウム　74, 106
南満洲硝子　64, 74, 79

や行

大和染料　58, 119, 170
油脂化学　54-7, 59, 76-7, 146, 210, 212
油母頁岩　→　オイルシェール
横浜護謨　63, 74
与田銀　77-8

ら行

ライオン歯磨　74
硫安　36, 41, 48-50, 57, 67, 93-5, 176-7
硫酸　45-6, 48-54, 107, 109, 176-7
留用技術者　33-4, 151-4, 213-4
遼陽陸軍火薬廠　107-110

著者紹介

峰　　毅（みね　たけし）
旧満洲国奉天市（現瀋陽市）生れ。日本敗戦後胡炉島・博多経由で愛媛県に引揚げ。東京大学経済学部卒。財閥系化学会社に就職。調査企画部・肥料事業部・化学品事業部・国際部で調査・輸出・国内営業・海外業務に従事。この間社命によりアメリカに留学し、ジョンズホプキンズ大学で経済学修士号取得。1994-1999年北京駐在。その後東京大学に戻り経済学博士号取得。2009年東京大学大学院経済学研究科のASNET日本・アジア学講座「日中関係の多面的な相貌」において「満洲の工業化」と「日中歴史問題」を講義。

中国に継承された「満洲国」の産業
――化学工業を中心にみた継承の実態

2009年11月30日　第1版第1刷発行

著　者	峰　　毅	
発行者	橋本盛作	
	〒113-0033 東京都文京区本郷5-30-20	
発行所	株式会社 御茶の水書房	
	電話　03-5684-0751	
	FAX　03-5684-0753	

印刷／製本・㈱シナノ

Printed in Japan
©MINE Takeshi　2009

ISBN 978-4-275-00845-9　C3033

中兼和津次編著
中国農村経済と社会の変動 A5判／356頁／6500円
――雲南省石林県のケース・スタディ――

市場化の遅れた中国の内陸部農村を事例に、農家の生活実態調査から、経済発展に伴う変化の様相とその要因を多角的に究明した、日本と中国の研究者による共同研究の成果。

田島俊雄著
中国農業の構造と変動 A5判／422頁／7400円

中国7ヵ所の県で行った実態調査にもとづき、地域農業および商業的農業を展開する担い手農業の現状を分析し、担い手農家を含む農家の就業・経営構造を分析。日本農業経済学会賞受賞。

小林英夫・林道生著
日中戦争史論 A5判／384頁／6000円
――汪精衛政権と中国占領地――

汪精衛はどのような経緯で「反蒋、反共、降日」になったのか。〈漢奸〉と呼ばれる道にはまり込んでいったプロセスと、その過程での日本政治との関わりあい、汪精衛政権の統治実態を検討。

小峰和夫著
満　　　洲（マンチュリア） A5判／360頁／4800円
――起源・植民・覇権――

女真族の一少数部族にすぎなかった建州女真が、白頭山の北西から勃興して清朝の太祖となったヌルハチの登場から、1912年にその幕を閉じるまでの、268年間の満州の地域史。

曽田三郎編著
近代中国と日本 A5判／350頁／6000円
――提携と敵対の半世紀――

日中関係にとって二〇世紀とはどんな時代だったのか、近代中国が目標とした国民国家の形成に日本はどう関わったのか、提携の局面をも視野に入れ二〇世紀前半の日中関係を分析。

柳澤和也著
近代中国における農家経営と土地所有 A5判／270頁／4800円
――1920～30年代華北・華中地域の構造と変動――

中国近現代史を連続した時間軸で把握し、土地の流動化が進む現実をふまえ、近代における地主階層の土地集積と農民の窮乏化を直截に結ぶ思考を再検討する。

――（価格は本体表示）――

大里浩秋、孫安石編著
中国における日本租界 A5判／500頁／7800円
——重慶・漢口・杭州・上海——
中国における日本租界はほぼ半世紀にわたっているが、その実態研究はほとんどなされていない。多くの資料をもとに日中共同研究で初めて明らかにした本格的論文集。

大里浩秋・孫安石編著
留学生派遣から見た近代日中関係史 A5判／520頁／9200円
明治以降にたどった日本と中国相互の留学生派遣の実態を通して近代の日中関係史がいかなるものであったかを考え、今後取るべき文化交流への問題提起を行う日中共同研究の成果。

内山雅生著
現代中国農村と「共同体」 A5判／278頁／6200円
——転換期中国華北農村における社会構造と農民——
抗日戦争期から「改革・開放」経済に至る「共同関係」の歴史的分析より農民間相互扶助と村落内権力構造を明らかにし、「人民公社」に見られる農業の集団化の成立と解体のメカニズムを解明。

田原史起著
中国農村の権力構造 A5判／314頁／5000円
——建国初期のエリート再編——
建国当時の農村変革事業に参加した当事者へのインタビューと資料分析より、新解放区の郷・村レベルでの政権機構の形成過程を土地改革と地方・基層幹部の実態から解明した政治社会学。

泉谷陽子著
中国建国初期の政治と経済 A5判／280頁／5200円
——大衆運動と社会主義体制——
建国当初の新民主主義的政策から早期の社会主義化へという中国政治史上の大きな転換を丹念に跡づけ、文革で頂点をむかえ崩壊する大衆運動方式による社会統合の特質を実証的に究明。

李　廷江著
日本財界と近代中国《第2版》 菊判／330頁／4800円
——辛亥革命を中心に——
渋沢栄一と孫文との関係を中心に、日清戦争から民国初期に至る20年間の日中関係を、独自の対中経済活動を進めた日本財界の視点から分析し、日本の「大陸進出政策」の原型を解明する。

——(価格は本体表示)——

林　幸司著
近代中国と銀行の誕生
A5判／260頁／5200円
──金融恐慌、日中戦争、そして社会主義へ──

内陸部民間銀行（重慶：聚興誠銀行）の生成から社会主義下の終焉までの歴史を関係者へのインタビュー調査など貴重な情報を元に分析。第4回（2009年度）樫山純三賞受賞!!

王　京濱著
中国国有企業の金融構造
A5判／260頁／5200円

現在に至る市場化過程を国有企業の金融構造から分析。その基本視点は経済政策主体における「市場経済発展容認的アプローチ」と経済主体における市場的経済行動の相互関係の解明に置く。

小島麗逸・鄭新培編著
中国教育の発展と矛盾
菊判／320頁／5900円

世界最多の人口を、中国の発展への最大の資源とするために不可欠な「教育」。その施策の変遷・実態を私立学校や海外への留学生の帰国問題や都市・農村の教育格差などと共に報告。

祁　建民著
中国における社会結合と国家権力
A5判／410頁／6600円
──近現代華北農村の政治社会構造──

戦前の「農村慣行調査」と現代の再調査に基づき、村落内における人々の間の結合関係（血縁、地縁、信仰や同業）を取り上げ、中国社会における深層の政治社会構造と国家の関係を分析。

呉　暁林著
毛沢東時代の工業化戦略
A5判／360頁／7200円
──三線建設の政治経済学──

文化大革命期に展開された「三線建設」の歴史的考察を通じ後期毛沢東発展戦略を分析。現代中国経済史の空白を埋める研究として今日の中国産業構造を解明する貴重な視座と資料を提供。

白木沢旭児著
大恐慌期日本の通商問題
A5判／394頁／7300円

1930年代の統制経済の推進要因は世界恐慌それ自体とともに、世界経済ブロック化である点を中小工業の輸出統制から論証し、通商問題が行き詰まり戦争へと突入した要因にせまる。

──(価格は本体表示)──